Thomas Sauerbier

Theorie und Praxis von Simulationssystemen

Thomas Sauerbier

Theorie und Praxis von Simulationssystemen

Eine Einführung für Ingenieure und Informatiker

Mit Programmbeispielen und Projekten aus der Technik

Die Deutsche Bibliothek – CIP-Einheitsaufnahme

Sauerbier, Thomas:
Theorie und Praxis von Simulationssystemen: eine Einführung für Ingenieure und Informatiker/Thomas Sauerbier. – Braunschweig; Wiesbaden: Vieweg, 1999
(Studium Technik)
ISBN 978-3-528-03866-3 ISBN 978-3-322-90773-8 (eBook)
DOI 10.1007/978-3-322-90773-8

Herausgeber:
Prof. Dr.-Ing. Otto Mildenberger lehrt an der Fachhochschule Wiesbaden in den Fachbereichen Elektrotechnik und Informatik.

Der Verlag Vieweg ist ein Unternehmen der Bertelsmann Fachinformation GmbH.

http://www.vieweg.de

Umschlaggestaltung: Ulrike Weigel, Niedernhausen

Gedruckt auf säurefreiem Papier

ISBN 978-3-528-03866-3

Vorwort

Simulatoren sind heute in einer Vielzahl von Anwendungsgebieten unverzichtbar geworden. So ermöglichen sie die Präzision heutiger Wetterprognosen, erlauben den Test integrierter Schaltungen vor ihrer physischen Realisierung und werden in Form von Flugsimulatoren und Planspielen bei der Ausbildung von Piloten bzw. Managern eingesetzt. Gerade in der Technik und Wissenschaft gehört die Simulation in vielen Bereichen heute ebenso zum selbstverständlichen Handwerkszeug wie die Mathematik und die Statistik, mit denen sie eng verzahnt ist. Dennoch ist diese Methodik in den meisten Studiengängen leider immer noch nicht fester Bestandteil des Curriculums; und insbesondere Ingenieure, die sich schon länger im Beruf befinden, stehen dieser Anforderung oft ohne Grundlagenwissen gegenüber.

Das vorliegende Buch möchte deshalb zunächst die Grundlagen der Simulation in praxisnaher, aber wissenschaftlich fundierter Form vermitteln. Dabei liegt der Schwerpunkt auf der diskreten Simulation (*discrete event simulation*); viele der Ausführungen besitzen jedoch ebenso Gültigkeit für die kontinuierliche Simulation. Neben den Grundlagen soll den Leserinnen und Lesern vor allem das Rüstzeug vermittelt werden, selbst Simulationssysteme zu realisieren. Dies geht über die Kernalgorithmen der Simulation hinaus und umfaßt auch Bereiche, die in den meisten anderen Bücher zu diesem Thema nicht behandelt werden. Entsprechend großen Raum nehmen deshalb auch konkrete Programmbeispiele und kleinere Projekte ein, die einen unmittelbaren Einstieg in das eigene Arbeiten ermöglichen. Die meisten Programme wurden in C++ implementiert, da diese Sprache heute bei Ingenieuren und Informatikern - insbesondere in der Industrie - wohl die weiteste Verbreitung besitzt. Daneben wird aber auch gezeigt, wie bereits mit einem Tabellenkalkulations-Programm wie Excel durchaus praktisch nutzbare Simulatoren realisiert werden können.

Die Hauptzielgruppe dieses Buches sind Studenten und Absolventen der Ingenieurwissenschaften und der Informatik, so daß die meisten Beispiele diesen Themengebieten entnommen sind. Daneben eignet es aber ebenso für quantitativ orientierte Angehörige anderer Fachrichtungen, z.B. Wirtschaftsingenieure und -informatiker, Betriebswirte sowie Sozial- und Naturwissenschaftler.

Danken möchte ich an dieser Stelle meinem akademischen Lehrer und Mentor Prof. Dr. Hans-Dieter Heike, der mir die Welt der Wissenschaft eröffnet hat, meinem Freund Dr. Harald Ritz und meinem Vater Josef Sauerbier für die mühevolle Arbeit des Redigierens, meinem Sohn Daniel dafür, daß er mich wenigstens gelegentlich arbeiten ließ, und meiner Frau Birgit, die daran entscheidenden Anteil hatte. Weiterhin gilt mein Dank dem Herausgeber Prof. Dr. Otto Mildenberger und dem Vieweg-Verlag, die mir die Möglichkeit zur Veröffentlichung dieses Buches gegeben haben.

Mainhausen, im Januar 1999 Thomas Sauerbier

Inhaltsverzeichnis

TEIL II: REALISIERUNG UND EINSATZ VON SIMULATIONSSYSTEMEN

1 Einleitung

Im Bestand einer Universitätsbibliothek wie der Darmstädter lassen sich allein aus den letzten zehn Jahren fast eintausend Bücher zum Stichwort *Simulation* finden. Bei näherer Betrachtung stellt man fest, daß sich fast alle Titel nur mit der Anwendung der Simulation in einem sehr eng begrenzten, meist technischen Spezialgebiet befassen. Die Zahl der Werke, die sich mit der Simulation allgemein beschäftigen, ist hingegen sehr überschaubar; deutschsprachige Titel lassen sich schon an einer Hand abzählen.

Dies zeigt zweierlei:

Zum einen wird deutlich, daß Simulation kein Randthema ist, sondern in nahezu allen Bereichen der Wissenschaft heute zum grundlegenden Handwerkszeug gehört und vor allem in den technischen Disziplinen intensiv genutzt wird. Zum anderen gibt es - insbesondere im deutschsprachigen Raum - kaum Lehrbücher und Standardwerke, die allgemein das Gebiet der Simulation behandeln.

Auch die Bandbreite der Simulationsbücher ist groß. So gibt es Werke, die in hervorragender Weise die theoretischen Grundlagen der Simulation beschreiben, aber keine einzige Zeile Programmcode enthalten. Andere Werke beziehen sich überwiegend oder ausschließlich auf kommerzielle, teure Simulationssysteme oder liefern - als Listing oder auf Diskette - ein komplettes System mit, das aufgrund seines Umfangs kaum als Vorlage für den Einstieg oder eine Eigenentwicklung dienen kann. Zudem beschränkt sich die Darstellung praktisch immer darauf zu zeigen, wie man die *Simulation* realisiert, das notwendige *Simulationssystem* als Basis dafür wird hingegen kaum behandelt.

Aus dieser Situation entstand die Konzeption für das vorliegende Buch, das vor allem folgende Zielsetzung verfolgt:

- Der Leser soll eine gründliche Einführung in das Gebiet der Simulation erhalten. Entsprechend werden nicht nur die wichtigsten Begriffe erläutert; es wird darüber hinaus ein Gefühl für die Möglichkeiten und Grenzen der Simulation sowie ihren Einsatz in der Praxis vermittelt. Das Buch ist damit auch für solche Personen geeignet, die nicht selbst Simulationen durchführen, sondern ihren Einsatz verstehen und die Ergebnisse bewerten müssen.
- Jeder Leser soll mit diesem Buch in die Lage versetzt werden, eigene Simulationen zu realisieren. Dazu wird gezeigt, daß sich sogar mit einem Tabellenkalkulations-Programm einfache, aber durchaus brauchbare Simulatoren verwirklichen lassen. Die vielen, vor allem in C++ angegebenen Programmbeispiele können zudem oft direkt für eigene Simulatoren übernommen werden. Die Ausführungen beziehen sich auf die diskrete Simulation (*discrete event simulation*), besitzen in vielen Fällen aber universelle Gültigkeit.
- Im Gegensatz zu den meisten anderen Büchern zum Thema Simulation wird hier nicht nur die Implementierung von Kernalgorithmen behandelt. Vielmehr wird auch die Realisierung ganzer Simulationssysteme aufgezeigt. Der Rahmen erstreckt sich von Überlegungen zur Speicherung von Daten bis hin zur Verwirklichung einer eigenen Simulationssprache. Für letztere wird im Projektteil des Buches ein konkretes Beispiel in Form eines Formel-Übersetzers gegeben.
- Alle Ausführungen werden theoretisch fundiert und mit Literaturangaben zu weiterführenden Quellen versehen. Trotz seiner praktischen Ausrichtung grenzt sich das Buch damit von populärwissenschaftlichen bis kochrezeptartigen Veröffentlichungen ab, in denen teilweise suggeriert wird, daß auch völlige Laien mit geeigneter Software korrekte Simu-

lationen durchführen können. Entsprechend wurde den Methoden der Verifikation, Validierung und Ergebnisanalyse ein angemessener Raum eingeräumt. Notwendige elementare statistische Grundlagen werden im Anhang kurz erläutert.

Diesen Vorgaben folgend wurde eine Dreiteilung vorgenommen:

Der *erste Teil* dient der allgemeinen Einführung und erläutert zunächst die Motivation für den Einsatz von Simulation, zeigt dann unterschiedliche Sichtweisen zum Ablauf einer Simulationsstudie auf und beschreibt die wichtigsten Grundbegriffe und Klassifizierungen innerhalb der Simulation. Die Ausführungen wurden exakt, jedoch weniger formal gehalten. Insbesondere wurde mehr Wert auf praktische Erläuterungen und Beispiele als auf mathematisch-formalistische Definitionen gelegt.

Teil II beschreibt alle Schritte, die für die Realisierung und den Einsatz von Simulationssystemen notwendig sind. Die Punkte Modellbildung, Implementierung, Verifikation und Validierung sowie Ergebnisauswertung werden ausführlich in eigenen Kapiteln abgehandelt. Dabei werden viele der im ersten Teil kurz angesprochenen Themen erneut aufgegriffen und wesentlich detaillierter vertieft. Im Kapitel *Implementierung* werden unter anderem wichtige Algorithmen und Software-Konzepte anhand konkreter Programm-Listings erläutert.

Im *dritten Teil* wird an ausgewählten Projekten die praktische Umsetzung der im zweiten Teil beschriebenen Konzepte gezeigt. Die Beispiele wurden so gewählt, daß sie unabhängig von der Fachrichtung des Lesers von allgemeinem Interesse sind, indem jeweils bestimmte Implementierungstechniken erläutert werden. Zu jeder Anwendung werden kurz die theoretischen Grundlagen vermittelt, so daß die Ausführungen auch ohne Vorkenntnisse nachvollziehbar sind. Besonderer Wert wurde darauf gelegt, die Bandbreite möglicher Realisierungen aufzuzeigen. Dazu wurde ein einfaches Modell einer Warteschlange mit unterschiedlichen Formen der Zeitfortschreibung in prozeduraler und objektorientierter Programmierung sowie mit Hilfe eines Tabellenkalkulations-Programms implementiert. Der Leser wird dadurch in die Lage versetzt, bei eigenen Simulationsprojekten aus einer möglichst großen Zahl alternativer Realisierungsvarianten die für ihn geeignetste auszuwählen.

Alle Programme sind vollständig abgedruckt und können direkt abgetippt werden. Um den Lesern diese Arbeit zu ersparen, bietet der Verlag zusätzlich die Möglichkeit, alle Programme auch unter der Adresse

http://www.vieweg.de

über das Internet herunterzuladen.

Mit dieser Einteilung wird den Bedürfnissen verschiedener Lesergruppen Rechnung getragen, ohne zugleich Gefahr zu laufen, letztlich an allen vorbei zu schreiben. Für einzelne Gruppen lassen sich folgende Leseempfehlungen geben:

Leser, die sich nur einen Überblick über die Grundprinzipien der Simulation verschaffen wollen, können sich - ohne von Formalismen und Implementierungsdetails erschlagen zu werden - auf Teil I sowie Kapitel 5 beschränken. Sie eignen sich damit die Grundlagen an, die heute bei den Angehörigen aller technischen Fachrichtungen vorhanden sein sollten, aber meist nicht sind. Interessant können diese Teile auch für Entscheidungsträger aus der Praxis sein, die sich mit dem Einsatz von Simulation befassen oder ihre Ergebnisse bewerten müssen.

Aufbauend auf Teil I liefert Teil II das Wissen, wie es u.a. im Rahmen einer Universitätsvorlesung zum Thema Simulation vermittelt wird. Die Beschreibung von Verfahren wurde weitgehend auf jene beschränkt, die tatsächlich praktische Relevanz besitzen. Weiterhin wurde der mathematische Teil zugunsten qualitativer und programmtechnischer Darstellungen bewußt auf das notwendige Minimum reduziert. Diese Ausführungen eignen sich vor allem für wissenschaftlich Interessierte, die einen etwas tiefergehenden Einstieg wünschen, sowie Praktiker, die sich ein theoretisches Fundament aneignen wollen.

Besonderes Augenmerk wurde auf die Leser gelegt, die selbst Simulatoren realisieren wollen. Die schon in Kapitel 6 allgemeingültig, aber praxisnah mit Programm-Listings beschriebenen Konzepte werden in Teil III anhand mehrerer unterschiedlich implementierter Simulationsaufgaben jeweils mit dem vollständigen Quellcode dargestellt. Dabei werden nicht nur die grundlegenden Simulationsalgorithmen beschrieben, sondern es wird an vielen Stellen auch gezeigt, wie ein komplexes Simulationssystem entwickelt werden kann. Der in Kapitel 12 vorgestellte Formel-Übersetzer soll Nicht-Informatikern Mut machen, eine einfache Simulationssprache im eigenen Simulationssystem zu verwirklichen.

Die Ausführungen werden meist anhand konkreter Beispiele erläutert. Als besonders geeignet erweist sich die Warteschlange an einer Supermarktkasse. Zum einen ist dieser Fall allen Lesern aus eigener Anschauung bestens bekannt, zum anderen repräsentiert er die in vielen Anwendungen sehr wichtigen Warteschlangensysteme, die zudem theoretisch umfassend untersucht sind (siehe Abschnitt 9.2). Die durchgängige Verwendung desselben Modells erlaubt es dem Leser, die unterschiedlichen Gesichtspunkte innerhalb der Modellierung besser nachzuvollziehen und richtig einzuordnen.

Zu den verwendeten Programmiersprachen und den Programmbeispielen einige Erläuterungen:

Das seit einigen Jahren dominierende objektorientierte Paradigma eignet sich besonders gut für den Einsatz im Bereich der Simulation und wird deshalb in diesem Buch bevorzugt eingesetzt. Trotzdem werden nach wie vor viele Programme in klassischen prozeduralen Sprachen geschrieben - und nicht alles, was mit einem C++-Compiler übersetzt wird, ist wirklich objektorientiert. Um dem Rechnung zu tragen, sind zwar die meisten Beispiele in C++ programmiert; es werden jedoch oft zusätzliche Hinweise für eine prozedurale Realisierung gegeben bzw. direkt C-Programme abgedruckt. Alle Programmbeispiele wurden mit Turbo C++ 3.1 getestet, sollten aber auch mit anderen Compilern laufen.

Der Programmierstil wurde so gewählt, daß er eine möglichst breite Leserschaft erreicht. Konstrukte der Art

```
r+=*n+++r+(r<3)-48;
```

lassen zwar das Herz eines C-Fans höher schlagen (Bleul/Loviscach 1998, S. 170); Leser ohne umfangreiche C-Erfahrung bleiben dabei aber selbst bei vorhandenen Programmierkenntnissen chancenlos auf der Strecke. Entsprechend wurde bewußt ein sehr konservativer, an Pascal angelehnter Programmierstil gewählt, der allen Lesern mit grundlegenden Kenntnissen einer beliebigen Programmiersprache das Verständnis ermöglichen sollte. Ebenso wurden Zeiger und Rekursion nur in Kapitel 12 eingesetzt, wo sie unvermeidlich waren. Sofern die statt dessen gewählten Strukturen (z.B. Arrays) in praktischen Projekten besser durch andere ersetzt werden sollten, wurde im Text darauf hingewiesen.

Daß der konsequente Verzicht sogar auf Kernformulierungen wie "++" den Protest eingefleischter C-Programmierer herausfordern könnte, wurde in Kauf genommen. Wer den "echten" C-Stil vermißt, kann ihn leicht bei der Übertragung der abgedruckten Beispiele in eigene Programme verwirklichen; alle übrigen Leser - insbesondere mit geringeren Programmiererfahrungen - werden den gewählten Weg vermutlich erfreut zur Kenntnis nehmen.

Noch ein abschließendes Wort zum Gebrauch von Anglizismen und anderen Fremdwörtern, über dessen Sinn und Unsinn zum Teil hitzige Debatten geführt werden:

Auf der einen Seite besteht heute sowohl in der Wissenschaft als auch in der Wirtschaft die Neigung, in eine auch als "Neudeutsch" bezeichnete Sprache zu verfallen, der fast mehr englische als deutsche Wörter enthält. Dies ist sicher kein Kennzeichen für Bildung, sondern läßt im Gegenteil eine wirkliche Sprachkultur vermissen.

Auf der anderen Seite ist Sprache vor allem ein Hilfsmittel, um Informationen von einem Sender zu einem Empfänger zu übertragen. Im Idealfall assoziiert der Empfänger mit einem bestimmten Begriff dasselbe wie der Sender. Genau dies ist der Sinn und Nutzen einer Fachsprache, die Ausdrücke verwendet, unter denen jeder mit dem Gebiet vertraute Leser das vom Autor Beabsichtigte versteht. Z.B. ist unstrittig, was unter einem "eingeloggten" Benutzer zu verstehen ist, selbst wenn die Beugung englischer Begriffe nicht immer schön klingt. Die Eindeutschung "angemeldeter" Benutzer läßt aber auch die Deutung zu, daß sich der Benutzer zwar beim Systemverantwortlichen angemeldet und eine Zugangsberechtigung erhalten hat, aber nicht unbedingt zur Zeit am System arbeitet.

Neben der Eindeutigkeit muß es auch das Ziel gerade eines Lehrbuchs sein, in die Fachterminologie einzuführen. Nicht in jedem Buch und erst recht nicht in Zeitschriftenaufsätzen werden Begriffe wie "Batch", "Tracing" usw. erläutert; ihre Kenntnis wird beim Leser vielmehr in der Regel vorausgesetzt. Da der überwiegende Teil der Literatur zum Thema Simulation zudem in Englisch erscheint, sollten die wichtigen Fachbegriffe in der auch in deutschen Büchern üblichen Originalform verwendet werden, statt diese nur einmal beim ersten Auftreten verschämt in Klammern anzugeben.

In diesem Buch werden deshalb die englischen bzw. amerikanischen Fachausdrücke benutzt, wenn sie in der Literatur mehrheitlich verwendet werden oder keine geeignete deutsche Entsprechung haben. Sind zusätzlich auch deutsche Ausdrücke üblich, werden die englischen Synonyme zumindest beim ersten Auftreten eines Begriffs genannt oder auch im Wechsel mit den deutschen eingesetzt.

2 Vor- und Nachteile der Simulation

In diesem Kapitel wird der Frage nachgegangen, wann Simulation sinnvoll eingesetzt werden kann und welches die Vor- und Nachteile im Vergleich zu alternativen Methoden sind. Ausgangspunkt der Überlegungen ist eine erste Definition des Begriffs *Simulation* (nach Gehring 1998, S. 1):

> *Simulation ist das Nachbilden von Prozessen realer Systeme in einem Modell und das anschließende Durchführen von Experimenten an diesem Modell.*

Angesichts dieser Definition stellt sich zunächst die Frage, warum Experimente an einem Modell und nicht am realen System selbst durchgeführt werden. Je nach untersuchtem System kann es eine Reihe von Gründen geben, die eine Untersuchung des Realsystems verhindern oder zumindest nicht sinnvoll erscheinen lassen:

- Das reale System existiert nicht bzw. noch nicht.

  Beispiel: Planung einer neuen Fertigungsstraße
- Das reale System steht dem Experimentator nicht zur Verfügung bzw. ist nicht von ihm beeinflußbar.

  Beispiel: Vorgänge in fremden Sternensystemen
- Das Experiment ist zu gefährlich oder ethisch bedenklich.

  Beispiel: Nukleartests
- Das Experiment ist zu teuer.

  Beispiel: Ermitteln der Bruchgrenze bei großen Gebäuden
- Das System würde zerstört.

  Beispiel: Ermitteln der Grenze zum Umfallen beim schiefen Turm von Pisa
- Die interessierenden Vorgänge sind am realen System nicht direkt beobachtbar.

  Beispiel: Internes Verhalten von elektronischen Mikrochips
- Die zukünftigen Entwicklung des Systems soll prognostiziert werden.

  Beispiel: Wettervorhersage

Auch wenn eine Untersuchung des realen Systems ausscheidet, gibt es eine ganze Reihe alternativer Verfahren, zu denen insbesondere verschiedene analytische Methoden gehören (vgl. Hoover/Perry 1990, S. 8 - 12). Nachfolgend werden die wichtigsten Vor- und Nachteile der Simulation - vor allem im Vergleich zu analytischen Lösungen - vorgestellt.

Als Vorteile können insbesondere genannt werden:

- Reale Systeme sind im allgemeinen zu komplex, um für sie eine analytische Lösung zu entwickeln. Dies gilt insbesondere für die häufig vorkommenden Nichtlinearitäten und diskrete Größen. Sofern Vereinfachungen vorgenommen werden, um dennoch eine analytische Methode anwenden zu können, entfernt man sich oft so weit vom ursprünglichen System, daß ein völlig falsches Systemverhalten berechnet wird. Demgegenüber erlaubt es die Simulation, auch sehr komplizierte, z.T. stochastische Strukturen hinreichend genau in einem Modell abzubilden.
- Analytische Lösungen lassen sich meist nur für eingeschwungene Zustände berechnen, während in vielen Fällen insbesondere das Einschwingverhalten oder die Reaktion auf Stö-

rungen des Gleichgewichts von besonderem Interesse sind. Simulationsmodelle können hingegen sowohl im stationären als auch im nichtstationären Fall eingesetzt werden.

- Es lassen sich relativ einfach unterschiedliche Systemkonfigurationen oder alternative Umgebungsbedingungen durchrechnen.
- Die Simulation erlaubt es in besonderer Weise, das Systemverhalten über einen langen Zeitraum hinweg zu berechnen.
- Die Ergebnisse der Simulation lassen sich sehr realitätsnah darstellen, wodurch die Akzeptanz dieser Methode bei den Nutzern der Ergebnisse erhöht wird. Besonders plastische Beispiele sind Flugsimulatoren oder vergleichbare Animationen.
- Die Modellbildung und die Simulation von Systemalternativen vermitteln ein hohes Maß an Verständnis für die Struktur und das Verhalten des Realsystems.

Dem stehen einige Nachteile gegenüber:

- Stochastische Simulationen liefern Ergebnisse, die unvermeidbar streuen. Um eine ausreichend exakte Aussage zu gewinnen, sind viele Simulationsläufe sowie statistische Methoden zur Auswertung notwendig.
- Die Entwicklung von Simulationsmodellen ist in vielen Fällen langwierig und teuer. Oft ist dazu Spezial-Software notwendig.
- Während sich mit einer einmal bestimmten analytischen Lösung beliebig viele gleichartige Systeme schnell berechnen lassen, sind bei der Simulation immer wieder alle Schritte mit den veränderten Parametern durchzuführen.
- Die leicht nachvollziehbaren Ergebnisse können eine Sicherheit suggerieren, die nicht gerechtfertigt ist.

Zusammenfassend ergeben sich folgende Empfehlungen:

Grundsätzlich haben Untersuchungen am realen System den Vorteil, daß Modellierungsfehler u.ä. ausgeschlossen sind. Das beobachtete Systemverhalten ist "echt", während dies bei allen Formen der Berechnung - ob Simulation oder analytische Methoden - immer in Frage zu stellen ist. Wenn möglich, sollte auch dann, wenn Berechnungen der Vorzug vor praktischen Experimenten gegeben wird, die Überprüfung der Ergebnisse wenigstens anhand einiger ausgewählter Realexperimente vorgenommen werden. Z.B. können Tausende von Fahrzeugkollisionen am Rechner simuliert werden; einige echte Crashtests sind jedoch in der Regel unvermeidbar.

Analytische Modelle sind ideal, wenn sie mit vertretbarem Aufwand und ohne die Anwendung unzulässiger Vereinfachungen oder von der Realität abweichender Modellannahmen lösbar sind. Wird die Simulation eingesetzt, eignen sich analytische Verfahren oft zusätzlich als Hilfe bei der Verifikation.

Die Simulation ist die wohl universellste Methode, die insbesondere auch die Abbildung sehr komplexer, nichtlinearer Zusammenhänge erlaubt. Sofern Untersuchungen am Realsystem ausscheiden, ist sie oft sogar das einzige Verfahren, mit dem Aussagen über ein System gewonnen werden können.

3 Ablauf einer Simulationsstudie

Der Ablauf einer Simulationsstudie - wie auch das Grundschema der Simulation an sich - kann aus verschiedenen Blickwinkeln betrachtet werden. Je nach Fokus der Autoren findet man deshalb in der Literatur stark differierende Darstellungen. Da keine der Sichtweisen für sich alleine den komplexen Gegenstand *Simulation* hinreichend beschreibt und eine Zusammenfassung der Ansätze mehr Verwirrung als Klarheit schafft, werden in diesem Kapitel - ohne Anspruch auf Vollständigkeit - vier unterschiedliche Modelle des Ablaufs einer Simulationsstudie vorgestellt.

Das *Grundmodell* liefert die wohl universellste Gesamtübersicht und wird der weiteren Gliederung dieses Buchs zugrunde gelegt. Das *Prognosemodell* schematisiert den Ablauf für den speziellen Fall der Prognose künftigen Systemverhaltens. Die beiden letzten Ansätze, das *Ablaufmodell* und das *Ebenenmodell*, thematisieren eher den praktischen Ablauf der Simulation als Projekt. Das Ablaufmodell ähnelt einem Netzplan, während das Ebenenmodell insbesondere die personelle Aufteilung der Tätigkeiten und Verantwortlichkeiten herausstellt. Die einzelnen Ansätze werden bewußt unabhängig voneinander dargestellt, so daß sich Redundanzen ergeben und übereinstimmende Punkte unterschiedlich ausführlich behandelt werden. Soweit schon an dieser Stelle spezielle Fachausdrücke ohne weitere Erläuterung vorkommen, sei auf die detaillierten Ausführungen in den nachfolgenden Kapiteln verwiesen.

3.1 Grundmodell

Vom realen System, das modelliert werden soll, bis hin zu einem Simulator, der den gewünschten Sachverhalt hinreichend gut abbildet, sind verschiedene Schritte notwendig, die in Bild 3-1 im Überblick dargestellt sind (in Anlehnung an Schmidt 1980, S. 23).

Die Schritte werden an dieser Stelle nur kurz im Zusammenhang beschrieben; eine detailliertere Beschreibung befindet sich in den nachfolgenden Kapiteln.

Den ersten Schritt stellt die *Modellbildung* dar. Dabei wird das Originalsystem einer Systemanalyse unterzogen, bei der die wesentlichen Elemente des Systems, ihre Beziehungen zueinander und ihr Verhalten bestimmt werden. Als Ergebnis liegt ein formales Modell in der Sprache der Mathematik oder einer anderen formal-exakten Beschreibungsform vor.

In dieser Phase ist die *Modelleignung* sicherzustellen, d.h., daß das Modell in der Lage ist, das interessierende Verhalten des Originalsystems hinreichend genau wiederzugeben. Welche Abbildung geeignet ist, hängt maßgeblich vom Untersuchungszweck ab.

Im anschließenden Schritt der *Modellimplementierung* wird das formale Modell in ein ausführbares Computerprogramm, den Simulator, umgesetzt. Zum Teil ist es möglich, das formale Modell direkt automatisch in den Rechner einzulesen, z.B. bei Modellen, die als Gleichungssysteme vorliegen. In diesem Fall kann das Simulationssystem die vorliegende Beschreibung selbständig in eine ausführbare Form umwandeln[1]. In den übrigen Fällen muß eine Umsetzung des Modells in ein Programm nach den allgemeinen Regeln des Software-Engineerings erfolgen.

[1] Genaugenommen müßte man hier eigentlich noch zwischen dem mathematischen Modell selbst und seiner Darstellungsform in einer für den Simulator verständlichen Syntax unterscheiden. In diesem Fall wäre die computerlesbare Textdarstellung des Gleichungssystems schon eine Vorstufe des Rechnermodells.

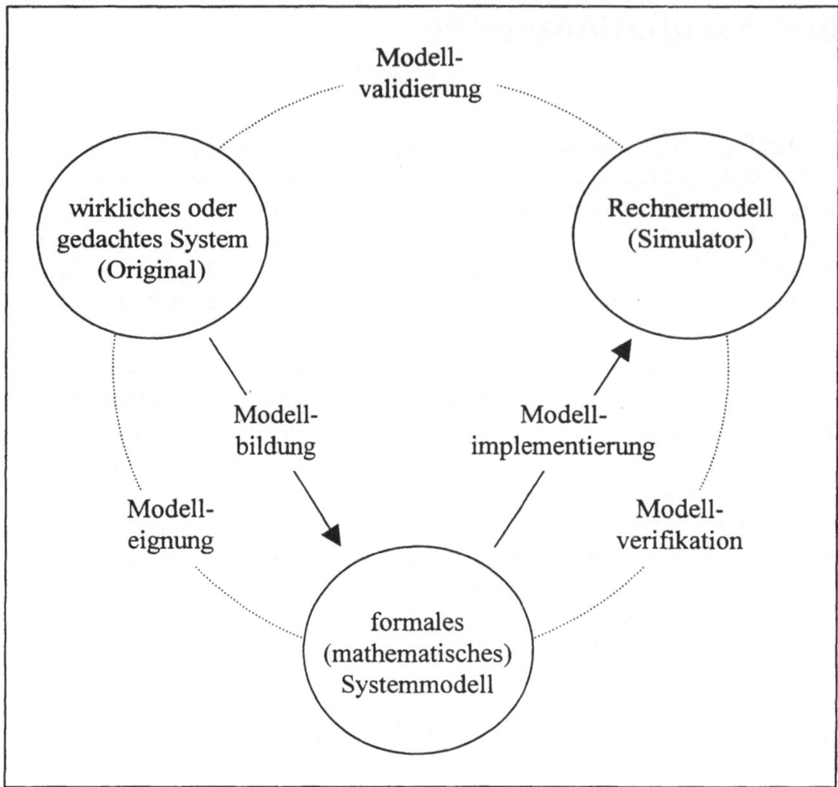

Bild 3-1 Grundmodell einer Simulationsstudie

Obwohl dieser Prozeß - bei Vorliegen eines geeigneten formalen Modells - strukturierter ablaufen kann als die Modellbildung, ist er - ebenso wie jede Software-Entwicklung - sehr fehlerträchtig. Es ist deshalb über eine *Modellverifikation* zu prüfen, ob das Rechnermodell wirklich exakt dem formalen Modell entspricht. Neben einfachen Programmierfehlern können auch Probleme bei der Umsetzung in das Paradigma des Simulators auftreten.

Im letzten Schritt ist die *Modellvalidierung* vorzunehmen. Im Gegensatz zur Verifikation, die eher auf formaler Ebene abläuft, ist bei der Validierung die inhaltliche Korrektheit zu überprüfen. Dazu werden die Simulationsergebnisse mit der tatsächlichen oder erwarteten Realität verglichen. Bei Abweichungen, die den normalen Rahmen überschreiten, sind die Ursachen zu untersuchen und gegebenenfalls Änderungen am Modell oder seiner Implementierung vorzunehmen. Dies kann im Extremfall zu einem völlig neuen Modellbildungsprozeß führen.

3.2 Prognosemodell

Betrachtet man die Simulation aus dem Blickwinkel eines Anwenders, der das künftige Verhalten eines realen Systems prognostizieren will, ergibt sich die Darstellung in Bild 3-2:

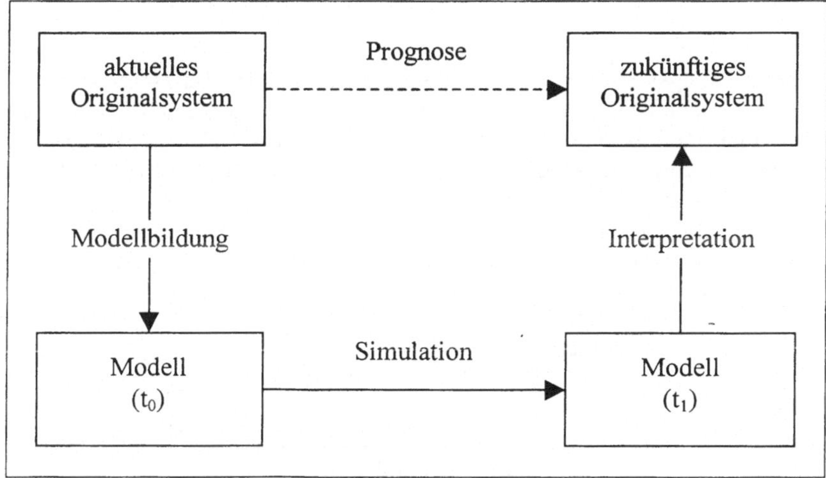

Bild 3-2 Prognosemodell einer Simulationsstudie

Ausgangspunkt ist das Originalsystem, das normalerweise einen Teil der realen Welt darstellt. Dies ist jedoch nicht zwingend. Vor allem in Planspielen, wie sie zur Ausbildung von Managern eingesetzt werden, und Systemen zur Untersuchung spieltheoretischer Ansätze ist das Originalsystem oft nur eine Fiktion. Z.B. handelt es sich um künstliche Unternehmen, die in einem gedachten Markt miteinander konkurrieren. Auch im Bereich von Computerspielen werden in erheblichem Umfang Simulationen eingesetzt. Im folgenden wird aber - sofern nichts anderes gesagt ist - von einem realen Originalsystem ausgegangen.

Über einen Modellierungsprozeß wird der interessierende Ausschnitt aus der Realität in ein Modell abgebildet. An diesem Modell werden dann die Experimente - hier Computersimulationen - durchgeführt. Bei diesen Experimenten geht es darum, die Entwicklung des Modells, d.h. die Änderung seines Zustands sowie das Eintreten von Ereignissen, über die Zeit hinweg im Computer zu berechnen. Aus dem Verhalten des Modells, d.h. den Simulationsergebnissen, wird versucht, auf das Verhalten des realen Systems in der untersuchten Situation zu schließen.

Oft ist es sinnvoll, mehrere Simulationsläufe unter verschiedenen Bedingungen durchzuführen. Dabei sind zwei Arten von Variation der Bedingungen zu unterscheiden:

Zum einen lassen sich die Rahmenbedingungen ändern, denen das Modell bzw. das Realsystem ausgesetzt ist und die nicht vom System bzw. den Entscheidungsträgern beeinflußt werden können. Ein typisches Beispiel hierfür sind Wetter- oder Klimaprognosen, bei denen bestimmte Szenarien, z.B. Einflüsse entfernter Tiefdruckgebiete usw., durchgespielt werden, ohne daß deren Eintreten in irgendeiner Form beeinflußbar wäre.

Die zweite Variante spielt insbesondere innerhalb von Unternehmen sowie bei politischen Entscheidungen eine Rolle. Hier lassen sich Rahmenbedingungen oder Modellparameter nicht nur im Modell, sondern auch am Realsystem verändern. Z.B. können die Auswirkungen einer anderen Bestellpolitik einer Einkaufsabteilung oder der Änderung der Organisation einer Fertigung am Modell untersucht werden. Die beste dabei gefundene Variante wird anschließend im Betrieb umgesetzt.

Oft werden beide Varianten kombiniert eingesetzt. Z.B. können in einem Unternehmensmodell der Dollarkurs (nicht beeinflußbar), die Nachfrage (bedingt beeinflußbar) und die Fertigungsorganisation (weitgehend beeinflußbar) gemeinsam geändert werden.

3.3 Ablaufmodell

Die beiden bisherigen Betrachtungsweisen waren eher theoretischer Natur. In diesem Abschnitt wird eine Simulationsstudie mehr als Projekt angesehen, bei dem die einzelnen Tätigkeiten nach einem bestimmten Ablauf aneinander gereiht sind. Entsprechend läßt sich das Ablaufmodell - wie in Bild 3-3 zu sehen - in Form eines Netzplans darstellen (vgl. Gehring 1998, S. 15 - 38).

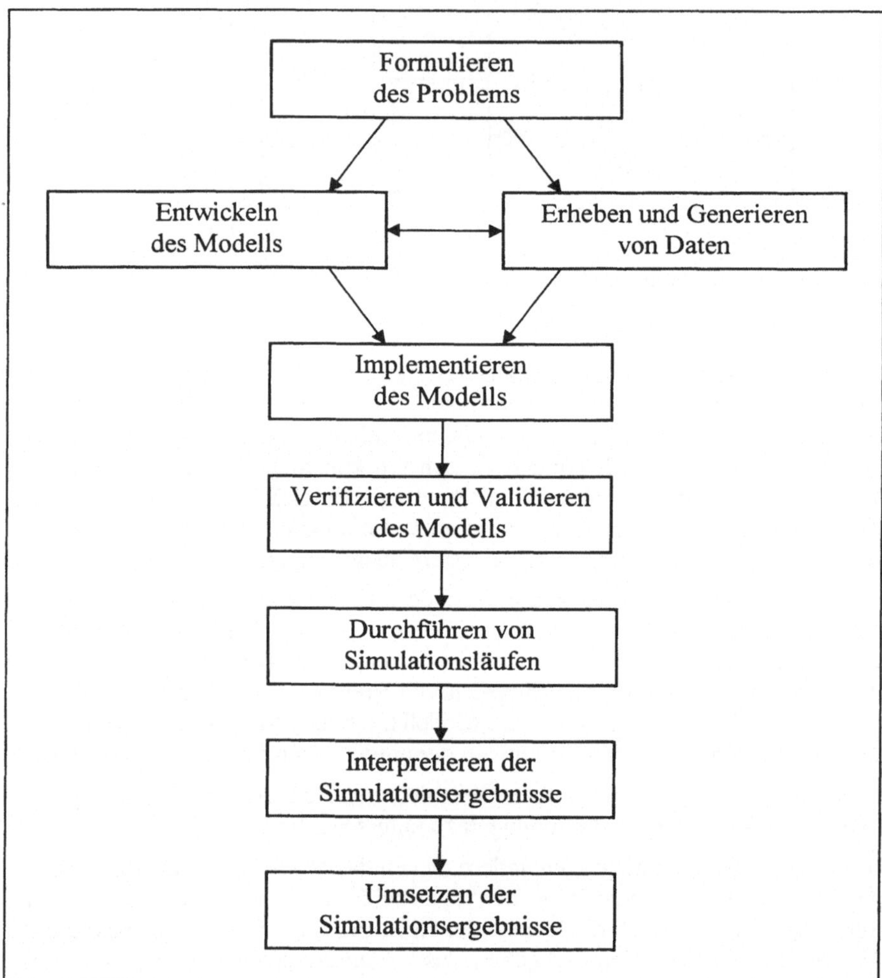

Bild 3-3 Ablaufmodell einer Simulationsstudie

Nachfolgend werden die wesentlichen Schritte einer Simulationsstudie im Zusammenhang beschrieben. Dabei geht es nur um einen Überblick; für Details zu den einzelnen Punkten sei auf die entsprechenden Kapitel in diesem Buch sowie auf die angeführte Literatur verwiesen.

3.3.1 Formulieren des Problems

Die Simulation läßt sich für sehr unterschiedliche Funktionen nutzen, die auch kombiniert vorkommen können. Deshalb ist im ersten Schritt zunächst möglichst exakt zu definieren, was im Rahmen der Studie überhaupt untersucht werden soll. Beispiele (vgl. Gehring 1998, S. 15):

Erkundungsfunktion: Untersuchen eines Systems, um Informationen darüber zu gewinnen (z.B. zur Theoriebildung).

Prognosefunktion: Vorhersage des künftigen Verhaltens bzw. der Entwicklung des Systems.

Gestaltungsfunktion: Gewinnen von Informationen für die Konstruktion und Auslegung eines Systems bzw. seiner Teilsysteme.

Optimierungsfunktion: Ermitteln der günstigsten Kombination von Systemparametern, um bestehende Abläufe zu verbessern.

Die Formulierung der Problemstellung ist nicht trivial. Es besteht durchaus die Gefahr, das "falsche Problem" zu lösen.

Eine der Hauptaufgaben im Rahmen der Problemformulierung ist die Abgrenzung des zu untersuchenden Realitätsausschnitts und die Bestimmung des Detaillierungsgrades des Modells bzw. der einzelnen Modellelemente. Beides ist immer im Hinblick auf die zuvor festgelegte Zielsetzung zu sehen.

Sollen konkrete Handlungen oder Entscheidungen aus den Ergebnissen abgeleitet werden, ist genau festzulegen, welche Größen als fix gelten müssen und welche der Disposition unterliegen. Z.B. wird der Hersteller einer Maschine die Erhöhung der Arbeitsgeschwindigkeit im Rahmen von Produktverbesserungen als ein wesentliches Ziel formulieren; für den Fertigungsmanager sind diese Daten bei gegebenem Maschinenpark im Rahmen seiner Planungen jedoch unveränderliche Größen.

3.3.2 Entwickeln des Modells

Simulation stellt eine Transformation von Eingangsgrößen in Ausgangsgrößen dar. Entsprechend sind diese Größen und ihre Abhängigkeiten bei der Modellentwicklung zu erfassen. Wird ein Realsystem durch mehrere Systemelemente abgebildet, entstehen zusätzliche Zwischengrößen, die ebenfalls zu beschreiben sind. Alle Größen sind zu quantifizieren und - sofern möglich - empirisch zu erfassen. Dieser Vorgang, der parallel zum Entwickeln des Modells abläuft, ist in Kapitel 3.3.3 beschrieben.

Für die Abhängigkeiten zwischen Eingangs- und Ausgangsgrößen sind Relationen festzulegen, um das Systemverhalten abzubilden. Solche Relationen können sich z.B. aus Naturgesetzen oder technischen Eigenschaften ergeben. In vielen Bereichen, die in der betrieblichen Praxis entscheidende Bedeutung besitzen, sind die Zusammenhänge weniger exakt und nur empirisch zu ermitteln, z.B. der Zusammenhang zwischen Preis und Nachfrage. In diesen Fällen ist zum einen die Art der Abhängigkeit zu bestimmen und zum anderen sind die entsprechenden Koeffizienten zu schätzen. Mit den Verfahren der Korrelationsanalyse ist zu überprüfen, ob ein vermuteter Zusammenhang überhaupt besteht bzw. signifikant ist.

Für die Umsetzung in ein Simulationsmodell ist die Art der Simulation (die *Weltsicht*; vgl. Liebl 1995, S. 87 ff.) festzulegen. Dies beinhaltet zunächst die Frage, ob eine deterministische oder eine stochastische Simulation gewählt werden soll. Weiterhin ist die gewünschte zeitliche Auflösung festzulegen und eine Entscheidung zwischen zeit-, ereignis- und prozeßorientierter Simulation zu treffen (vgl. Abschnitt 4.3).

3.3.3 Erheben und Generieren von Daten

Bereits oben wurde die Bedeutung der Datenerhebung für die Modellerstellung betont, insbesondere wenn keine eindeutigen technischen Abhängigkeiten bestehen. Doch sogar bei scheinbar exakten Zusammenhängen ist praktisch immer von einer mehr oder weniger großen Zufallsstreuung auszugehen, die gegebenenfalls im Modell zu berücksichtigen ist.

Für fast alle Modelle werden Ströme von Eingangsdaten benötigt, um die Simulation durchzuführen. Bei der Simulation einer Warteschlange an einer Kasse sind dies die ankommenden Kunden bzw. deren zeitliche Abstände. In diesem Beispiel ist auch die Dauer der Bedienung an der Kasse eine Größe, für die eine Folge von Werten benötigt wird.

Eine Möglichkeit besteht darin, diese Daten empirisch zu erfassen und für die Simulation vorzugeben. Stimmt das Modell, müßten sich für die Ausgangsgrößen der Simulation die in der Realität beobachteten Werte ergeben.

Beschränkt man sich auf diese Art von Eingangsdaten, lassen sich lediglich Abläufe aus der Vergangenheit reproduzieren. Allgemeine Aussagen oder Prognosen für künftiges Verhalten sind mit dieser Vorgehensweise nur bedingt zu gewinnen. Es ist deshalb sinnvoll, die gefundenen Größen zu untersuchen und ihre allgemeine Struktur, also ihre Zufallsverteilung, zu ermitteln. Im Rahmen der Simulation werden dann nicht historische Datenströme verwendet, sondern solche mit gleicher Verteilung, die durch einen Zufallsgenerator erzeugt werden.

Dieses Vorgehen ist das einzig mögliche, wenn Systeme simuliert werden sollen, die noch nicht existieren, deren Daten nicht zur Verfügung stehen oder wenn für die Simulation mehr Daten benötigt werden als erhoben wurden. Gegebenenfalls müssen die Verteilungen aus theoretischen Überlegungen oder den Daten ähnlicher existierender Systeme abgeleitet werden.

3.3.4 Implementieren des Modells

Nachdem das Modell exakt spezifiziert wurde, muß es für die Simulation in eine rechnerlesbare, ausführbare Form überführt werden. Dazu kann das Modell - gegebenenfalls inkl. der Simulationsumgebung - vollständig in einer normalen Programmiersprache realisiert werden. Eine Alternative sind spezielle Simulationssysteme, bei denen die Eingabe in einer speziellen Modellierungssprache oder in grafischer Form erfolgen kann. Je nach Gegenstand der Simulation kommen bei grafischer Eingabe z.B. CAD-Systeme, Stromlaufplan-Editoren oder Werkzeuge zur Eingabe von Flußdiagrammen in Frage. Das Ergebnis der Modellimplementierung ist ein Computerprogramm bzw. eine Modellbeschreibung, die innerhalb eines Simulationssystems ablauffähig ist.

3.3.5 Verifizieren und Validieren des Modells

Im Rahmen der Qualitätssicherung von Simulationsmodellen werden meist zwei, konzeptionell relativ klar trennbare Bereiche unterschieden:

Bei der Verifikation geht es darum, die einzelnen Schritte des Modellierungsprozesses zu überprüfen, insbesondere den Übergang vom formalen Modell zum Computermodell bei der Implementierung. Dies wird sehr treffend als "building the model right" bezeichnet (Balci 1988b, zitiert aus Liebl 1995, S. 200). Es geht also darum, daß die einzelnen Schritte vom Realsystem zum Simulationsmodell korrekt durchgeführt werden.

Demgegenüber ist die Validierung erheblich umfassender und behandelt die Frage, ob das Modell die Realität im Hinblick auf die Zielsetzung der Simulation geeignet und korrekt abbildet, was mit "building the right model" umschrieben wird (Balci 1988b, zitiert aus Liebl 1995,

S. 201). Die Validierung betrachtet - im Gegensatz zur Verifikation - demnach nicht die Einzelschritte, sondern untersucht, ob das Gesamtergebnis korrekt ist.

Im wesentlichen läßt sich die Validität eines Simulationsmodells ex-post feststellen, d.h. für die Vergangenheit. Das läßt sich dadurch erreichen, daß die Ergebnisse der Simulation mit den tatsächlich beobachteten historischen Daten verglichen werden. Sofern der simulierte Zeitraum möglich nahe an der Gegenwart liegt und keine wesentlichen Änderungen des Systems zu erwarten sind, kann mit diesem Verfahren auf die Qualität der Prognoseleistung des Modells geschlossen werden. Andere Formen der Validierung sind z.B. Plausibilitätskontrollen und der Vergleich mit den theoretisch erwarteten Ergebnissen.

Es ist immer zu berücksichtigen, daß niemals die wirkliche Korrektheit eines Modells beweisbar ist, sondern lediglich seine Inkorrektheit, indem falsche Ergebnisse nachgewiesen werden. Daß ein Modell die Prüfung der Verifikation besteht, ist also nur eine notwendige, jedoch keine hinreichende Bedingung für seine Richtigkeit. Auch die Ergebnisse umfassend getesteter Modelle müssen deshalb immer mit der gebotenen Vorsicht interpretiert werden.

3.3.6 Durchführen und Auswerten von Simulationsläufen

Nachdem das Modell in den vorangegangenen Schritten erstellt und - soweit möglich - einer Qualitätsprüfung unterzogen wurde, wird es nun für den eigentlichen Zweck der Simulationsstudie eingesetzt.

Bereits im ersten Schritt wurde festgelegt, welche Informationen von Interesse sind. Diese Daten sind jetzt noch näher zu spezifizieren. Das betrifft z.B. die Auflösung bzw. Genauigkeit der Ergebnisse oder die Frage, welche Größen über der Zeit und welche als Streudiagramm mit einer anderen Größe dargestellt werden sollen. Oft ist es sinnvoll, zusätzlich zu den eigentlich interessierenden Größen weitere Hilfsgrößen aufzunehmen, mit denen Aussagen über die Simulation oder die mögliche Sensitivität des Systems gewonnen werden können.

Bei jeder Simulation ist zu klären, ob ein stationärer oder ein nichtstationärer Prozeß vorliegt. Nichtstationäre Prozesse können bedingt sein durch:

Einschwingvorgänge: Beginn eines Prozesses, z.B. nach Einführung eines Produkts, Beginn einer neuen Produktionslinie usw.

Strukturbrüche: dauerhafte Änderung des Zustands oder Verhaltens des Systems (z.B. Änderung der Bestellpolitik, eine Gesetzesänderung usw.)

Übergangsprozesse: temporäre oder dauerhafte Anpaßvorgänge nach einem Strukturbruch oder einer kurzfristigen Ausnahmesituation (z.B. Stromausfall)

zeitlich variierende Eingangsdaten: z.B. tages- oder jahreszeitliches Schwanken des Aufkommens im Straßenverkehr oder der Kundenzahl in einem Geschäft

Es ist festzulegen, in welchem Zustand sich das System zu Beginn der Simulation befindet. Wird ein Bediensystem simuliert, bietet sich der Start mit einer leeren Warteschlange an. Bei kurzen Simulationsläufen führt dies aber zu Verzerrungen, da in diesem Fall die mittlere Schlangenlänge durch die Anlaufphase kürzer als im stationären Fall ist. Alternativ könnte mit einer durchschnittlichen Länge der Warteschlange begonnen werden, wobei für den gerade bedienten Kunden eine Restbedienzeit festzulegen ist. Wenn der stationäre Fall untersucht werden soll und die Einschwingphase aufgrund ihrer Dauer einen nennenswerten Einfluß auf das Gesamtergebnis besitzt, sollte dieser Teil der Simulation bei der Auswertung unberücksichtigt bleiben.

Für den Fall einer stochastischen Simulation ergibt sich - sofern nicht der Zufallsgenerator jedesmal mit demselben Startwert initialisiert worden ist - bei jedem Simulationslauf ein anderer Wert, der um den Erwartungswert streut. Um nicht nur einen Schätzwert für den Erwartungswert zu erhalten, sondern auch Aussagen zur Genauigkeit bzw. Zuverlässigkeit machen zu können, müssen möglichst viele Werte erhoben werden. Dazu wird z.B. die Simulation mehrfach durchgeführt, so daß sich der Mittelwert und ein Konfidenzintervall schätzen bzw. berechnen lassen. Ist die Genauigkeit vorgegeben, bestimmt sich daraus umgekehrt die notwendige Anzahl von Simulationsläufen.

Um die Verläßlichkeit und Genauigkeit der Lösung auch bei etwas abweichenden Bedingungen abschätzen zu können, empfiehlt sich - zusätzlich zu den genannten statistischen Methoden der Auswertung - eine Sensitivitätsanalyse. Dabei werden einzelne Parameter des Modells oder der Eingangsdaten geändert und die Änderungen des Ergebnisses untersucht. Sofern bereits geringe Änderungen zu erheblichen Abweichungen führen, muß die Gültigkeit der Ergebnisse in Frage gestellt werden, da bereits normale Fehler bei der Modellbildung oder geringfügige künftige Änderungen des Systems zu anderen Ergebnissen führen. Umgekehrt läßt sich auf diese Art untersuchen, für welchen Bereich von endogenen oder exogenen Größen ein beobachtetes Verhalten gilt oder welche Handlungsalternative dort die beste ist.

3.3.7 Interpretieren der Simulationsergebnisse

Zum Abschluß der Untersuchung muß aus den Simulationsergebnissen auf das Verhalten des realen Systems geschlossen werden, da die Ergebnisse nur für das simulierte Modell, nicht jedoch zwingend auch unmittelbar für die Realität gelten. Wurde eine Stichprobe simuliert, sind die Ergebnisse mit geeigneten Methoden auf die Grundgesamtheit hochzurechnen. Weiterhin ist abzuschätzen, welchen Einfluß nicht modellierte Teile des realen Systems besitzen.

Als konkretes Beispiel sei eine Simulation des Arbeitsmarktes anhand der Vorgänge genannt, die das Arbeitsamt abwickelt. Zunächst ist zu berücksichtigen, daß mehr als die Hälfte aller Stellen nicht über das Arbeitsamt, sondern über Zeitungsanzeigen, Personalberater und Direktansprache besetzt werden. Eine einfache Hochrechnung, um die fehlenden Teile zu ergänzen, verbietet sich aber, da die Daten des Arbeitsamtes nicht repräsentativ für den gesamten Arbeitsmarkt sind. Insbesondere Führungspositionen und andere Tätigkeiten für Personen mit hoher Qualifikation werden nur zu einem sehr geringen Teil über das Arbeitsamt vermittelt. Umgekehrt dürften sich niedrig qualifizierte Arbeitslose fast vollständig melden, um staatliche Unterstützungen zu erhalten. Die Ergebnisse, die aus den Daten des Arbeitsamtes gewonnen werden, können also lediglich einen Beitrag zum Verstehen der Realität leisten, sind jedoch niemals mit dieser identisch.

3.3.8 Umsetzen der Simulationsergebnisse in die Realität

Während Simulationen innerhalb wissenschaftlicher Studien meist dem reinen Erkenntnisgewinn dienen, stellen in der betrieblichen Praxis durchgeführte Simulationen in der Regel eine Entscheidungshilfe für Managemententscheidungen dar. Dieser Fall findet sich typischerweise bei Simulationsstudien, die im Rahmen von Unternehmensplanungen durchgeführt wurden.

Beim praktischen Vorgehen ist zu berücksichtigen, daß die theoretisch ermittelten Ergebnisse aufgrund nicht quantifizierbarer Effekte in der Praxis lediglich eingeschränkte Gültigkeit besitzen. Insbesondere sind bei Änderungen immer auch psychologische Auswirkungen bei den Betroffenen zu beachten, und oft sind die optimalen Lösungen aus politischen Gründen nicht durchsetzbar. Insoweit kann eine Simulationsstudie immer nur ein Hilfsmittel sein; die endgültige Entscheidung wird den Verantwortlichen dadurch nicht abgenommen.

3.4 Ebenenmodell

Bei diesem Modell wird für eine praktische Simulationsstudie eine Dreiteilung der Aufgaben in Fachebenen sowie eine entsprechende Zuordnung von Personen bzw. Qualifikationen vorgenommen[2]:

- Realproblem: Auftraggeber und Fachabteilungen
- Modellierung: Systemanalytiker, Statistiker, OR-Spezialisten
- Implementierung: Informatiker

Grafisch läßt sich der Ablauf über die Ebenen hinweg wie in Bild 3-4 darstellen:

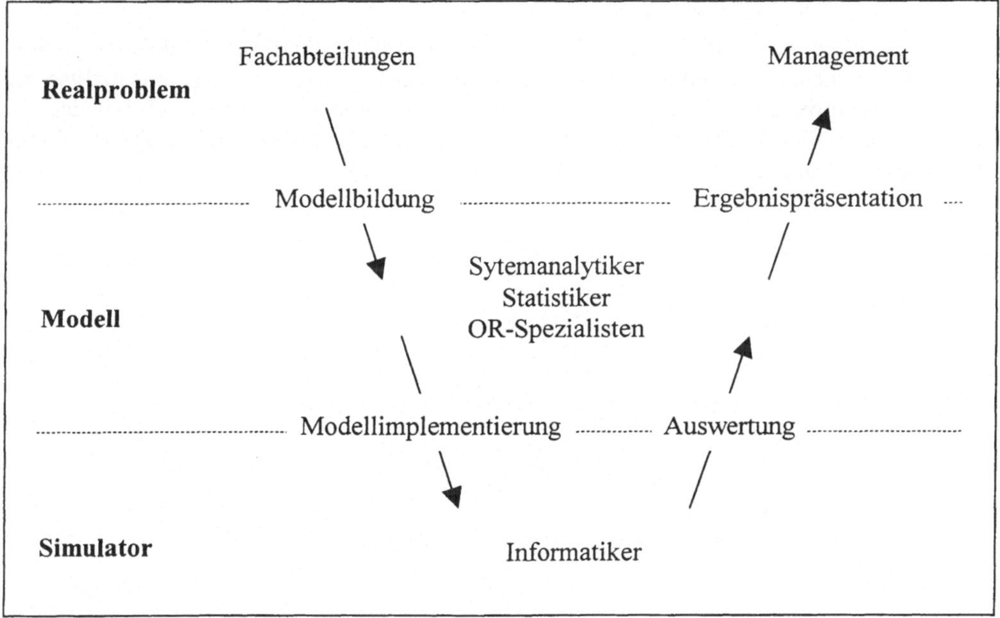

Bild 3-4 Ebenenmodell einer Simulationsstudie

Der Auftraggeber formuliert die Problem- bzw. Fragestellung und möchte sie mittels einer Simulationsstudie lösen lassen. Der Systemanalytiker hat die Aufgabe, das zu modellierende reale System qualitativ und quantitativ zu durchdringen und in ein formales Modell abzubilden. Hierfür sind insbesondere die Kenntnis quantitativer Methoden, vor allem aus dem Bereich der Statistik, sowie die Unterstützung durch die jeweiligen Fachabteilungen notwendig. Das ausformulierte Modell ist anschließend zu implementieren und zu simulieren. Sofern dazu geeignete Standard-Software und genügend Know-how vorhanden ist, kann auf den Implementierer verzichtet werden; diese Funktion ist dann projektunabhängig beim Software-Hersteller anzusiedeln. Für die Implementierung eines Simulators oder insbesondere eines universellen Simulationssystems sind jedoch vertiefende Spezialkenntnisse im Bereich der Informatik notwendig. Die Ergebnisse der Simulation sind vom Modellierer zu analysieren, zu verifizieren und auf

[2] Vgl. Liebl (1995, S. 225 f.), der neben den drei hier genannten Ebenen noch das Projektmanagement erwähnt.

das reale Problem zu übertragen. Die daraus gewonnene Problemlösung wird dem Auftraggeber zur Entscheidung vorgelegt. Wichtig für die Akzeptanz ist es, daß die Methoden transparent gemacht und die Ergebnisse von der fachlichen Anwendungsseite her untermauert werden können.

3.5 Zusammenfassung

Auch wenn einige Details der beschriebenen Modelle erst in den nachfolgenden Kapiteln wirklich deutlich werden, haben die einzelnen Sichtweisen auf den Gegenstand *Simulation* doch die Komplexität und Vielschichtigkeit zeigen können. Je nach Zielsetzung und institutionellen Rahmenbedingungen (z.B. Hochschulforschung vs. Industrieeinsatz) ergeben sich im Ablauf einer Simulationsstudie sehr große Unterschiede.

Betrachtet man jedoch die methodische Seite, die das Hauptanliegen dieses Buches ist, so stehen immer die Grundschritte Modellbildung, Implementierung, Test und Ergebnisanalyse im Mittelpunkt. Wie in der methodisch verwandten Software-Entwicklung sind auch bei der Simulation in nahezu allen Fällen mehrere Iterationen dieser Schritte notwendig, um zu einem guten Ergebnis zu gelangen.

4 Grundbegriffe der Simulation

4.1 Grundbegriffe

Nachdem im letzten Kapitel eine kurze Einführung in die Simulation gegeben wurde, werden in diesem Abschnitt die wichtigsten Begriffe näher erläutert. Dabei wird zugunsten einer anwendungsorientierten Betrachtung bewußt auf eine zu theoretische Vorgehensweise verzichtet.

4.1.1 System

Üblicherweise ist der Begriff des Systems wie folgt definiert (Kaaz 1972, S. 539):

> *Unter einem System versteht man die Menge der Elemente dieses Systems (seiner Untersysteme), die im gewünschten Sinn miteinander zusammenarbeiten. Jedes System - entweder als reales Objekt oder als begriffliche Abbildung - ist charakterisiert durch die Umgebung, die Verhaltensfunktion und die Struktur.*

Ohne zu sehr auf die theoretischen Aspekte dieser Definition und der einzelnen Begriffe einzugehen, werden nachfolgend einige interessante Punkte angesprochen:

- Ein System kann nicht nur ein reales Objekt, sondern auch ein gedankliches Gebilde sein. Z.B. muß einem Gleichungssystem nicht unbedingt ein reales Objekt entsprechen.
- Die Elemente des Systems sollen "im gewünschten Sinn ... zusammenarbeiten". D.h., bei der Abgrenzung eines Systems ist auf dessen Funktion in einer bestimmten Hinsicht zu achten. Die Elemente müssen an dieser Funktion beteiligt sein. Damit wird der in der Modellbildung wichtige und nicht immer einfache Prozeß der Abgrenzung des Modells von seiner Umgebung angesprochen. Ähnliche Formulierungen finden sich in den meisten Definitionen. Z.B. nennt Bossel (1994, S. 16) den *Systemzweck* als definitorisches Merkmal und Law/Kelton (1991, S. 3) sprechen von "entities ... that act and interact together toward the accomplishment of some logical end." Läßt man theologisch-philosophische Betrachtungen außer acht, so legt ein *Zweck*, der ja als "das Ziel einer Handlung" definiert ist (Duden 1970), ebenso wie die übrigen Formulierungen nahe, daß ein System von Menschen geschaffen wird, um "im gewünschten Sinn" zu funktionieren. Damit würden aber natürliche Gebilde wie Planetensysteme, Ökosysteme usw. gemäß dieser Definitionen nicht als Systeme angesehen. Man sollte deshalb einen Zweck oder ähnliches nicht als Merkmal des realen Systems selbst auffassen, sondern als eine vom Beobachter dort hinein projizierte Betrachtungsweise, die einer Modellbildung zugrunde liegt. Mathematisch-formale Definitionen wie die von Troitzsch (1990, S. 36 - 40) vermeiden die genannten Probleme.
- Die Elemente eines Systems sind wiederum Untersysteme. Es hängt von der Intension des Betrachters und der Abstraktionsebene ab, ob die Unterstruktur der Elemente berücksichtigt wird oder nicht. Z.B. stellt bei einem Modell für Verkehrsplanung ein Auto die elementare Einheit dar, bei einer Untersuchung über dessen individuelles Fahrverhalten werden vermutlich zusätzlich mindestens die Untersysteme Reifen, Fahrwerk, Karosserie und Motor betrachtet.

4.1.2 Modell

Es wird folgende Definition verwendet:

> *Unter einem Modell versteht man die (vereinfachte) Nachbildung eines Originalsystems. Das Modell muß dem Originalsystem im Hinblick auf den Zweck seiner Realisierung hinreichend ähnlich sein.*

Modelle lassen in sehr unterschiedlicher Form realisieren:

physisches Modell:	z.B. 1:5-Modell eines Autos für Messungen im Windkanal
verbales Modell:	z.B. Beschreibung des Verhältnisses zwischen "Ich" und "Über-Ich" in der psychologischen Theorie
mathematisches Modell:	z.B. Differentialgleichung zur Beschreibung eines Pendels
Computermodell:	z.B. Pascal-Programm zur Simulation einer Warteschlange

Im folgenden wird jeweils davon ausgegangen, daß das Modell als mathematisches Modell oder Computermodell vorliegt, so daß Berechnungen damit durchgeführt werden können.

Wie bereits in der Definition festgelegt, muß ein Modell immer im Zusammenhang mit dem Modellierungszweck gesehen werden. Dies wird durch die folgenden Beispiele deutlich, bei denen dasselbe reale System - ein Lkw - in Abhängigkeit vom Modellierungszweck in sehr unterschiedlicher Form abgebildet wird.

Designstudie:

> Wichtig sind z.B. Form und Farbe des Lkws sowie der optische Gesamteindruck. Neben den heute üblichen Computermodellen in CAD-Systemen werden meist noch verkleinerte physische Modelle erstellt, die unter anderem im Windkanal getestet werden.

Konstruktion des Fahrwerks:

> In diesem Zusammenhang sind vor allem die mechanischen Kräfte von Bedeutung, die auf die einzelnen Bauteile wirken und zwischen ihnen übertragen werden. Die Farbe des Aufbaus ist ohne Relevanz; die Form wird nur in soweit berücksichtigt, wie sie Auswirkungen auf das Fahrverhalten hat (z.B. Höhe des Schwerpunktes).

Logistikplanung in Spedition:

> Der einzelne Lkw reduziert sich in diesem Fall auf die Größen, die für seinen wirtschaftlichen Einsatz relevant sind. Für die Planung des gesamten Fuhrparks inklusive Anschaffung, Modernisierung und Reparaturen sind z.B. Anschaffungspreis, Kraftstoffverbrauch, Alter, Kilometerstand von besonderer Bedeutung, bei der konkreten Einsatzplanung bestehender Fahrzeuge z.B. aktueller Standort, Nutzlast und Nutzvolumen.

Öffentliche Verkehrsplanung:

> Bei der Planung von Verkehrswegen sind neben dem Bedarf an Verkehrsraum zusätzliche Kriterien zu beachten, z.B. die Belästigung der Anwohner und der Umweltschutz. Bei diesen Überlegungen wird nicht mehr der einzelne Lkw betrachtet, sondern der Lkw-Verkehr als Ganzes. Wichtige Größen sind in diesem Zusammenhang das Verkehrsaufkommen an Lkw sowie seine Verteilung auf Tageszeiten und Wochentage. Die Vielfalt möglicher Lkw-Typen wird durch einen allgemeinen Typ als Repräsentanten ersetzt. Dabei kann es sich - je nach Betrachtungszweck - um einen durchschnittlichen Vertreter handeln oder um einen besonders ungünstigen Grenzfall (z.B. maximale Größe oder Lautstärke).

Diese Beispiele machen zweierlei deutlich:

Zum einen kann ein Modell immer nur im Kontext einer bestimmten Anwendung bzw. Zielsetzung erstellt und beurteilt werden. Die in der Definition geforderte Ähnlichkeit zwischen realem System und Modell ist also im Hinblick darauf zu betrachten. Z.B. spielt die Farbe bei der Designstudie eine nicht unerhebliche Rolle, für die anderen Anwendungen ist sie hingegen bedeutungslos. Der Anwendungszweck des Modells bestimmt demnach, welche Eigenschaften in welcher Detaillierung zu berücksichtigen sind.

Das Beispiel der Verkehrsplanung zeigt weiterhin, daß oft eine Vielzahl ähnlicher Objekte vorliegt (z.B. verschiedene Lkw-Typen), die nicht weiter unterschieden werden müssen oder können. Es wird dann ein Objekt der Klasse als Stellvertreter für alle anderen verwendet. Je nach Zweck des Modells kann es sich hierbei um ein durchschnittliches oder extremes Exemplar handeln. Es wird z.B. oft vom "Durchschnittshaushalt" oder von "Otto Normalverbraucher" gesprochen, obwohl möglicherweise in der Realität kein Haushalt bzw. keine Person existieren, welche alle als durchschnittlich angenommenen Eigenschaften wirklich besitzen.

4.1.3 Simulation

Schon im letzten Abschnitt wurde eine Beschränkung auf berechenbare Modelle vorgenommen. Entsprechend wird auch der Begriff der Simulation relativ eng gefaßt:

Simulation ist das Durchführen von Berechnungen an einem Modell, bei denen Eingangsgrößen in Ausgangsgrößen transformiert werden.

Je nach Modell lassen verschiedene Arten von Eingangsgrößen unterscheiden:

- Anfangszustand des Systems

  Beispiel: Lagerbestand zu Beginn des Simulationszeitraums

- zeitvariante Eingangsgrößen

  Beispiel: Aufträge einer Periode

- Parameter

  Beispiel: Fixkosten pro Bestellvorgang

Je nach Betrachtung können die Parameter auch als Teil des Modells interpretiert werden.

Bei den Ausgangsgrößen sind ebenfalls verschiedene Arten zu unterscheiden:

- Endzustand des Systems

  Beispiel: Lagerbestand am Ende des Simulationszeitraums

- Ereignisse innerhalb des Simulationszeitraums

  Beispiel: Anzahl der Bestellvorgänge

Je nach Informationsbedarf lassen sich von diesen beiden Grundarten weitere Größen ableiten, z.B. Umsatz einer Periode als Aggregation über die Verkaufsereignisse oder maximaler Lagerbestand in einer Periode als gespeicherter Zwischenzustand.

Nur bei sehr kleinen und einfachen Simulationsmodellen können die Berechnungen von Hand durchgeführt werden. Im weiteren wird deshalb allgemein davon ausgegangen, daß das Modell als Computermodell vorliegt und die Berechnungen innerhalb eines Programms auf einem Rechner durchgeführt werden. In älteren Abhandlungen zum Thema Simulation wird zum Teil noch die - heute nahezu unbekannte - Verwendung eines Analogrechners beschrieben. Hier wird jedoch der Begriff Rechner synonym zum heute üblichen Digital-Computer verwendet; ebenso entspricht der Begriff Simulation dem der Digitalsimulation.

4.1.4 Simulationssystem

Im letzten Abschnitt wurde die Simulation als das Durchführen von Berechnungen an einem Modell definiert, bei denen Eingangsgrößen in Ausgangsgrößen transformiert werden. Daraus ergibt sich für den Fall der Computersimulation unmittelbar, daß neben dem Modell und den Daten ein System benötigt wird, das die Daten und das Modell handhaben kann und die notwendigen Berechnungen mittels eines geeigneten Algorithmus durchführt.

Für den Bereich der Computersimulation gelte folgende Definition:

> *Ein Simulationssystem ist ein Programm, welches für Eingangsdaten und Modell mittels eines geeigneten Algorithmus Berechnungen durchführt und die Ergebnisse abspeichert oder ausgibt.*

Nur bei sehr kleinen, einfachen Modellen werden Daten und Modell direkt in den Programmcode des Simulators integriert sein. Der Vorteil dieses Ansatzes besteht darin, daß das System weniger Daten extern einlesen und verarbeiten muß. Nachteilig ist hingegen, daß jede Änderung an Modell oder Daten eine Programmänderung erfordert. Ein Simulator, der für eine mehr oder weniger große Klasse von Modellen und Daten eingesetzt werden soll, erfordert deshalb eine klare Trennung von Daten, Modell und Simulationssystem.

Ebenso wie ein Tabellenkalkulations-Programm für beliebige Tabelleninhalte und deren Verknüpfungen geeignet ist, sollte auch ein Simulator[3] universell einsetzbar sein. Dafür ist eine Reihe von Grundfunktionalitäten erforderlich, z.B.:

- Benutzeroberfläche, z.T. inklusive Kommandosprache
- Eingabe und Editierung von Daten
- Import von Daten
- Eingabe und Bearbeitung von Modellen
- Vorgabe von Startwerten
- Einstellen von Simulationsparametern (z.B. für Lösungsalgorithmus)
- Reportgenerierung
- Analysewerkzeuge für Ergebnisse
- Abspeicherung bzw. Export von Ergebnissen

Da es unzählige Arten von Simulationen gibt und sich die Modelle, Daten und Methoden von Anwendung zu Anwendung erheblich unterscheiden, gibt es - anders als bei Datenbanken oder Textverarbeitung - keine universellen Standardprogramme für sämtliche Simulationszwecke. Verfügbare Programme beschränken sich entweder auf eine relativ kleine Klasse von Modellen (z.B. elektronische Digitalschaltungen, Wetterprognosen) oder stellen innerhalb einer größeren Klasse von Anwendungen (z.B. Fertigungssysteme) ein System zur Verfügung, das eher einer Entwicklungsumgebung entspricht und umfangreichere Programmier- und Konfigurierarbeiten vom Anwender erfordert. Wird auch dieser Rahmen von Anwendungen überschritten und ein weitgehend universeller Einsatz möglich, entsprechen die Systeme eher traditionellen Programmiersystemen mit spezieller Eingabesprache und simulationsspezifischen Erweiterungen.

---

[3] Im folgenden wird zum Teil - wie oft üblich - der Begriff *Simulator* synonym zum Begriff *Simulationssystem* verwendet, auch wenn speziell bei kleineren Simulatoren nicht immer ein vom Modell getrenntes Simulationssystem vorliegt.

4.2 Klassifizierungen

4.2.1 Kontinuierliche vs. diskrete Systeme

Diese Einteilung ist die wohl wichtigste innerhalb des Gebietes der Simulation; sie wird jedoch nicht immer einheitlich vorgenommen. Für eine saubere Einteilung ist nach den beiden Begriffen *Größe* und *Prozeß* zu unterscheiden.

Die in einem System bzw. Modell betrachteten Größen lassen sich in kontinuierliche und diskrete unterscheiden. Während kontinuierliche Größen innerhalb eines gegebenen endlichen Intervalls unendlich viele verschiedene Werte annehmen können, sind es bei diskreten Größen nur endlich viele. Alternativ wird bei diskreten Größen - ohne Beschränkung auf ein endliches Intervall - von abzählbar unendlich vielen Ausprägungen gesprochen (vgl. z.B. Bronstein/Semendjajew 1987, S. 661, und Hartung/Elpelt/Klösener 1993, S. 106).

Typische kontinuierliche Größen sind Zeitangaben (z.B. Fertigungsdauer und Lieferzeit eines Produktes) und geometrische Größenangaben (z.B. Länge). Beispiele für diskrete Größen sind die Anzahl von Personen in einer Warteschlange an einer Kasse oder der Lagerbestand an Fernsehern bei einem Händler. Ebenso gehören alle nominalen und ordinalen Merkmale (z.B. Familienstand, Geschlecht, Schulabschluß) zu den diskreten Größen.

Oft begrenzt die Meßgenauigkeit die Anzahl der möglichen Zustände, oder es wird bewußt eine Klassifizierung vorgenommen. In diesen Fällen enthält das Modell diskrete Variablen, während das reale System kontinuierliche Größen aufweist.

Umgekehrt können diskrete Größen wie Geldbeträge zu quasi-kontinuierlichen werden, wenn die Beträge groß genug sind. Z.B. ist bei Staatsschulden von über 1 Billion DM eine Änderung um einen Pfennig kaum als diskrete Änderung wahrzunehmen.

Vor allem in der Physik kommen überwiegend stetige Prozesse vor. Beispielsweise ändern Körper ihre Position und Geschwindigkeit nie sprunghaft; immer sind stetige Übergangsphasen vorhanden. Daran ändert sich auch dadurch nichts, daß diese Größen nur in bestimmten Zeitintervallen gemessen werden können, so daß sich der Wert von einer Messung zur nächsten natürlich in Form eines Sprungs ändert. Bei einer solchen Meßreihe handelt es sich jedoch nicht um das reale System, sondern nur um eine Abbildung davon.

Man spricht bei nichtstetigen Prozessen von Ereignissen, die sich dadurch auszeichnen, daß sie eine sprunghafte Zustandsänderung bewirken und keine Zeit beanspruchen, sondern zu einem Zeitpunkt stattfinden.

Um an dieser Stelle Verwechslungen vorzubeugen, folgender Hinweis:

> Die sogenannte ereignisorientierte Simulation (siehe Abschnitt 4.3.3) besitzt in vielen Bereichen eine erhebliche Bedeutung und stellt eine der führenden Simulationstechniken dar. Es ist aber zu beachten, daß das Auftreten von Ereignissen innerhalb einer Simulation nicht mit einer ereignisorientierten Simulation gleichzusetzen ist.

Die beiden genannten Klassifizierungen sind nicht unabhängig voneinander: Stetige Prozesse setzen immer kontinuierliche Merkmale voraus, und diskrete Merkmale führen immer zu nichtstetigen Prozessen. Nur die Kombination nichtstetiger Prozesse und kontinuierlicher Merkmale ist etwas schwieriger zu beurteilen:

In der Literatur zum Thema Simulation wird der Begriff *diskret* meist für die sprunghafte Änderung von Größen verwendet, was nach diesem Schema nichtstetigen Prozessen entspricht (vgl. z.B. Spaniol/Hoff 1995, S. 5 - 7, und Liebl 1995, S. 9 f. und S. 87 - 90). Es wird dann allgemein von diskreter Simulation oder *discrete event simulation* gesprochen, auch wenn die sich sprunghaft ändernde Größe kontinuierlich ist. Dies kann man innerhalb einer Simulation dadurch rechtfertigen, daß es in der Tat nur abzählbar viele Sprünge, und damit nur abzählbar viele vorkommende Ausprägungen der betrachteten Größe gibt.

Der Zusammenhang beider Dimensionen in bezug auf die Art der Simulation läßt sich so darstellen:

		Größen	
		kontinuierlich	diskret
Prozeß	stetig	kontinuierliche Simulation	
	nichtstetig	diskrete Simulation	

Bild 4-1 Klassifizierung nach Größen und Prozessen

Innerhalb dieses Buches wird fast ausschließlich die diskrete Simulation behandelt, auch wenn viele der Ausführungen ebenso für kontinuierliche Simulationen gelten.

4.2.2 Deterministische vs. stochastische Simulation

Bei einer deterministischen Simulation hängt das Ergebnis ausschließlich von den Eingangsgrößen und dem Startwert ab. Mehrere Simulationsläufe liefern immer exakt das gleiche Ergebnis.

Im Gegensatz dazu werden innerhalb einer stochastischen Simulation Zufallsvariablen als Einflußgrößen modelliert, die das Simulationsergebnis mehr oder weniger deutlich streuen lassen.

In der Realität sind alle Prozesse von Zufallsgrößen abhängig. Z.B. wird der Fall eines Körpers vom Luftwiderstand sowie der Gravitation aller um ihn herum befindlichen Körper (z.B. Gebäude, Experimentator, Stellung des Mondes) beeinflußt. Speziell der Einfluß der Gravitation von Gegenständen in der Umgebung des fallenden Körpers läßt sich unmöglich berechnen und ist - obwohl grundsätzlich immer vorhanden - so gering, daß er bei einer Modellierung vernachlässigt werden kann.

Eine deterministische Simulation liegt vor, wenn die Eingangsgrößen stets eindeutig die Ausgangsgrößen bzw. das Simulationsergebnis bestimmen. Diese Form der Simulation wird insbesondere im naturwissenschaftlichen und technischen Bereich angewandt, wo die Zusammenhänge zwischen Eingangs- und Ausgangsgrößen z.B. durch Formeln beschrieben werden.

Ein einfaches Beispiel ist der schiefe Wurf einer Kugel. Für jede Kombination aus Abwurfwinkel, Startgeschwindigkeit usw. läßt sich eindeutig eine exakte Weite ermitteln. Je nach Modellgenauigkeit ist der Einfluß des Luftwiderstandes zu berücksichtigen. Zufallseinflüsse wie Windböen werden im allgemeinen nicht einbezogen.

Bei diesem sehr einfachen Beispiel ist eine geschlossene Lösung möglich, z.B. der Abwurfwinkel, bei dem die größte Weite erzielt wird. Anders sieht es jedoch für größere Zuordnungs- und Reihenfolgeprobleme aus, wie sie in der Logistik (z.B. Travelling Salesman Problem) oder im PPS-Bereich (Produktionsplanung und -steuerung) auftreten. Da die vollständige Enumeration, d.h. das "Durchprobieren" aller Kombinationen, aufgrund der extremen Rechenzeiten bei realistischen Anwendungen ausscheidet, bieten sich entweder Heuristiken oder Simulationen an.

Vor allem im PPS-Bereich wird zunehmend die letztgenannte Möglichkeit eingesetzt. Hierdurch können die Auswirkungen von Entscheidungen sofort analysiert werden, z.B. Verzögerungen laufender Aufträge durch die Hinzunahme eines weiteren Auftrags.

Die stochastische Simulation unterscheidet sich von der deterministischen dadurch, daß Zufallsprozesse in die Simulation einbezogen und durch Zufallszahlen realisiert werden. Manchmal wird in diesem Zusammenhang - nicht ganz korrekt - von *Monte-Carlo-Simulation* gesprochen (vgl. dazu Abschnitt 4.2.8.3).

Im einfachsten Fall ist direkt der Wert einer Zufallsgröße zu ermitteln:

> Ein Beispiel ist die Simulation einer Abfüllanlage, die 500g-Packungen Kaffee befüllt. Die Füllmenge jeder einzelnen Packung wird sich in der Realität etwas unterscheiden. Durch eine geeignete Stichprobe an der realen Anlage werden der Mittelwert und die Standardabweichung der Füllmenge ermittelt. Wenn die Werte in diesem Beispiel $\mu = 510g$ und $\sigma^2 = 25g^2$ betragen, ergibt sich unter der Annahme der Normalverteilung eine Zufallsvariable mit einer N(510; 25)-Verteilung. Für jede Packung in der Simulation wird eine neue Zufallszahl mit dieser Verteilung erzeugt und ihr als Attribut *Füllmenge* zugewiesen. Ähnliches gilt auch für variierende zeitliche Abstände zwischen Ereignissen, bei denen z.B. die Zeit zwischen zwei ankommenden Kunden eine Zufallsgröße mit bestimmter Verteilung darstellt.

Häufig interessieren bei der stochastischen Simulation Ereignisse. In diesem Fall soll nicht der Wert eines Attributs ermittelt werden; statt dessen ist zu prüfen, ob ein Ereignis überhaupt eintritt.

> Dies sei am Beispiel von Frauen im Alter zwischen 15 und 45 Jahren gezeigt, für die simuliert wird, ob eine Geburt stattfindet oder nicht. Für alle Frauen dieser Altersgruppe werde - unabhängig von ihrem konkreten Alter innerhalb dieses Bereichs - eine Gebärwahrscheinlichkeit von p = 0,05 (= 5%) angenommen. Für jede Frau wird innerhalb der Simulation eine gleichverteilte Zufallszahl zwischen 0 und 1 erzeugt. Ist die Zufallszahl z kleiner als p, wird eine Geburt simuliert, anderenfalls nicht. Wie leicht zu erkennen ist, trifft die Bedingung $z < p$ in etwa 5% der Fälle zu. Die vorgegebene Wahrscheinlichkeit p ist somit gleichzeitig der Erwartungswert für das Eintreten des simulierten Ereignisses.

Die dritte Variante, die betrachtet wird, geht von einer relativ kleinen Anzahl möglicher Werte aus, die einer Variablen zugewiesen werden sollen.

> Ein Beispiel ist die Wahl des Berufes nach Abschluß der Ausbildung. Zur Vereinfachung werden nur die Kategorien Arbeiter, Angestellter und Beamter berücksichtigt. Sind die entsprechenden Wahrscheinlichkeiten 30%, 60% bzw. 10%, ergeben sich folgende kumulierte Werte:
>
> [0,0; 0,3) Arbeiter
>
> [0,3; 0,9) Angestellter
>
> [0,9; 1,0) Beamter
>
> Liegt die ermittelte gleichverteilte Zufallszahl z.B. im Bereich zwischen 0,3 und 0,9, also in 60% der Fälle, wird der Beruf Angestellter zugewiesen. Der Bereich von 0,0 bis 1,0 ist

demnach über kumulative Wahrscheinlichkeiten in der Weise aufgeteilt, daß die Größe jedes Bereichs der Eintrittswahrscheinlichkeit des zugeordneten Ereignisses entspricht.

4.2.3 Statische vs. dynamische Systeme und Modelle

Der Begriff *dynamisch* in Verbindung mit Systemen oder Modellen ist einer der in der Simulationstechnik am häufigsten gebrauchten. Dennoch erscheint seine Definition meist etwas nebulös und insbesondere seine Abgrenzung zu statischen Systemen unklar.

Ohne den Anspruch zu erheben, diese Widersprüche auflösen zu können, werden in nachfolgend einige der wichtigsten Aspekte und Ausprägungen zum Begriffspaar statisch / dynamisch erläutert:

Als dynamisch wird ein System im allgemeinen dann angesehen, wenn sich sein Zustand innerhalb eines interessierenden Zeitraums ändert oder zumindest ändern kann (vgl. Bossel 1994, S. 17, und Grams 1992, S. 24). Stadtler (1995, S. 1.2) fordert darüber hinaus, daß sich nicht nur der Zustand, sondern auch "die Eigenschaften der Elemente und ihre Beziehungen" im Zeitablauf ändern. Zu Recht betont Bossel (a.a.O.) jedoch, daß genaugenommen alle Systeme dynamisch sind, da sich selbst scheinbar völlig statische Bauwerke wie der Kölner Dom über die Jahre z.B. durch Verwitterung verändern und bei bestimmten Einflüssen wie Windlasten oder Erdbeben durchaus dynamisches Verhalten zeigen.

Eine noch etwas andere Sichtweise wird deutlich, wenn man statt von Systemen von Modellen oder Simulationen dieser Systeme spricht. Hoover/Perry (1990, S. 7) klassifizieren ein Modell dann als dynamisch, wenn sich die Modellvariablen über die Zeit ändern. Allgemeiner ist Mertens (1982, S. 5), der von einer dynamischen Simulation ausgeht, wenn "man das Verhalten eines Systems im Zeitablauf studieren will".

Ein dynamisches System läßt sich durchaus mit statischen Methoden untersuchen. Es ist aber fraglich, ob das noch als *Simulation* zu bezeichnen ist. Ein Beispiel für diesen Grenzbereich sind die Monte-Carlo-Methoden (siehe Abschnitt 4.2.8.3), bei denen sehr unterschiedliche, oft deterministische Probleme durch künstlich erzeugte Zufallsstichproben gelöst werden. Andere Verfahren statischer Optimierung, wie sie z.B. bei Zuordnungsproblemen verwendet werden, fallen nicht unter den Begriff Simulation, sondern sind den klassischen Methoden des Operations Research zuzuordnen.

Eine vor allem im Bereich wirtschafts- und sozialwissenschaftlicher Modelle verwendete Definition dynamischer Modelle fordert, daß die Merkmale von ihrer Vergangenheit abhängen (Troitzsch 1990, S. 16), d.h., der Zustand eines Modells hängt unter anderem von einem früheren Zustand - meist dem der letzten Periode - ab. Dies zeigt sich besonders deutlich bei ökonometrischen Modellen, bei denen Größen wie Bruttosozialprodukt, Import usw. weitgehend durch den Vorjahreswert bestimmt werden.

Im Rahmen dieses Buchs wird nur dann von Simulation gesprochen, wenn explizit der Zeitfortschritt modelliert und realisiert wird. Dies schließt ein, daß es Modellgrößen geben muß, die sich im Zeitablauf ändern bzw. ändern können.

4.2.4 Rückgekoppelte vs. nicht rückgekoppelte Systeme

Die meisten Simulationsmodelle verwenden eine einfache Struktur, bei der eine eindeutige Wirkungsrichtung gegeben ist. Z.B. wirkt Größe A auf Größe B, aber nicht umgekehrt. Der Wert von B wird also nicht zu einer vorangegangenen Stufe rückgekoppelt.

In vielen realen Systemen sowie ihren Modellen kommen jedoch Rückwirkungen vor. Damit haben die Ausgangsgrößen Einfluß auf vorgelagerte Zwischen- oder sogar Eingangsgrößen.

Die technische Disziplin, die sich mit diesem Phänomen beschäftigt, ist die Regelungstechnik, bei der zwischen rückkopplungsfreier Steuerung und rückgekoppelter Regelung unterschieden wird. Daß die Abgrenzung nicht immer eindeutig ist und in vielen Modellen ohne hinreichende Untersuchungen unberücksichtigt bleibt, zeigt folgendes Beispiel:

Zu den wichtigsten und am häufigsten simulierten diskreten Systemen gehören solche mit Warteschlangen (siehe Kapitel 9), wie z.B. eine Supermarktkasse. Die Länge der Schlange ergibt sich aus dem Zufluß an Kunden, die sich an der Schlange anstellen und dem Abfluß der Kunden, nachdem sie an der Kasse bedient worden sind. Als Eingangsgrößen bzw. Parameter der Simulation werden die Zeit zwischen der Ankunft zweier Kunden und die Bediendauer bzw. die Verteilungen dieser Größen betrachtet, wobei diese in der Regel als invariant gelten. Betrachtet man den Straßenverkauf einer Eisdiele, erscheint es dagegen mehr als fraglich, ob der Zustrom neuer Kunden bei einer 15 Personen langen Schlange noch genau so groß ist wie bei einer ein oder zwei Personen langen Schlange. Anders als in manch anderen Warteschlangensituationen sind die Kunden hier nicht bereit oder gar gezwungen, die Wartezeit in Kauf zu nehmen, die sich aus einer langen Schlange vor ihnen ergeben würde.

In fast allen Modellen von Warteschlangensystemen wirkt der Zustrom von Kunden nur auf die Schlangenlänge, jedoch nicht umgekehrt. Es ist demnach keine Rückkopplung vorgesehen. Das Beispiel der Eisdiele zeigt indes, daß es durchaus zu einer Rückwirkung der Schlangenlänge auf den Kundenstrom kommen kann, also eine Rückkopplung vorliegt.

Rückkopplungen finden sich also nicht nur in technischen Systemen, sondern in nahezu allen realen Systemen einer gewissen Komplexität. Bezüglich der Wirkung sind zwei mögliche Fälle zu unterscheiden: die Mitkopplung und die Gegenkopplung.

Hier einige Beispiele zur Gegenkopplung, die in der Praxis überwiegt:

- Ein höherer Strom durch einen metallischen Leiter führt zu seiner Erwärmung. Diese führt über einen höheren Widerstand zur Verringerung des Stroms.
- Eine höhere Vorlauftemperatur im Heizungskessel führt zu einer höheren Raumtemperatur. Über einen Raumfühler wird bei höherer Raumtemperatur die Vorlauftemperatur reduziert.
- Ein niedriger Preis führt zu größerer Kaufnachfrage. Eine höhere Nachfrage kann die Verkäufer im Gegenzug zu einer Preiserhöhung veranlassen.
- Die schlechte Arbeitsmarktlage für Akademiker bestimmter Fachrichtungen führt dazu, daß die Studentenzahlen in diesem Fach drastisch zurückgehen. Als Folge davon gibt es fünf bis sieben Jahre später kaum noch Absolventen, so daß diese dann besonders gute Chancen auf dem Arbeitsmarkt haben. Dies führt wiederum zu steigenden Studentenzahlen, die in einigen Jahren zu einem Überangebot an Absolventen dieses Fachs führen.

Allen genannten Beispielen gemeinsam ist der Effekt, daß eine Erhöhung einer Größe A zu einer Verringerung der Größe B führt und damit indirekt wieder zu einer Reduzierung von A. Dieser Effekt führt grundsätzlich zu einer Stabilisierung des Systemverhaltens. Problematisch ist aber die Verzögerung, die durch die Reaktionszeit des Systems gegeben ist. Bei technischen Regelungen sind dies meist Sekundenbruchteile bis wenige Stunden; bei Sozial- oder Wirtschaftssystemen sind auch mehrere Jahre möglich. Speziell bei großen Verzögerungen kann es zu Schwingungen kommen, wie das letzte Beispiel zeigt. Je nach Stärke der Wirkungen nimmt eine solche Schwingung ab, besitzt eine konstante Amplitude oder schaukelt sich immer mehr auf.

Mitkopplungen sind deutlich seltener und führen in der Regel zu instabilen Systemen, die meist nach kurzer Zeit kollabieren oder in einen neuen, stabilen Zustand übergehen. Auch hierzu zwei Beispiele:

- Ein Busunternehmer veranstaltet regelmäßig eine bestimmte Reise. Da nicht genügend Teilnehmer zusammenkommen, um die Fixkosten zu decken, erhöht er das nächste Mal die Preise. Davon abgeschreckt kommen noch weniger Reisende, so daß der Umsatz weiter zurückgeht. Nach weiteren Preiserhöhungen ist bald der Punkt erreicht, an dem kein einziger Kunde mehr kommt.
- Eine vergleichsweise geringfügige schlechte Meldung führt dazu, daß einige Kurse auf dem Aktienmarkt nachgeben. Andere Anleger reagieren verschreckt, befürchten einen Crash und verkaufen ihre Aktien. Dies führt zu weiter nachgebenden Kursen, die wiederum weitere Anleger aufschrecken und zum Verkauf ihrer Papiere bewegen.

Rückgekoppelte Systeme besitzen ein sehr schlecht durchschaubares Verhalten, das meist nicht mehr plausibel abgeschätzt werden kann. Insbesondere dann, wenn zusätzlich nichtlineare Abhängigkeiten auftreten, können chaotische Systeme entstehen (siehe Kapitel 4.2.8.1). Da oft auch analytische Methoden bei der Untersuchung versagen, ist die Simulation in der Regel die einzige geeignete Untersuchungsmethode.

4.2.5 Terminierende vs. nichtterminierende Systeme

Systeme können danach klassifiziert werden, ob sie und ihre Prozesse auf Dauer angelegt sind oder ob es innerhalb des interessierenden Zeitbereichs einen natürlichen Endpunkt für das System oder die darin untersuchten Prozesse gibt. Im ersten Fall spricht man von nichtterminierenden Systemen, im zweiten von terminierenden.

Hier einige Beispiele für terminierende Systeme:

- Die Warteschlange in einem Einzelhandelsgeschäft ist beim morgendlichen Öffnen des Geschäfts leer und füllt sich im Laufe des Tages mit einer wechselnden Zahl von Kunden. Dabei sind durchaus auch Phasen mit einer leeren Warteschlange möglich. Mit dem abendlichen Schließen des Geschäfts versiegt der Zustrom der Kunden, und alle Prozesse des Warteschlangensystems kommen zum Stillstand.
- Großrechner sind in der Regel zu Zwecken der Datensicherung u.ä. zwar Tag und Nacht in Betrieb, sie werden jedoch nur während einer mehr oder weniger genau definierten Zeitspanne zwischen morgens und abends aktiv genutzt. Will man also die Auslastung des Rechners durch eingeloggte User untersuchen, so beginnt der betrachtete Prozeß am Morgen mit dem Einloggen des ersten Nutzers und endet abends, wenn keine Nutzer mehr aktiv sind. Die Aktivitäten außerhalb dieser Zeitspanne, die durchaus auch auf eine Kernarbeitszeit reduziert werden kann, spielen für die Betrachtung keine Rolle, so daß der Prozeß jeden Tag aufs Neue terminiert.
- Die Kommunikation zweier Rechner beim Versenden einer Email soll untersucht werden. Der Prozeß beginnt mit der ersten Anfrage des Clients an den Mail-Server und endet, nachdem alle Daten für diesen Vorgang ausgetauscht wurden. Auch wenn der Mail-Server ständig - möglicherweise parallel - eine Vielzahl solcher Anfragen abwickelt, ist der untersuchte Prozeß jedoch auf eine Zeitspanne von wenigen Sekunden oder sogar noch weniger beschränkt und terminiert anschließend.

Wie die Beispiele zeigen, kann es sich durchaus um Systeme handeln, die auf Dauer angelegt sind. Entscheidend ist, ob die betrachteten Prozesse dieses Systems einen definierten Endpunkt besitzen. Dem steht nicht entgegen, daß solche terminierenden Prozesse ständig neu ablaufen können. Wichtig ist nur, daß das Ende des letzten Prozesses nicht den Anfangszustand in der nachfolgenden Periode bestimmt (vgl. Hoover/Perry 1990, S. 306).

Demgegenüber kann es auch in nichtterminierenden Systemen Unterbrechungen geben, diese führen jedoch nicht zu einem unabhängigen Neustart in der darauffolgenden Periode. Hierzu ebenfalls zwei Beispiele:

- In einer Fertigung ohne Nachtschicht werden Rohstoffe schrittweise über Zwischenprodukte zu Endprodukten verarbeitet. Obwohl der Fertigungsprozeß jeden Abend vollständig zum Stillstand kommt, handelt es sich nicht um ein terminierendes System, da am nächsten Tag die Arbeit mit genau demselben Zustand fortgesetzt wird, mit dem sie am Abend zuvor unterbrochen wurde.
- Im Lager eines Großhändlers kommt es aufgrund täglich eingehender Aufträge zu Warenabgängen. Diese werden in größeren Abständen durch Lieferungen von Herstellern ausgeglichen, so daß der Bestand der einzelnen Waren einem ständigen Auf und Ab entspricht. Da der Prozeß in der Regel tageweise untersucht wird, spielen Unterbrechungen durch den Feierabend keine Rolle. Selbst längere Stillstandszeiten durch Wochenenden oder Weihnachtspause terminieren den Prozeß nicht, da der Lagerbestand am Ende eines Arbeitstages exakt dem zu Beginn des nächsten Arbeitstages entspricht bzw. entsprechen sollte.

Die Simulation terminierender Systeme wird normalerweise für den gesamten Zeitraum des Prozesses durchgeführt. Demgegenüber kann bei nichtterminierenden Prozessen grundsätzlich nur ein Ausschnitt aus der zumindest theoretisch unendlich langen Zeitspanne nach dem Beginn simuliert werden. Zum Teil wird ein realer Einschwingvorgang beim einmaligen Start des Systems mit abgebildet; oft wird aber nur der laufende Prozeß untersucht, so daß der Einschwingvorgang nur ein Teil der Simulation ist, dem kein real beobachtetes Verhalten entspricht.

4.2.6 Stationäre vs. nichtstationäre Systeme

In engem Zusammenhang mit dem Begriffspaar terminierend/nichtterminierend - und in der Literatur nicht immer sauber davon getrennt - ist die Klassifizierung in stationäre und nichtstationäre Systeme zu sehen.

Man geht allgemein davon aus, daß sich ein System bei konstanter Verteilung der Eingangsgrößen und stabilen Systemeigenschaften nach einer gewissen Einschwingphase einem stationären Zustand annähert. Die betrachteten Größen dürfen in der stabilen Phase (*steady-state*) keinen Trend mehr aufweisen. Diese Betrachtung führt zum Teil zu der irrigen Annahme, daß bei den Größen eine Konvergenz im mathematischen Sinn vorliegen würde und die Abweichungen von einem Durchschnitts- bzw. Erwartungswert - also die Streuung - immer kleiner werden. Wie in Abschnitt 8.1.2 näher erläutert wird, ist sogar das Gegenteil der Fall. Die Streuung nimmt nämlich im Laufe der Einschwingphase kontinuierlich zu und erreicht im stationären Fall ein stabiles Maximum. Eindeutig und deshalb zu bevorzugen ist die Definition von Hoover/Perry (1990, S. 309), wonach für die stationäre Phase gelten muß, daß sich - bei diskreten Systemen - die Wahrscheinlichkeit, daß ein bestimmter Zustand angenommen wird, nicht mehr ändert.

Manche Systeme erreichen auch nach beliebig langer Zeit keinen stationären Zustand. Dafür können verschiedene Gründe verantwortlich sein:

- Die Eingangsgrößen variieren über die Zeit. Dies ist z.B. beim Zustrom von Kunden normal, der im Tagesverlauf stark schwankt, und bei Saisongeschäften.
- Die Systemeigenschaften ändern sich im Zeitverlauf. Bestimmte Ereignisse können sogenannte Strukturbrüche bewirken, die zu dauerhaften Änderungen des Systemverhaltens führen. Z.B. kann durch kurzfristige Überlastung eines Systems seine Leistung dauerhaft

beeinträchtigt sein. Daneben führen auch langsame Veränderungen (z.B. durch Verschleiß) zu einem nichtstationären Verhalten.

- Manche Systeme besitzen einen dauerhaften Trend. Dies gilt z.B. für die Entwicklung der Weltbevölkerung oder die wirtschaftliche Entwicklung, die auch in schlechteren Phasen meist noch positive Wachstumszahlen aufweist. Im allgemeinen wird solch ein Trend dadurch verursacht, daß der Zufluß größer als der Abfluß ist. In vielen Systemen führen solche Divergenzen auf Dauer zu einem Systemzusammenbruch oder einer erzwungenen Änderung der Eingangsgrößen bzw. der Systemparameter. Z.B. kann die Warteschlange an einer Kasse nicht beliebig wachsen, und Lagerbestände werden durch die zur Verfügung stehende Lagerkapazität begrenzt.

Umgekehrt können terminierende Systeme durchaus nach einer Einschwingphase einen stationären Zustand erreichen. Dies gilt z.B. für Warteschlangensysteme, die sich bei einer nicht zu großen Auslastung (Verhältnis von Zwischenankunfts- und Bedienzeit) schon nach einer relativ geringen Zahl von Ankünften in einem stationären Zustand befinden (vgl. Hoover/Perry 1990, S. 322). Trotzdem gibt es Autoren, die den Begriff *stationäre Simulation* ausschließlich auf nichtterminierende Systeme anwenden (z.B. Liebl 1995, S. 147). Dagegen orientieren sich die Ausführungen in diesem Buch an der Definition von Hoover/Perry und lassen Stationarität auch bei begrenztem Zeithorizont zu.

4.2.7 Echtzeit-Simulation vs. Nicht-Echtzeit-Simulation

In einigen Bereichen ist es wünschenswert, daß die Simulation genauso schnell abläuft wie der modellierte reale Prozeß. Die bekanntesten Beispiele dafür sind Flugsimulatoren. Daneben werden inzwischen häufig auch Simulatoren für Eisen- und Straßenbahnen, Schiffe, Lkws und Panzer zur Ausbildung eingesetzt. Während sich die genannten Beispiele vor allem durch eine realistische Grafikanimation auszeichnen, werden z.B. bei der Schulung des Bedienpersonals in Kraftwerken echte Leitstände verwendet, die jedoch keinen realen Prozeß, sondern ein Modell steuern. In diesem Fall läuft die Simulation ebenfalls in Echtzeit ab, um auf reale Situationen mit Handeln unter Zeitdruck vorzubereiten.

Speziell in den Wirtschaftswissenschaften vollziehen sich Prozesse meist über Monate oder Jahre, z.B. Konjunkturentwicklungen, die Auswirkungen einer Änderung der Unternehmensstrategie oder der Bestellpolitik. In solchen Fällen läuft die Simulation wesentlich schneller als der reale Prozeß ab, und die Laufzeit wird nur durch die verfügbare Rechenleistung bestimmt; ein zeitlicher Zusammenhang zwischen Simulation und Realität wird nicht angestrebt. Ähnliches gilt für Simulationen von Klimaänderungen und geologischen oder astronomischen Vorgängen sowie grundsätzlich für alle Prognosen, da deren Ergebnisse per Definition vor dem Eintritt der vorherzusagenden Zustände vorliegen müssen.

In manchen Veröffentlichungen (z.B. Klotzbücher 1996, S. 20) wird die Gegenüberstellung *Echtzeit-Simulation* vs. *Zeitraffer-Simulation* vorgenommen. Dies ist als allgemeine Klassifizierung ungeeignet, da Simulationen nicht nur schneller, sondern auch langsamer ablaufen können als die realen Vorgänge. Vor allem bei technischen oder physikalischen Prozessen dauern die realen Vorgänge oft Bruchteile von Sekunden, während die Simulation Minuten oder länger benötigen kann. Typische Beispiele sind Simulationen von elektronischen Schaltungen und Effekten der Kernphysik.

4.2.8 Spezialfälle

4.2.8.1 Chaotische Systeme

Bei der Simulation von chaotischen Systemen wird - anders als oft vermutet - in der Regel von deterministischen Modellen ausgegangen. Diese Systeme unterscheiden sich von "normalen" dadurch, daß bereits kleinste Änderungen der Eingangsgrößen extreme Änderungen der Ausgangsgrößen verursachen.

Chaotische Systeme können sogar aus einfachen, stabilen Systemen dadurch entstehen, daß diese in nichtlinearer Weise miteinander verknüpft werden. Ein bekanntes Beispiel sind zwei gekoppelte Pendel, die praktisch unvorhersehbare Schwingungen ausführen. Viele chaotische Systeme besitzen sowohl stabile als auch instabile Bereiche, in denen sich ihr Zustand befinden kann. So wird das Wetter bei einem stabilen Hoch im Sommer selbst von massiven Störungen nicht merklich beeinflußt, während - nach einer bekannten Verbildlichung - in manchen Übergangsphasen bereits der Flügelschlag eines Schmetterlings den Ausschlag dafür gegen kann, ob das System sich in die eine oder die andere Richtung verändert.

Für die Simulation bedeutet dies vor allem zweierlei:

- Da Meßwerte von realen Systemen immer mit gewissen Fehlern behaftet sind, wird deshalb die Prognose des Verhaltens realer chaotischer Systeme - zumindest im instabilen Bereich - mit Hilfe der Simulation unmöglich.
- Wenn der Verdacht besteht, daß bei dem simulierten System chaotisches Verhalten vorliegen könnte, muß zwingend eine ohnehin dringend angeratene Sensitivitätsanalyse vorgenommen werden. Kommt man bei geringfügig anderen Eingangswerten oder Startwerten für den Zufallsgenerator bei einer stochastischen Simulation zu völlig anderen Ergebnissen, sind diese nicht für eine Prognose geeignet.

4.2.8.2 Finite-Elemente-Simulation

Die Finite-Elemente-Simulation findet überall dort Anwendung, wo die räumliche Verteilung kontinuierlicher Größen sowie in der Regel ihre Veränderung über die Zeit berechnet werden soll. Das gesamte System wird dazu in verhältnismäßig kleine Elemente zerlegt, für die individuell die jeweilige Ausprägung der interessierenden Größen ermittelt wird. Dabei hängen die Werte sowie ihre Änderungen von denen der Nachbarelemente ab. Die Elemente sind die kleinste modellierte Einheit und werden nicht weiter in Subsysteme zerlegt.

Die Größe der Elemente kann - je nach simuliertem Originalsystem - sehr unterschiedlich sein. Bei der Simulation für die Wettervorhersage zerlegt man die gesamte betrachtete Region (z.B. Deutschland) in Quarter mit einer Kantenlänge von mehreren Kilometern. Bei der Untersuchung von Materialverformungen kleiner Teile werden Elemente im Bereich unterhalb eines Millimeters betrachtet. Die Verwendung endlich kleiner Elemente anstelle eines kontinuierlichen Gesamtkörpers bzw. Systems stellt eine Näherung dar, die um so besser wird, je kleiner die einzelnen Elemente werden.

Diese Art der Simulation wird vor allem im Maschinenbau eingesetzt, wo z.B. die Verformungen bei Crashtests, das Fahrwerksverhalten oder die Strömungsverhältnisse an der Karosserie berechnet werden.

Simulationen dieser Art zeichnen sich durch einige Besonderheiten im praktischen Einsatz aus:

- Es werden extrem leistungsfähige Rechner benötigt, wobei die Anforderungen bei der Finite-Elemente-Simulation in der Regel weit höher als bei allen anderen Simulationsarten sind. Ein Beleg dafür ist die Tatsache, daß der Deutsche Wetterdienst in Offenbach für seine Prognosen einen der absolut stärksten Supercomputer weltweit einsetzt[4].

- Die höhere Leistung neuer Rechnergenerationen führt meist nicht zu einer Verringerung der Simulationszeiten, sondern wird in der Regel zur Erhöhung der Genauigkeit mit Hilfe eines feineren Rasters genutzt.
- Die spezielle Art der Problemformulierung ermöglicht in besonderer Weise den Einsatz von Spezialrechnern mit Parallelverarbeitung.

4.2.8.3 Monte-Carlo-Methoden

Unter dem Sammelbegriff *Monte-Carlo-Methoden* versteht man eine ganze Klasse von Verfahren, die den Einsatz von Zufallszahlen gemeinsam haben (Gehring 1998, S. 11). Liebl (1995, S. 10 und 55) schränkt den Begriff auf statische Stichprobenexperimente ein und grenzt diese von dynamischen Simulationen ab. Da insbesondere die statistischen Grundlagen für beide weitgehend gleich sind, wird - speziell bei der Betrachtung der zufälligen Streuung der Ergebnisse - der Begriff *Monte-Carlo* auch im Zusammenhang mit stochastischen Simulationen verwendet.

Die Monte-Carlo-Methode ist vor allem eine Alternative zur analytischen Lösung von Problemen, bei denen mehrere Zufallsvariablen aufeinandertreffen und miteinander verknüpft sind. Anstelle die Verteilung der resultierenden Größe rechnerisch zu ermitteln, werden die Verknüpfungen für konkrete Ausprägungen von Zufallszahlen der geforderten Verteilung durchgerechnet. Geschieht dies für Tausende von Eingangswerten, kann die Verteilung der abhängigen Größe direkt aus den Einzelergebnissen gewonnen werden. Daneben lassen sich Monte-Carlo-Methoden für die Lösung komplizierter Integrale oder Differentialgleichungen einsetzen.

Nachfolgend ein sehr einfaches, häufig genanntes Beispiel für die Anwendung der Monte-Carlo-Methode, bei der die Zahl π (Pi) bestimmt werden soll:

Gegeben sei die in Bild 4-2 gezeigte Anordnung:

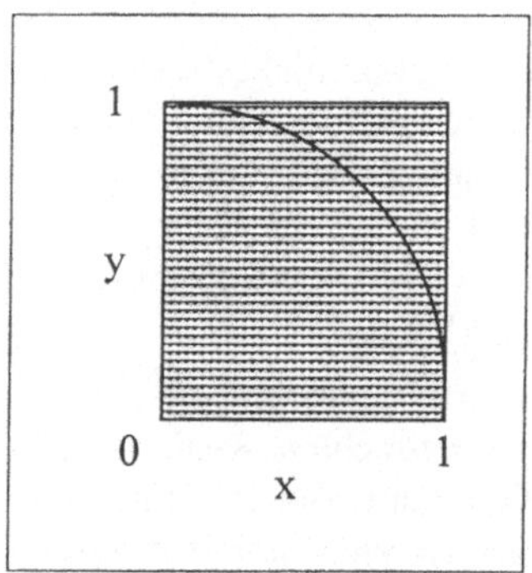

Bild 4-2 Bestimmen der Zahl π per Monte-Carlo-Methode

Da die Fläche eines Kreises $\pi \cdot r^2$ beträgt, ist die Fläche des in Bild 4-2 gezeigten Viertelkreises $\pi/4$. Das Füllmuster innerhalb des Quadrates symbolisiert eine große Zahl von Punkten, die durch Paare von Zufallszahlen gebildet werden, deren Werte zwischen 0 und 1 liegen. Sind die

[4] Nach einer Liste der Computer Zeitung 25/98 (S. 8) der drittstärkste in Deutschland und die Nr. 11 weltweit.

Zufallszahlen und somit auch die Punkte gleichverteilt, müßte der Anteil der Punkte innerhalb des Kreisabschnitts im Verhältnis zur Gesamtfläche von 1 genau $\pi/4$ betragen.

Der Kreisbogen wird durch die Gleichung $x^2 + y^2 = 1$ beschrieben. Im Zufallsexperiment bestimmt man deshalb die Zahl m der Punkte, für die gilt: $x^2 + y^2 < 1$. Eine Näherung ergibt sich bei n erzeugten Punkten gemäß: $\pi \approx 4m/n$.

4.3 Zeitfortschritt in der Simulation

4.3.1 Zeitorientierte Simulation

Eine zeitorientierte Simulation läßt sich vereinfacht anhand von folgendem Flußdiagramm erläutern:

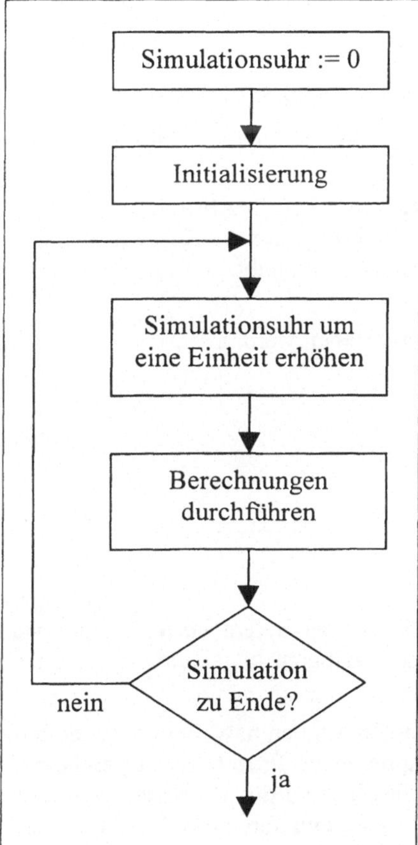

Bild 4-3 Prinzip der zeitorientierten Simulation

Die Simulationssteuerung ist bei dieser Simulationsart besonders einfach. Es handelt sich lediglich um eine Schleife, bei der jeder Durchlauf genau einer bestimmten Zeit zugeordnet ist, die jeweils um eine Einheit erhöht wird.

Alle Berechnungen innerhalb der Schleife beziehen sich auf diesen Zeitpunkt, der - je nach Modell - auch als Zeitraum interpretiert werden kann. Dies hängt vor allem davon ab, ob Fluß- oder Bestandsgrößen vorliegen. Wird die Simulationsuhr z.B. auf 1996 gestellt, gilt bei simulierten Todesfällen, daß sie im Laufe dieses Jahres stattgefunden haben. Die Anzahl der Einwohner der Bundesrepublik Deutschland wird dagegen normalerweise für einen Stichtag angegeben (z.B. 31.12.1996). Ausnahmsweise kommt auch die mittlere Einwohnerzahl in Frage, die sich jedoch aus dem Mittelwert von wiederum zeitpunktbezogenen Bestandsgrößen (z.B. am jeweils Monatsletzten) ergibt.

Das Simulationsende ist normalerweise erreicht, wenn eine vorgegebene Zahl von Zeiteinheiten abgearbeitet wurde. Alternativ oder zusätzlich können andere Abbruchbedingungen definiert werden, z.B. das Überschreiten der Kapazität eines Lagers oder andere Ausnahmebedingungen.

Die eigentliche Implementierungsarbeit steckt im Block *Berechnungen durchführen*, der normalerweise innerhalb der umgebenden Simulationsschleife als Prozedur aufgerufen wird. Darin werden z.B. Gleichungssysteme gelöst oder Individualdaten fortgeschrieben.

4.3.2 Prozeßorientierte Simulation

Die wesentliche Eigenschaft der prozeßorientierten Simulation besteht darin, daß zwischen dem Aufruf einer Methode eines Objekts und der Rückkehr aus dem Aufruf Simulationszeit vergehen kann (vgl. Spaniol/Hoff 1995, S. 9).

Das wird am Beispiel eines Kunden gezeigt, der eine leere Kasse betritt. Abstrahiert man von den einzelnen Aktivitäten der Bedienung, bleibt als Grundfunktion, daß die Kasse in den Zustand *besetzt* wechselt, dort eine gewisse, meist zufällige Zeit verbleibt und anschließend - nach der Bedienung des Kunden - wieder frei wird.

In Pseudocode kann ein solcher Prozeß folgendermaßen beschrieben werden:

```
Prozeß Bedienung
    Beginn
        Zustand := besetzt;
        warte eine zufällige Zeit lang;
        Zustand := frei;
    Ende
```

Das entscheidende Element der prozeßorientierten Simulation ist der Befehl *warte*. Damit wird das Objekt bzw. seine Methode deaktiviert, bis eine gewisse Zeitspanne abgelaufen ist oder ein bestimmtes Ereignis eintritt.

Da während dieser Wartezeit andere Prozesse parallel ablaufen können bzw. beim Warten auf ein externes Ereignis sogar ablaufen müssen, ist der entsprechende Prozeß zu suspendieren, und andere Prozesse werden gestartet. Dazu ist der aktuelle Zustand des Prozesses (z.B. der Wert aller lokalen Variablen usw.) zu sichern, um bei der Wiederaufnahme des Prozesses korrekt fortfahren zu können.

Da ein hoher Verwaltungsaufwand bei dieser Form der Simulation notwendig ist, kommt sie bei selbstprogrammierten Simulatoren relativ selten zur Anwendung (vgl. Pidd 1992, S. 74). Viele Systeme lassen sich jedoch einfach in einer prozeßorientierten Sichtweise beschreiben. Deshalb basieren viele Spezifikationssprachen, wie z.B. SDL, auf diesem Paradigma (vgl. Spaniol/Hoff 1995, S. 11).

4.3.3 Ereignisorientierte Simulation

Das Schema der ereignisorientierten Simulation ist in folgendem Flußdiagramm zu sehen:

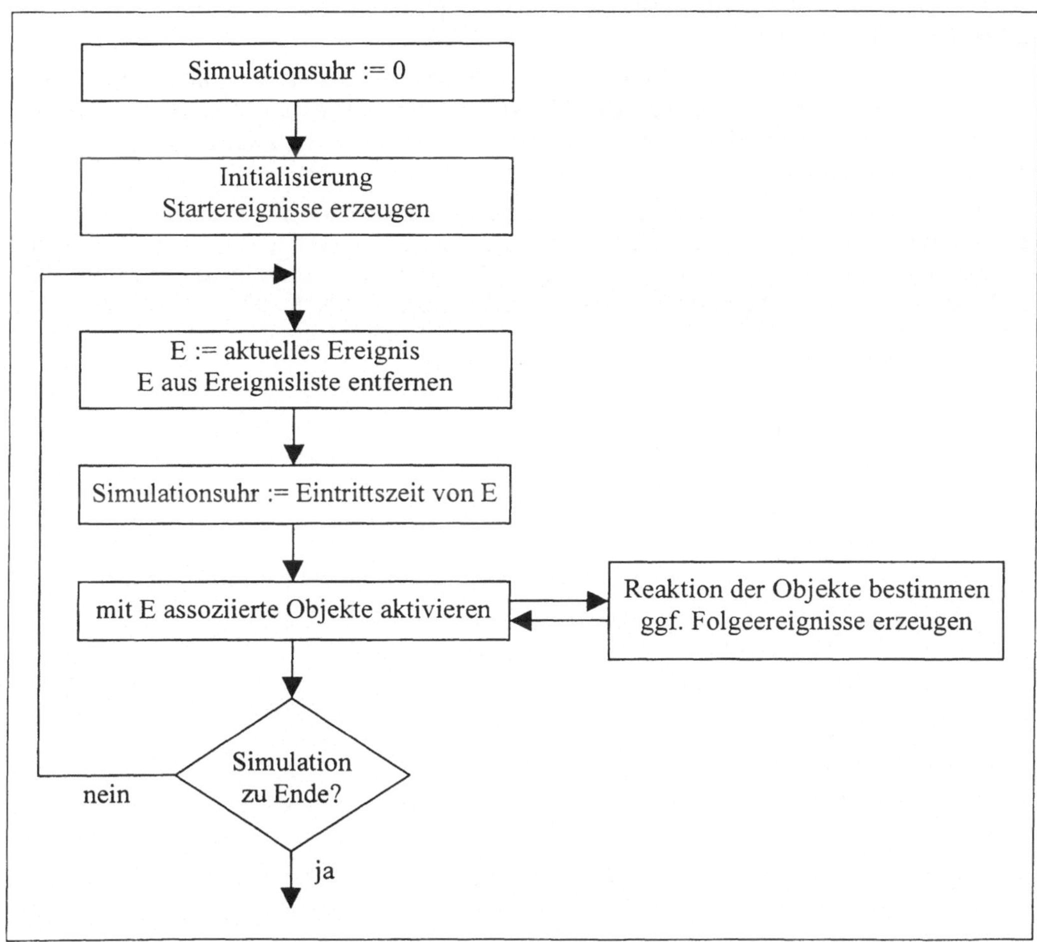

Bild 4-4 Prinzip der ereignisorientierten Simulation

Eine ereignisorientierte Simulation basiert auf der Abfolge von Ereignissen, die selbst keine Zeit verbrauchen. Die Ereignisse werden in einer Ereignisliste (*event queue*) geführt und in der Reihenfolge ihrer Eintrittszeiten abgearbeitet. Ein Ereignis führt bei den assoziierten Simulationsobjekten zu einer Reaktion, z.B. einer Zustandsänderung. Gegebenenfalls erzeugen diese Objekte weitere Folgeereignisse.

Ein wesentlicher Unterschied zur prozeßorientierten Simulation besteht darin, daß während des Aufrufs eines Objekts keine Zeit verstreichen kann. Eine Anweisung wie *warte 10 Minuten* ist also nicht möglich. Statt dessen muß das Objekt ein Folgeereignis zu einem 10 Minuten späteren Zeitpunkt erzeugen und in der Ereignisliste ablegen. Beim Eintritt dieses Ereignisses im Zuge des Simulationsfortschritts wird das entsprechende Objekt wieder von der Simulationssteuerung aufgerufen und führt die nachfolgende Aktion aus.

Die Simulation wird bei Erreichen einer vorgegebenen Simulationszeit, dem Eintritt eines bestimmten Ereignisses oder einer leeren Ereignisliste beendet.

Gegenüber der prozeßorientierten Simulation ist die Verwaltung erheblich einfacher. Auf der anderen Seite ist die Beschreibung der Prozesse komplizierter, da sie in einzelne Ereigniseintritte ohne Zeitverbrauch unterteilt werden müssen.

Im oben genannten Beispiel eines Kunden, der an eine leere Kasse kommt und bedient wird, sind zwei getrennte Ereignisse zu implementieren. Das Ereignis *Ankunft Kunde* löst dann automatisch das zukünftige Ereignis *Ende Bedienung* aus, das in einem zweiten Aufruf des Objekts *Kasse* bearbeitet wird.

Innerhalb der ereignisorientierten Simulation werden verschiedene Ansätze unterschieden. Die hier vorgestellte Methode wird als 2-Phasen-Methode bezeichnet (Davies/O'Keefe 1989, S. 26) und liegt den Ausführungen dieses Buchs zugrunde. Daneben werden in der Literatur auch kompliziertere Varianten beschrieben, über die z.B. Liebl (1995, S. 92 - 112) einen guten Überblick gibt.

5 Modellbildung

5.1 Allgemeines

Schon in Kapitel 3.1 wurde zwischen dem formalen Systemmodell und seiner Implementierung, dem Rechnermodell, unterschieden. In der Literatur wird die erste Stufe zum Teil noch weiter differenziert. So unterscheiden Hoover/Perry (1990, S. 278) zwischen dem konzeptionellen und dem logischen Modell. Das konzeptionelle Modell besteht im wesentlichen aus den Elementen des realen Systems, die voraussichtlich in der Simulation benötigt werden. Das logische Modell - auch als *Flow-Chart-Model* bezeichnet - wird daraus abgeleitet und enthält zusätzlich die logischen Beziehungen der Elemente sowie die exogenen Größen. Das logische Modell wird dabei als Bindeglied zwischen dem konzeptionellen Modell und dem Rechnermodell angesehen und hängt von der eingesetzten Programmiersprache ab. Damit drängt sich die Analogie zu den Phasen Analyse und Design in der Software-Entwicklung auf.

In diesem Buch wird nicht weiter zwischen konzeptionellem und logischem Modell unterschieden. Beide werden eher - wie Analyse und Design - als zwei Arbeitsphasen angesehen, deren Ergebnis eine Beschreibung des realen Systems ist, die eine möglichst exakte Grundlage der nachfolgenden Implementierung bildet. Für diese nicht programmierte Repräsentanz wird einfach der Begriff *Modell* verwendet, während das Rechnermodell als Implementierung oder auch Simulator bezeichnet wird.

5.2 Formulieren des Problems

Da Simulation nicht Selbstzweck ist, steht am Anfang jeder Simulationsstudie immer ein mehr oder weniger konkretes Problem, das gelöst werden soll. Dennoch ist die exakte Formulierung des Problems keineswegs trivial und kann den Nutzen des gesamten Projekts gefährden. Es besteht nämlich durchaus die Gefahr, richtige Antworten auf die falschen Fragen zu geben. Liebl (1995, S. 114) bezeichnet dies - in Anlehnung an die aus der statistischen Testtheorie bekannten zwei Fehlerarten - als *Fehler 3. Art*.

Nicht nur im Rahmen von Simulationsstudien, sondern allgemein in der Beratung von Unternehmen ist bekannt, daß die Beteiligten das Problem verzerrt und aus einem subjektiven Blickwinkel sehen. Das von ihnen genannte Problem hat dann oft eher den Charakter eines Symptoms, das auf ein anderes, tiefer liegendes Problem hinweist (Titscher 1997, S. 170 f.). Insbesondere externe Berater und Simulationsspezialisten sollten deshalb bei der Analyse der Situation und den Gesprächen mit den Beteiligten die sozialen, psychologischen und machtpolitischen Verhältnisse sorgfältig berücksichtigen (näheres dazu in Liebl 1995, S. 113 - 118).

Untrennbar mit der Problemformulierung verbunden ist die Frage nach dem Dispositionsrahmen. Sollen z.B. die Produktionskosten eines Unternehmens reduziert werden, gibt es eine sehr große Bandbreite möglicher Maßnahmen:

- einfache Optimierungen der Lagerbestände und der Maschinenbelegung
- organisatorische Veränderungen, wie die Umstellung auf Gruppenarbeit oder die Aufteilung der Kostenstellen oder Abteilungen
- Modernisierung durch Verändern der Maschinenausstattung

- Personalreduzierung
- Outsourcing einzelner Produktionsprozesse bzw. Verringerung der Produktionstiefe durch Einbeziehen von Zulieferern
- Verlagern der gesamten Produktion ins Ausland

Es nützt erkennbar nichts, im Ergebnis einer Simulationsstudie korrekt die Verlagerung der gesamten Produktion ins Ausland zu empfehlen, wenn der Auftraggeber der lokale Produktionsleiter ist und lediglich eine kurzfristige Kostenreduzierung um einige Prozent angestrebt hat. Zu diesen einschneidenden Änderungen besitzt er keine Befugnis und wird angesichts seiner persönlichen Situation in der Regel kein Interesse an einer solchen Lösung haben.

Zu Beginn ist deshalb klar festzulegen, in welchem Rahmen sich die Szenarien bewegen sollen, die untersucht werden. Dies hängt von einer ganzen Reihe von Einflußfaktoren ab:

- Ein wichtiger Punkt ist der vorgegebene Zeithorizont. Kurzfristig wirksame Maßnahmen erlauben in nahezu allen Fällen nur geringe Veränderungen (aufgrund von Kündigungsfristen, Dauer von Baumaßnahmen usw.).
- Die Stellung der Auftraggeber begrenzt den Umfang der Veränderungen. Ein Produktionsleiter kann lediglich Maßnahmen in seinem eigenen Bereich durchsetzen und ist bei größeren Investitionen o.ä. auf die Zustimmung der Geschäftsleitung angewiesen.
- Rechtliche, politische und soziale Bedingungen können einzelne Maßnahmen von vornherein unmöglich machen. Insbesondere bei umfangreicherem Personalabbau oder der Standortverlagerung ins Ausland kommt es - speziell bei größeren Unternehmen - in vielen Fällen zu massiven Interventionen durch Gewerkschaften, Politik und die öffentliche Meinung, so daß dies oft nicht durchsetzbar ist. Ebenso muß bei vielen internen Veränderungen die Wirkung auf die Beschäftigten berücksichtigt werden.
- Die Umsetzung von Maßnahmen gegen den Widerstand der Betroffenen ist meist zum Scheitern verurteilt. Speziell Systeme, die eine bessere Überwachung der Arbeitnehmer ermöglichen, stoßen nicht nur auf rechtliche Bedenken und Unterliegen der Zustimmungspflicht durch den Betriebsrat, sie werden in der Regel auch offen oder versteckt boykottiert. Der positive Effekt kann dadurch in das Gegenteil verkehrt werden.

Ein weiterer Faktor ist die absolute oder relative Genauigkeit, die vom Simulationsmodell gefordert wird. Sie orientiert sich einerseits an der konkreten Problemstellung, andererseits an der Art der Entscheidungssituation.

Wird die Planung der Maschinenbelegung in einer Fertigung, das Verhalten einer elektronischen Schaltung oder die Festigkeit einer Brücke simuliert, sind die Anforderungen an die Genauigkeit meist sehr hoch. Dies liegt zum einen an der Tatsache, daß es sich um weitgehend deterministische Modelle handelt. Zum anderen sind Fehler in den genannten Fällen normalerweise mit hohen Kosten oder sogar der Gefährdung von Menschen verbunden. Demgegenüber schwankt die Länge einer Warteschlange an einer Supermarktkasse oder der Auftragseingang im Einzelhandel so stark, daß eine Genauigkeit, die weit über der normalen Streuung des realen Prozesses liegt, keinerlei Vorteile mehr bringt.

In vielen Fällen interessiert nicht die absolute Größe eines Wertes, sondern lediglich ihre Differenz bei verschiedenen Varianten. Sollen z.B. die Bestellkosten durch eine geänderte Bestellmenge optimiert werden (siehe dazu Kapitel 11), sind im Normalfall die Abschreibungskosten des Gebäudes sowie eine Reihe anderer Kosten (z.B. Personalkosten) für die Entscheidung irrelevant. Sofern man für diese Größen bei allen Alternativen in gleicher Weise verfährt, können sie grob angenähert werden oder sogar im Modell unberücksichtigt bleiben. Eine hohe

Genauigkeit ist jedoch bei der Bestimmung des Kalkulationszinssatzes, der Nutzung von Mengenrabatten usw. notwendig.

Zusammenfassend muß die Formulierung des Problems eine Antwort auf folgende Fragen geben:

- Welche Fragen sollen mit Hilfe der Simulation beantwortet werden?
- Welche Größen sind dabei wichtig?
- Welche relative oder absolute Genauigkeit ist für welche Größen erforderlich?
- Welche Parameter bzw. Bedingungen sind als unveränderlich anzusehen, für welche sollen Alternativen berücksichtigt werden?
- Welcher Zeitraum soll untersucht werden?

5.3 Abgrenzen des Systems von seiner Umgebung

Nachdem zunächst festgelegt wurde, welches System mit welcher Zielsetzung simuliert werden soll, muß im nächsten Schritt bestimmt werden, wo die Grenze zwischen dem zu simulierenden System und seiner Umwelt verläuft und welche Größen ausgetauscht werden.

Dies mag auf den ersten Blick trivial erscheinen, da das System bei der Formulierung des Problems schon definiert wurde. Dennoch werden gerade hier häufig Fehler in der Modellbildung gemacht, die entweder in einer späteren Phase revidiert werden müssen oder negativen Einfluß auf die Qualität der Simulation haben. Um die Problematik zu veranschaulichen, nachfolgend ein Beispiel:

> Betrachtet man ein Grundstück mit einigen Bäumen darauf, haben diese keinerlei Einfluß auf die Regenmenge, die auf das Grundstück fällt. Das Grundstück mit den Bäumen ist somit Teil des Systems, das Klima bzw. Wetter in Form der Regenmenge ist eindeutig Teil der Umgebung des Systems. Untersucht man aber anstelle weniger Bäume große Waldgebiete wie den Regenwald, wird die Regenmenge dieses Gebietes maßgeblich vom Bestand des Waldes beeinflußt. Das Klima inkl. Regenmenge ist damit nicht mehr unabhängig vom Wald und muß deshalb als Teil eines Gesamtsystems betrachtet werden.

Das Beispiel zeigt das wohl wichtigste Kriterium für die Festlegung der Systemgrenze auf (vgl. Bossel 1994, S. 17 f.):

> *Die Umwelt wirkt nur auf das System, wird jedoch nicht von ihm beeinflußt. Wird eine Größe vom Zustand oder Verhalten des Systems beeinflußt, muß sie als Teil des Systems modelliert werden.*

Da theoretisch jedes System auf seine Umwelt wirkt (vgl. den "Schmetterlingseffekt" in der Chaos-Theorie), ist die Grenze dort zu ziehen, wo solche Wirkungen nicht nachweisbar, in ihrer Größe vernachlässigbar oder für den Zweck der Simulation nicht relevant sind.

5.4 Verhaltens- vs. Strukturmodell

Noch bevor die relevanten Modellgrößen festgelegt werden, ist die grundsätzliche Entscheidung zu treffen, ob man lediglich das Verhalten des realen Systems nachahmen oder auch die Struktur dieses Systems so weit nachbilden möchte, wie es für den Zweck der Simulation erforderlich ist[5]. Die beiden Varianten stellen sich in ihrer Extremform an einem konkreten Beispiel so dar:

Soll der Lauf einer Schwarzwälder Kuckucksuhr nachgebildet werden, kann man durch Beobachtung feststellen, daß sich beide Zeiger im Uhrzeigersinn drehen, und zwar mit 1 bzw. 1/12 Umdrehung pro Stunde. Zugleich schwingt ein Pendel mit konstanter Periode, und es bewegt sich - je nach Konstruktion - ein Gewicht mit einer bestimmten Geschwindigkeit nach unten in Richtung Boden. Werden die empirisch ermittelten Beobachtungen extrapoliert, läßt sich die Stellung der Zeiger und des Gewichts in einer Stunde vorhersagen. Ein solches reines Verhaltensmodell versagt jedoch bei der Frage, was passiert, wenn das Pendel angehalten wird oder das Gewicht den Boden erreicht.

Die alternative Modellierung mittels Strukturmodell muß mehr oder weniger genau die Abhängigkeit aller Teilsysteme - gegebenenfalls bis hin zu den einzelnen Zahnrädern - erfassen. Die mechanischen Wirkzusammenhänge sind über physikalische Gleichungen zu beschreiben, und wichtige Maße und Konstanten (z.B. Länge des Pendels und Erdbeschleunigung) müssen ermittelt werden. Ist dieses Modell korrekt erstellt worden, kann es auch Zustände prognostizieren, die bisher noch nicht beobachtet worden sind.

Verhaltensmodelle beruhen auf der impliziten Annahme, daß das in der Vergangenheit beobachtete Verhalten grundsätzlich in gleicher Weise für die Zukunft gelten wird. Mit gewissen Einschränkungen können sie zwar das Verhalten unter neuen Rahmenbedingungen prognostizieren, sie versagen jedoch, wenn das System in einen Ausnahmezustand gerät (z.B. Gewicht der Kuckucksuhr erreicht den Boden) oder ein gravierender Strukturbruch auftritt (z.B. Wirkung der Wiedervereinigung auf das Wirtschaftssystem der ehemaligen DDR).

Strukturmodelle können dagegen unter bestimmten Umständen auch Zustände korrekt vorhersagen, die bisher weder beobachtet noch vom Modellierer explizit berücksichtigt wurden. Zum Beispiel würde ein Strukturmodell über den Wirkzusammenhang zwischen Pendel und Zeigern der Uhr erkennen, daß ein manuelles Anhalten des Pendels zum Stillstand der Zeiger führt.

Damit scheint das Strukturmodell dem Verhaltensmodell prinzipiell überlegen und sollte deshalb ausschließlich eingesetzt werden. In der Realität gibt es aber erhebliche praktische Probleme, die dem oft entgegenstehen. Hier nur zwei sehr deutliche Fälle:

- Es sind Systeme oder Systemteile zu simulieren, deren interne Struktur nicht bekannt ist und auch nicht ermittelt werden kann. Ein Beispiel sind technische Geräte oder Bauteile eines anderen Herstellers. Bei der Simulation läßt sich dann nur die Spezifikation dieses Systems zugrunde legen, also eine Verhaltensbeschreibung.
- Viele Systeme sind so komplex, daß des grundsätzlich nicht möglich ist, ein Strukturmodell zu erstellen. Ein besonders wichtiges Beispiel ist der Mensch. Es läßt sich zwar leicht empirisch ermitteln, daß z.B. die Hälfte der Kunden eines Supermarktes weniger als zehn Artikel kauft. Die Entscheidungsprozesse, die dem zugrunde liegen und oft von mehreren Personen gemeinsam getroffen werden, sind aber kaum zu modellieren. Da ein echtes Strukturmodell menschlichen Verhaltens im Prinzip die chemischen Prozesse in jeder einzelnen Nervenzelle so abbilden müßte, daß daraus z.B. eine konkrete Kaufentscheidung abgeleitet werden könnte, wird die Unmöglichkeit eines solchen Vorhabens deutlich. Alle sozialen und wirtschaftlichen Prozesse beruhen letztlich auf der Summe einer großen Zahl individueller Entscheidungen von Menschen, so daß dort die Forderung nach echten Strukturmodellen nie erfüllbar ist.

---

5 Zur Unterscheidung vgl. Bossel (1994, S. 29 ff.), von dem auch das verwendete Beispiel übernommen wurde.

Strukturmodelle sind deshalb auf physikalische Systeme beschränkt. Doch sogar dann muß ab einer bestimmten Ebene auf Verhaltensmodelle zurückgegriffen werden. So ist die Reibung zweier Körper mit einem Schmiermittel dazwischen nur mit Hilfe von Versuchen zu ermitteln, beruht also letztlich auf einer Verhaltensbeschreibung. Wie sich der Schmierfilm bei extremen Temperaturen, bei Anwesenheit von Abgasen oder nach zehn Jahren verhält, ist reine Spekulation und basiert normalerweise auf dem Fortschreiben des bisher beobachteten Verhaltens.

Umgekehrt sind die in der Wirtschaftsforschung eingesetzten Modellen mit oft mehreren hundert Gleichungen keine reinen Verhaltensmodelle. Diese Gleichungen enthalten zwar Koeffizienten, die mit Hilfe von Vergangenheitswerten mit ökonometrischen Verfahren geschätzt werden, sie bilden aber sehr wohl Strukturen und Wirkzusammenhänge ab. So können die Auswirkungen einer Zinserhöhung auf die Wechselkurse abgeschätzt werden, ohne daß die konkrete Konstellation schon jemals vorgekommen ist.

Genaugenommen gibt es also keine absolut reinen Strukturmodelle; und in der Regel bilden auch Verhaltensmodelle zumindest in Teilen die Struktur des Originalsystems ab. Der Modellierer muß jedoch die Entscheidung treffen, wo er sein Modell zwischen den möglichen Extremen plaziert, d.h., welche Teile auf einer Strukturbeschreibung basieren und welche auf einer Verhaltensbeschreibung. Tendenziell ergeben sich für den Informations- bzw. Datenbedarf folgende Auswirkungen:

Für ein Verhaltensmodell wird eine sehr große, statistisch relevante Zahl von Beobachtungen benötigt. Umgekehrt läßt sich auch ein System beschreiben, ohne über detaillierte Informationen zu seiner internen Struktur verfügen zu müssen.

Für ein Strukturmodell ist umgekehrt eine sehr genaue Kenntnis des Systems, seiner Komponenten und ihres Zusammenwirkens erforderlich. Quantitative Angaben beschränken sich meist auf einige wenige Parameter, die als technische oder physikalische Konstanten bekannt sind oder aus Datenblättern und Spezifikationen entnommen werden können.

5.5 Festlegen der relevanten Größen

Bereits in Abschnitt 4.1.3 wurden Eingangs- und Ausgangsgrößen einer Simulation beschrieben. Diese Einteilung wird im folgenden verfeinert und erweitert.

Die wichtigste Unterscheidung der Größen eines Modells ist die in exogene und endogene:

Exogene Größen wirken von außen auf das System und werden von ihm nicht beeinflußt. Diese Größen sind somit Teil der Systemumgebung. Endogene Größen werden dagegen durch das System bestimmt. Ihre Werte sind damit Teil des Ergebnisses der Simulation.

Die exogenen Größen können weiter unterteilt werden, wobei dies in der Literatur sehr unterschiedlich vorgenommen wird.

Einige exogene Größen sind völlig unveränderlich, d.h., sie sind zeitinvariant und unterliegen nicht der Disposition. Typische Beispiele sind physikalische oder technische Konstanten wie die Schwerkraft sowie rechtliche oder betriebliche Gegebenheiten, die für den in der Simulation betrachteten Zeitraum feststehen, wie z.B. die Maschinenausstattung einer Fabrik. Da solche Größen in vielen Fällen als Teil des Modells formuliert werden, fällt eine Trennung zwischen dem Modell selbst und dieser Art exogener Größen zum Teil schwer.

Andere exogene Größen unterliegen der Disposition der Entscheidungsträger, weshalb sie auch als Entscheidungsvariablen bezeichnet werden. Oft ist es das Ziel der Simulation, durch unterschiedliche Szenarien bei der Simulation für diese Variablen optimale Werte zu ermitteln. Zum Teil werden ursprünglich fixe Größen wie die Maschinenausstattung dispositiv, wenn man den

Rahmen der Simulation bzw. die Kompetenz der Verantwortlichen erweitert oder auch nur den Zeithorizont vergrößert.

Als letzte Gruppe können Ströme von exogenen Eingangswerten angesehen werden. Ein Beispiel sind sich regelmäßig oder unregelmäßig ändernde Werte wie aktueller Zinssatz, Preise oder rechtlich relevante Werte wie die Bemessungsgrenze der Sozialversicherungen. Andere Beispiele sind die ankommenden Kunden bei einem Warteschlangensystem oder die Aufträge bei einer Fertigung. In der Regel wird diese Art von Größen in der Simulation nicht durch den empirisch ermittelten Strom von Einzelereignissen realisiert. Vielmehr wird versucht, die relevante Verteilung dieser Zufallsgrößen zu ermitteln und sie über Zufallsgeneratoren einzubeziehen (siehe dazu Abschnitt 5.6). Betrachtet man nur noch die Verteilungsparameter (z.B. Lambda bei der Exponentialverteilung), so lassen sich diese Eingangsgrößen auch als Parameter auffassen.

Ebenso können die endogenen Größen in verschiedene Arten mit unterschiedlichen Eigenschaften und Wirkungen für das System und seine Simulation eingeteilt werden.

Die wichtigste Gruppe endogener Größen sind die Zustandsgrößen. Sie repräsentieren den jeweils aktuellen Zustand eines Systems und sind in gewisser Weise sein Gedächtnis. Eine einfache Methode zur Identifizierung von Zustandsgrößen beschreibt Bossel (1994, S. 19 f.):

Das System wird in Gedanken eingefroren, so daß alle Prozesse zum Stillstand kommen. Die jetzt noch meßbaren Größen sind Zustandsgrößen oder zumindest potentielle Kandidaten dafür.

Hier ein einfaches Beispiel:

> Wird ein Fadenpendel simuliert, wird der Zustand des Systems durch zwei Größen beschrieben: der aktuelle Ort des Pendels bzw. der Winkel sowie der Geschwindigkeitsvektor, bestehend aus den Komponenten Geschwindigkeit und Richtung.

Alle Zustandsgrößen müssen zu Beginn der Simulation auf einen sinnvollen Anfangswertgesetzt werden. Bei einem Warteschlangensystem wird meist mit einer leeren Schlange begonnen; es kann aber ebenso der Start mit einer durchschnittlich gefüllten Schlange sinnvoll oder sogar notwendig sein. Diese Festlegung hat auch Einfluß auf die Auswertung der Simulationsergebnisse und wird ausführlicher in Abschnitt 8.1.2 behandelt.

Die endogenen Größen einer zweiten Gruppe werden aus den Zustandsgrößen oder ihren Änderungen abgeleitet und haben keinen Einfluß auf die übrigen Größen. Sie dienen vor allem der statistischen Auswertung und sind oft zeitraumbezogener Flußgrößen oder Durchschnittsbestände, die sich auf den Zeitraum der gesamten Simulationsdauer beziehen. Dabei kann es sich um eine direkte Auswertung von Bestandsgrößen oder um ein Aufsummieren von Ereigniseintritten handeln. Typische Beispiele sind für den ersten Fall die durchschnittliche Schlangenlänge bei einem Wartesystem und die Gesamt- oder Durchschnittskosten bei Systemen wie Fertigungsanlagen, für den zweiten die Anzahl der bedienten Kunden oder die Anzahl der Nulldurchgänge eines Fadenpendels.

Für die praktische Simulation lassen sich noch zwei weitere Gruppen von Größen identifizieren, die von den meisten Autoren nicht explizit genannt und in der Regel unter der zweiten Gruppe subsumiert werden. Es handelt sich dabei um abgeleitete Größen, die keine Entsprechung im realen System haben und entweder der Bewertung der Simulationsergebnisse dienen oder der qualitätssichernden Überprüfung des Simulationsprozesses selbst.

Sofern sich die Bewertung des Simulationsergebnisses nicht direkt aus den realen Größen ergibt, werden zum Teil künstliche Kennzahlen eingeführt, in denen unterschiedliche Größen gewichtet zusammengefaßt sind. Das gilt insbesondere dann, wenn mehrere - oft konkurrierende - Ziele verfolgt werden. Bei Produktionsprozessen wären dies z.B. die durchschnittliche Durchlaufzeit und die Kapazitätsauslastung.

Zusätzlich können Diagnosevariablen (vgl. zum Begriff auch Liebl 1995, S. 151) zur Kontrolle der Simulation hinzugefügt werden. Zum Beispiel lassen sich der Erwartungswert und die Standardabweichung eines Zufallsgenerators überprüfen, obwohl diese Größen als exogene Parameter vorgegeben sind. Sie stellen damit keine endogenen Modellgrößen im eigentlichen Sinn dar, sondern dienen lediglich der Verifikation der Modellimplementierung.

Zum Abschluß eine Übersicht der unterschiedenen Größenarten:

- exogene Größen
  - zeitinvariante Parameter
  - Entscheidungsvariablen
  - Ströme zeitvarianter Eingangsgrößen
- endogene Größen
  - Zustandsgrößen
  - Auswertungsgrößen
  - abstrakte Kennzahlen
  - Diagnosevariablen

5.6 Erheben und Generieren von Daten

5.6.1 Allgemeines

Im letzten Abschnitt wurde beschrieben, welche Arten von Größen für ein Simulationsmodell von Bedeutung sind. Um sie in die Simulation einzubeziehen, sind sie zu quantifizieren. Sofern es sich nicht um deterministische Größen handelt, die z.B. aufgrund exakter technischer bzw. physikalischer Zusammenhänge bekannt sind, müssen diese Größen im realen System - wenn vorhanden - erfaßt werden. Soweit es sich um invariante Parameter oder Entscheidungsvariablen handelt, ist dies in der Regel einfach, da nur ein einziger Wert gemessen werden muß. Erheblich aufwendiger und problematischer ist das Erfassen der zeitvarianten stochastischen Größen, die vor ihrer Verwendung statistisch auszuwerten sind.

Bereits der reine Vorgang der Datenerfassung wirft eine ganze Reihe praktischer und grundsätzlicher Probleme auf, die hier nur kurz und ohne Anspruch auf Vollständigkeit angesprochen werden können:

- Das bloße Zählen kann schon durch die Menge und Frequenz der Daten schwierig sein. Soll z.B. die Anzahl der Autos auf einer vierspurigen, dicht befahrenen Autobahn ermittelt werden, dürfte eine einzelne Person auch unter Zuhilfenahme eines Zählwerks überfordert sein. Eine Lichtschranke über die ganze Fahrbahnbreite ist wegen paralleler Fahrzeuge und Verdeckungen durch Lastwagen ungeeignet. Es ist deshalb auf eine geeignete Meß- bzw. Beobachtungsposition zu achten und mehr als eine Person einzusetzen. Sofern möglich, sollten aber immer automatische Systeme verwendet oder vorhandene Erfassungen genutzt werden. Anstelle im Supermarkt manuell zu zählen, können z.B. die Daten der Scanner-Kasse übernommen werden.
- Bei der Erfassung von Personen ist in vielen Fällen von einer Änderung des Verhaltens auszugehen, wenn die Beobachtung bekannt ist oder bemerkt wird. Soll z.B. die Arbeitsgeschwindigkeit einer Person gemessen werden, kann sich diese kaum die sonst vielleicht üblichen Zeiten langsameren Arbeitens erlauben und wird möglicherweise schneller als

normal arbeiten. Umgekehrt können Mitarbeiter der Fertigung bei der Erfassung für das Festlegen einer Akkordnorm bestrebt sein, diese durch bewußt langsameres Arbeiten nicht zu hoch anzusetzen.

- Ein grundsätzliches Problem der Statistik ist die Repräsentativität einer Stichprobe. Selbst wenn ein ganz bestimmtes vorhandenes Realsystem untersucht werden soll, können zumindest in zeitlicher und personeller Hinsicht Schwierigkeiten auftreten. Sehr deutlich wird dies z.B. über den Tagesverlauf in einem Supermarkt. Der stärkste Kundenstrom ist vormittags insbesondere durch Hausfrauen und am Abend sowie z.T. in der Mittagspause durch Berufstätige zu verzeichnen, während in den Zeiten dazwischen weniger Kunden zu erwarten sind. Beide Kundengruppen dürften sich zudem in ihrem Einkaufsverhalten, z.B. der Art der Waren, signifikant unterscheiden. Ähnliche Schwankungen sind im Wochenrhythmus (z.B. montags mehr Arztbesuche aufgrund von Sportunfällen), im Monatsrhythmus (z.B. Abhebungen bei einer Bank nach Gehaltseingang) oder im Jahresverlauf (Saisongeschäfte wie Sport, Tourismus usw.) zu finden. Es ist deshalb wesentlich besser, mehrere kleinere Erhebungen zu unterschiedlichen Zeitpunkten vorzunehmen als eine große, zeitlich konzentrierte. Dem steht jedoch oft die begrenzte Zeit in einem Projekt entgegen. Um so mehr ist solchen möglichen Verzerrungen besondere Aufmerksamkeit zu schenken. Nicht zuletzt ist auch zu beachten, daß das Personal wechseln kann. Ob eine Kassiererin an einer Supermarktkasse schneller oder langsamer als ihre Kollegen ist, läßt sich nur durch entsprechende Erhebungen mit mehreren Mitarbeitern ermitteln.

Da die Anforderungen und die Verwendung von Daten von der Art der untersuchten Größe abhängen, sollte folgende Unterscheidung berücksichtigt werden:

- Ströme von Eingangsgrößen
- Systemparameter (insbesondere die Verteilung stochastischer Größen)
- endogene Größen

Ströme von Eingangsgrößen, wie Kundenankünfte, Auftragseingänge usw., können innerhalb einer Simulation direkt verwendet werden. In der Regel ist man jedoch bestrebt, die zugrundeliegende Verteilung zu ermitteln und daraus für die Simulation Zufallszahlen zu generieren (siehe Abschnitte 5.6.3 und 5.6.4).

Die Erfassung von Bedienzeiten u.ä. wird praktisch ausschließlich dazu benutzt, die entsprechende Verteilung zu ermitteln. Ein direkter Einsatz der gemessenen Daten in der Simulation dürfte die absolute Ausnahme darstellen.

Die endogenen Größen werden definitionsgemäß vom Simulationsmodell berechnet und sind damit keine Eingangsgrößen der Simulation. Ihre Erfassung dient dem Bestimmen von Zusammenhängen für die Modellbildung einschließlich dem Schätzen von Koeffizienten und der Validierung der Simulationsergebnisse.

Die Anwendung der erfaßten Daten sowie die dabei eingesetzten statistischen Methoden werden in den nachfolgenden Abschnitten näher beschrieben.

5.6.2 Auswertung der erhobenen Daten

Den Ausgangspunkt einer Datenanalyse bildet normalerweise eine deskriptive Analyse, an die sich die Anwendung von Methoden der induktiven Statistik anschließt.

Der erste Schritt einer deskriptiven Auswertung der erfaßten Daten ist idealerweise ihre grafische Darstellung. Bei Zeitreihendaten bietet sich zunächst das Auftragen über der Zeitachse an. Damit lassen sich insbesondere Zyklen (z.B. leere Warteschlange in unregelmäßigen Zeitabständen), periodische Schwankungen und Phasen mit Extremsituationen (z.B. Maschinendefekt) schnell erfassen. Für die Untersuchung der Verteilung von Größen (z.B. Zwischenankunftszeit der Kunden) ist diese Darstellungsart jedoch weniger geeignet. Hierfür sind insbesondere Histogramme und andere Formen der Darstellung von Häufigkeiten geeignet. Auf diese Art können auch grob der Wertebereich, die Lage und Streuung sowie die mögliche theoretische Verteilung abgeschätzt werden. Insbesondere letzteres ist meist Ausgangspunkt für entsprechende Anpassungstests. Ist der Zusammenhang zweier Merkmale zu untersuchen, sollten Streudiagramme für einen ersten Überblick verwendet werden. Dadurch können z.B. nichtlineare Zusammenhänge erkannt werden, die durch einzelne Maßzahlen wie Korrelationskoeffizient oft nur unzureichend oder gar nicht erfaßbar sind.

Der nächste Schritt ist die Berechnung von Kennzahlen. Besonders wichtig sind das Maximum, das Minimum, der arithmetische Mittelwert und die Standardabweichung. Daneben können weitere Maße wie der Zentralwert, Quantile und Schiefemaße bestimmt werden. Diese Angaben entsprechen in vielen Fällen den Größen, die im Rahmen einer Simulation zu untersuchen sind, z.B. der mittleren Auslastung, durchschnittlichen oder maximalen Wartezeit usw.

Den letzten Schritt bildet in der Regel die Untersuchung von Zusammenhängen zwischen Merkmalen. Mit Hilfe der Korrelationsanalyse wird untersucht, ob ein Zusammenhang besteht und welche Stärke und Richtung er besitzt; in der anschließenden Regressionsanalyse wird der Zusammenhang quantifiziert. Das Ergebnis dieser Untersuchung kann erheblichen Einfluß auf die Modellierung des Systems haben. Wird z.B. festgestellt, daß der Kundenzustrom mit der Länge der Warteschlange korreliert, müßte die im ersten Ansatz als exogen angesehene Größe endogenisiert werden.

Die beiden letzten Phasen der deskriptiven Analyse bilden oft den Übergang zur induktiven Statistik, da die berechneten Kennzahlen nicht nur einer Beschreibung der ermittelten Werte dienen, sondern vielmehr eine Abschätzung der Parameter des realen Prozesses ermöglichen sollen. Die deskriptiven Kennzahlen können dabei direkt (z.B. arithmetisches Mittel) oder nach Veränderung (z.B. Standardabweichung, siehe Anhang A.1) als Punktschätzer verwendet werden. Um die Genauigkeit der erhobenen Daten abschätzen zu können, ist zusätzlich das Konfidenzintervall zu berechnen, in dem der gesuchte Parameter mit einer vorgegebenen Wahrscheinlichkeit liegt. Auch die deskriptive Korrelationsanalyse sollte durch geeignete Unabhängigkeitstests ergänzt werden.

5.6.3 Direkte Verwendung der erfaßten Daten in der Simulation

Für Ströme von Eingangsdaten wie Auftragseingänge o.ä. bietet es sich geradezu an, die im realen System erfaßten Daten direkt als Eingangsgrößen einer Simulation zu verwenden. Speziell bei Entscheidungsträgern und Mitarbeitern dieses Systems, die über keine Simulationserfahrung verfügen, wird oft die Meinung bestehen, daß ein korrektes Modell auf diese Art genau den tatsächlichen Verlauf reproduzieren kann. Dabei wird allerdings übersehen, daß es im Rahmen einer stochastischen Simulation zwar möglich ist, die mittlere Schlangenlänge vorherzusagen, nicht jedoch ihre genaue Länge zu einer bestimmten Uhrzeit. Selbst wenn man alle zufallsbehafteten Größen in der Simulation durch die in der Vergangenheit gemessenen Werte vorgibt, erlaubt dies bestenfalls eine Verifikation des Modells, aber keine hinreichenden Aussagen über das künftige Verhalten des Systems oder optimale Entscheidungsparameter.

Die direkte Verwendung der gemessenen Eingangsströme hat vor allem zwei Nachteile:

- Die Anzahl der Daten ist für eine statistische Untersuchung des Systems bzw. der Simulationsergebnisse in der Regel viel zu klein.
- Es wird nur ein Ablauf der Vergangenheit reproduziert, der - wie jede Zufallsstichprobe - mehr oder weniger weit vom tatsächlichen und für eine Vorhersage relevanten Mittelwert

entfernt liegt. Wird auf dieser Grundlage eine Optimierung vorgenommen, können die so bestimmten Parameter deutlich vom wirklichen Optimum entfernt sein. Konnte z.B. bei einem Lagerhaltungssystem im untersuchten Zeitraum ein einmaliger Großauftrag aufgrund zu geringer Lagerbestände nicht bedient werden und führte das in der Kalkulation zu hohen Fehlmengenkosten, würde eine Optimierung anhand dieser Daten dazu führen, daß - genau zu diesem Zeitpunkt, aber auch generell - ein für den Normalfall viel zu hoher Lagerbestand sichergestellt wird.

Eine gewisse Ausnahme bildet die Simulation einmaliger Vorgänge über die Zeit (z.B. Wirtschaftsentwicklung, Urknall, Kontinentaldrift), die möglichst exakt reproduziert werden sollen. In diesen Fällen ist ja gerade die vergangene Entwicklung im exakten Zeitablauf zu erklären und in die Zukunft fortzuschreiben. Anders als bei einem Warteschlangensystem ist hier nicht danach gefragt, wie sich ein solches System im Durchschnitt verhält.

Abgesehen von solchen Fällen sollte der unmittelbare Einsatz der erfaßten Daten als Eingangswerte eines Simulationslaufs auf die Verifikation und erste Probeläufe beschränkt bleiben. Wie anhand diese Daten generelle Aussagen gewonnen werden, wird in den beiden nachfolgenden Abschnitten beschrieben.

5.6.4 Verwendung empirischer Verteilungen

Im nächsten Schritt ist von der konkreten zeitlichen Abfolge der Ereignisse zu abstrahieren und nur die zugrundeliegende Verteilung der ermittelten Daten zu betrachten. Die Idee besteht also darin, anstelle der realen Daten in der Simulation Zufallswerte zu verwenden, die derselben Verteilung entsprechen.

Bei diskreten Größen können die ermittelten relativen Häufigkeiten direkt als Wahrscheinlichkeiten übernommen werden. Für die Generierung der Zufallszahlen wird daraus eine treppenförmige Verteilungsfunktion (siehe Abschnitt 6.3.3.5).

Bei stetigen Größen werden die Daten in der Regel in klassierter Form erhoben. Die direkte Anwendung in einer Verteilungsfunktion über das Klassenmittel würde zu Lücken führen und ist deshalb nicht geeignet. Anstelle der Sprünge in einer treppenförmigen Verteilung sind statt dessen abschnittsweise lineare Näherungen vorzunehmen, die meist auf der Annahme der Gleichverteilung in der jeweiligen Klasse beruhen (vgl. Liebl 1995, S. 137 f.).

Die direkte Verwendung der empirisch ermittelten Verteilung als Grundlage einer Generierung von Zufallszahlen besitzt vor allem den Vorteil der einfachen Konzeption. Es gibt jedoch eine Reihe von Nachteilen:

- Zufällige Schwankungen und Ausreißer können vor allem bei kleineren Stichproben zu erheblichen Verzerrungen führen. Eine mögliche Gegenmaßnahme ist die manuelle Bereinigung.
- Die Verteilung wird durch das Maximum und das Minimum der gesammelten Daten beschränkt, obwohl durchaus Werte außerhalb dieses Bereichs vorkommen könnten. In der Literatur werden Verfahren genannt, die diesen Nachteil ausgleichen sollen (Bratley/Fox/Schrage 1983, S. 150 f.).
- Sensitivitätsanalysen, bei denen zentrale Parameter wie Mittelwert und Standardabweichung variiert werden sollen, sind mit empirischen - im Gegensatz zu theoretischen - Verteilungen schwierig zu bewerkstelligen.

In der Literatur wird deshalb überwiegend empfohlen, anstelle der empirischen Verteilung eine sachlich und zu den Daten möglichst gut passende theoretische Verteilung zu verwenden. Die dafür notwendigen Schritte werden im nächsten Abschnitt beschrieben.

5.6.5 Verwendung theoretischer Verteilungen

Da die erhobenen Daten eine Stichprobe darstellen, liegt es nahe, daß nicht die zufällig ermittelten Werte selbst von Interesse sind, sondern die dahinterstehende Verteilung des realen Prozesses. Entsprechend sollten auch nicht die erhobenen Daten oder ihre empirische Verteilung im Rahmen der Simulation verwendet werden, sondern Zufallszahlen, die auf der "echten" - aber unbekannten - Verteilung beruhen. In diesem Fall empfiehlt sich folgendes dreistufiges Vorgehen (vgl. Liebl 1995, S. 128 - 136):

1. Zunächst ist aus den Rohdaten der Typ der theoretischen Verteilung zu ermitteln. Da - insbesondere auch für die Simulation - eine sehr große Zahl von Verteilungstypen zur Verfügung steht (vgl. z.B. Hoover/Perry 1990, S. 227 - 238, und Kleijnen/Groenendaal 1992, S. 33 - 54), ist die Wahl nicht immer leicht zu treffen. Eine Hilfe können theoretische Überlegungen, die visuelle Untersuchung anhand von grafischen Darstellungen (*explorative Datenanalyse*) und die Untersuchung von ermittelten Kennzahlen sein (z.B. gilt für die Exponentialverteilung $\mu = \sigma$).
2. Ist die Entscheidung für einen Verteilungstyp gefallen, sind die dazugehörenden Parameter zu schätzen. In der Regel werden heute dafür Maximum-Likelihood-Schätzer eingesetzt. Schätzer für verschiedene Verteilungen finden sich u.a. in Law/Kelton (1982, S. 158 ff.).
3. Nachdem eine konkrete Verteilung gewählt und ihre Parameter bestimmt wurden, muß abschließend ihre Anpassungsgüte getestet werden, also ob sie den empirischen Daten hinreichend gut entspricht. Dazu werden Anpassungstests vorgenommen, von denen der χ^2-Test (Chi-Quadrat-Test) und der Kolmogorov-(Smirnov)-Test die am häufigsten genannten sind (vgl. Liebl 1995, S. 135 f.).

Als Ergebnis erhält man eine Komprimierung der ursprünglichen Rohdaten auf den Typ der Verteilung sowie meist ein bis zwei Parameter. Diese Größen sind nicht nur innerhalb eines Programms sehr gut handhabbar, sie erlauben auch, im formalen Modell allgemeinere Aussagen über die Art des Zusammenhangs zu machen. Auf der anderen Seite besteht natürlich die Gefahr, einen falschen Verteilungstyp gewählt oder aufgrund von Ausreißern ungünstige Parameter geschätzt zu haben. Deshalb ist der Einsatz robuster Schätzverfahren zu prüfen.

5.7 Beschreiben des Modells

Bei der Modellentwicklung ist zunächst zu klären, was überhaupt alles in einem Modell enthalten sein muß. Dazu vorab eine Übersicht:

- Objekte
    - materielle / immaterielle
    - dauerhafte / temporäre
    - stationäre / bewegliche
- Größen
- Ereignisse
- Regeln, Beziehungen, Abhängigkeiten
- nicht modellierte Aspekte

Bei der Betrachtung eines realen Systems erkennt man Objekte, die sich wiederum zu Klassen zusammenfassen lassen. Bei einem Bediensystem können die einzelnen Personen z.B. den Klassen *Kunde* und *Bedienung* zugeordnet werden. Diese objektorientierte Sichtweise hat in der gesamten Informatik seit Beginn der 90er Jahre frühere Ansätze wie die strukturierte Analyse entweder völlig verdrängt oder zumindest um wichtige Aspekte ergänzt. Auch für die Modellbildung innerhalb der Simulation lassen sich die objektorientierten Methoden der Analyse und des Designs sehr gut verwenden. Da deren Darstellung den Rahmen dieser Ausführungen bei weitem sprengen würde, sei hier auf die einschlägige Standardliteratur verwiesen[6].

Wie schon die Übersicht zeigt, müssen mehrere Kategorien von Objekten unterschieden werden:

Zunächst ist zwischen materiellen und immateriellen Objekten zu differenzieren. Materielle Objekte zeigen sich durch ihre physische Präsenz im Realsystem direkt dem Betrachter. Bei einer Supermarktkasse sind dies Kunden, Bedienungspersonal und die Kasse. Das oft auffallendste Objekt dieses Systems ist jedoch die Warteschlange, die zwar aus materiellen Personen besteht, selbst aber immateriell ist. Daß es sich dabei nicht nur um eine Ansammlung von Personen, sondern um ein eigenständiges Objekt handelt, zeigt sich darin, daß auch von einer leeren Warteschlange gesprochen wird. Immaterielle Objekte besitzen in den meisten Anwendungen erhebliche Bedeutung, z.B. Aufträge in einem Fertigungssystem oder Flüge bei einer Fluggesellschaft.

Eine weitere Unterscheidung mit besonderer Bedeutung für die Programmierung ist zwischen dauerhaften und temporären Objekten vorzunehmen. Dauerhafte Objekte werden zu Beginn initialisiert und verbleiben während der gesamten Simulation im System. Demgegenüber betreten temporäre Objekte im Laufe der Simulation das System und/oder verlassen es (wieder). In einem einfachen Warteschlangensystem sind die Warteschlange, die Kasse und die Bedienperson (wenn der Wechsel der konkreten Person nicht von Bedeutung ist) dauerhafte Objekte, die Kunden hingegen temporäre.

Die dritte Unterscheidung, zwischen stationär und beweglich, wird vor allem bei der Simulation von Fertigungs- und Logistiksystemen gemacht. Stationäre Objekte sind dort vor allem Maschinen, Lagerräume usw., während sich Transportsysteme wie Gabelstapler sowie die bearbeiteten Werkstücke durch das System bewegen. Der Einfluß dieser Unterscheidung auf die Simulation hängt vom jeweiligen System ab. In einigen Fällen stellt die Ortsangabe nur ein zusätzliches Attribut des Objekts dar. Sofern es aber zu Kollisionen der Objekte kommen kann bzw. diese um begrenzte örtliche Ressourcen konkurrieren, sind zusätzliche Berechnungen notwendig.

Die unterschiedlichen Arten von Größen wurden bereits in Abschnitt 5.5 ausführlich behandelt, so daß hier nur einige zusätzliche Aspekte erläutert werden:

Der Zustand eines Systems kann nach den bisherigen Betrachtungen der Objekte als die Summe der Zustände der einzelnen Objekte aufgefaßt werden. Dabei können Größen sowohl einem einzelnen Objekt zugeordnet sein (z.B. Länge einer Warteschlange) als auch aus der Zusammenfassung von Objektzuständen oder allein der Existenz der Objekte resultieren (z.B. Anzahl aller Kunden im System). Für alle zeitraumbezogenen Größen (z.B. Anzahl der Kunden an einem Tag, mittlere Schlangenlänge) sind zusätzliche Variablen zu definieren. Diese sind entweder einzelnen Objekten zuzuordnen (z.B. speichert die Warteschlange Werte für die mittlere Schlangenlänge u.ä.) oder zentral zu halten (z.B. mittlere Wartezeit der Kunden an allen Kassen). Speziell in rein objektorientierten Realisierungen könnten für die zweite Variante zusätzliche Reportobjekte notwendig werden.

---

6 Als Standardwerke sind insbesondere Coad/Yourdon (1994a und 1994b), Booch (1994), Rumbaugh et al. (1993) sowie die verschiedenen Ausführungen zur Modellierungssprache UML zu nennen. Die spezielle Anwendung der objektorientierten Analyse für die Simulation behandelt Hill (1996).

In der in diesem Buch nahezu ausschließlich behandelten diskreten Simulation sind Ereignisse von zentraler Bedeutung. Als Ereignisse werden Zustandsänderungen angesehen, die ohne Zeitverbrauch, d.h. unendlich schnell stattfinden. Neben der Änderung von Objektattributen (z.B. belegt / nicht belegt) ist vor allem der Ein- und Austritt von temporären Objekten in das bzw. aus dem System zu berücksichtigen. Die besondere Stellung der Ereignisse zeigt sich z.B. darin, daß es mit dem Ereignisgraphen (*event graph*) eine spezielle grafische Darstellungsmethode gibt, in der die Abfolge von Ereignissen dargestellt wird (siehe dazu Hoover/Perry 1990, S. 44 ff.). Häufiger werden jedoch Zustandsdiagramme verwendet, bei denen die Ereignisse den Übergang zwischen zwei Zuständen markieren. Diese Darstellungsform ist nicht nur im Rahmen der objektorientierten Analyse weit verbreitet (vgl. Booch 1994, S. 251 - 261, und Rumbaugh et al. 1993, S. 109 - 111), sondern auch in vielen Ingenieurdisziplinen, z.B. dem Entwurf von Schaltwerken in der Elektrotechnik (vgl. Tietze/Schenk 1985, S. 259 - 261).

Für den Ablauf einer Simulation ist eine Vielzahl von Regeln zu definieren, mit denen das Verhalten des Originalsystems möglichst gut angenähert wird. Beispiele dafür sind das Prinzip *First Come First Served* bei einer Supermarktwarteschlange oder die Festlegung, daß sich ein ankommender Kunde immer bei der Kasse mit der kürzesten Schlange anstellt. Vor allem bei sehr vertrauten Systemen besteht die Gefahr, bestimmte Regeln implizit zu unterstellen und sie nicht explizit in das Modell aufzunehmen. Ebenso fallen funktionale Beziehungen oder Abhängigkeiten in diese Kategorie, z.B. der Benzinverbrauch in Abhängigkeit von der Geschwindigkeit.

Ein wichtiger Punkt der Modellbildung, der oft nicht beachtet oder zumindest nicht formal erfaßt wird, sind die Teile des Originalsystems, die nicht modelliert werden. Damit wird nicht nur das Modell klar abgegrenzt, es kann auch der großen Gefahr vorgebeugt werden, daß aus dem Modell Ergebnisse abgeleitet werden, die nicht modelliert wurden und sich deshalb zufällig - und somit in der Regel falsch - ergeben. Weiterhin kann auf diese Weise deutlich gemacht werden, auf welche Arten von Änderungen des Systems das Modell vorbereitet ist und auf welche nicht. Diese Gefahr der Fehlanwendung besteht vor allem dann, wenn das Simulationsmodell später von Personen eingesetzt wird, die es nicht entwickelt haben. Hier einige Beispiele:

- Die modellierte Bediendauer an einer Supermarktkasse umfaßt in der Simulation die Zeit für die Zahlung in bar. Wird zusätzlich eine Zahlung mit EC- oder Kreditkarte eingeführt, bei der eine mit Zeitaufwand verbundene Online-Prüfung erforderlich ist, erhöht sich die gesamte Bediendauer und dadurch die mittlere Schlangenlänge usw., was nicht in der Simulation abgebildet ist.
- Nahezu alle Simulatoren für elektronische Digitalschaltungen (siehe Kapitel 10) erlauben die alternative Verwendung minimaler oder maximaler Verzögerungszeiten. Für die Angabe der Zeitbedingungen wie der Hold-Zeit ist aber fast immer jeweils nur ein Wert vorgesehen, der sich auf den *worst-Case* der maximalen Zeit bezieht, obwohl in der Realität bei minimalen Verzögerungszeiten auch diese Werte geringer werden. Treten nur bei der Simulation mit minimalen Verzögerungszeiten Verletzungen der Hold-Zeiten auf, handelt es sich in der Regel nicht um einen Fehler im Design, sondern um eine Beschränkung des Simulators bei der Berechnung dieser Phänomene.
- In dem Modell einer Fertigungseinrichtung wird der Normalzustand ohne Krankheit und Urlaub des Personals sowie Maschinenausfälle durch Defekte abgebildet. Wird auf dieser Grundlage die verfügbare Kapazität berechnet, handelt es sich um die kurzfristige Optimalleistung, die nicht als Planungsgrundlage für ein ganzes Jahr geeignet ist.

Wie zu sehen ist, gibt es eine Wechselbeziehung zwischen Regeln und nicht modellierten Aspekten. Sind z.B. nur Barzahlungen vorgesehen, ist der Zeitaufwand für Kartenzahlung nicht modelliert. Es ist deshalb bei jedem Aufstellen einer Regel auch formal anzugeben, welche Ausschlüsse damit implizit verbunden sind und inwieweit dies die Aussagefähigkeit des Modells einschränkt.

Als Ergebnis der Modellbildung sollte abschließend eine Beschreibung vorliegen, die ohne weitere Ergänzungen oder Änderungen implementiert werden kann.

5.8 Praktisches Beispiel zur Modellbildung

In diesem Abschnitt wird ein - anfangs sehr einfacher - Sachverhalt modelliert. Es handelt sich dabei um Warteschlangen im Supermarkt (siehe dazu auch Kapitel 9). Es wird zunächst ein Grundmodell vorgestellt, das anschließend schrittweise um verschiedene realitätsnahe Aspekte erweitert wird. Auf diese Weise läßt sich zeigen, wie selbst aus vermeintlich einfachen Systemen schnell komplexe, schwer zu quantifizierende Modelle entstehen, wenn man die Realität wirklich gut abbilden will.

Es ist nicht das Ziel dieser Ausführungen, eine Musterlösung zu präsentieren. Dafür hängt diese zu sehr von dem zu beschreibenden Realsystem, der konkreten Fragestellung, der gewünschten Genauigkeit und dem als akzeptabel erachteten Aufwand ab. Die schrittweise Ergänzung und Verfeinerung zeigt jedoch sehr deutlich das Vorgehen, aber auch die Problematik bei der Modellbildung auf.

Ausgangspunkt ist ein Supermarkt mit einer geöffneten Kasse. Die Kunden betreten das modellierte System, das mit der Warteschlange vor der Kasse beginnt, warten bis sie bedient werden und verlassen dann das System wieder. Die Zwischenankunftszeit, also die Zeit zwischen zwei ankommenden Kunden, sowie die Bedienzeit sind Zufallsgrößen.

Grafisch stellt sich das System in dieser Form so dar:

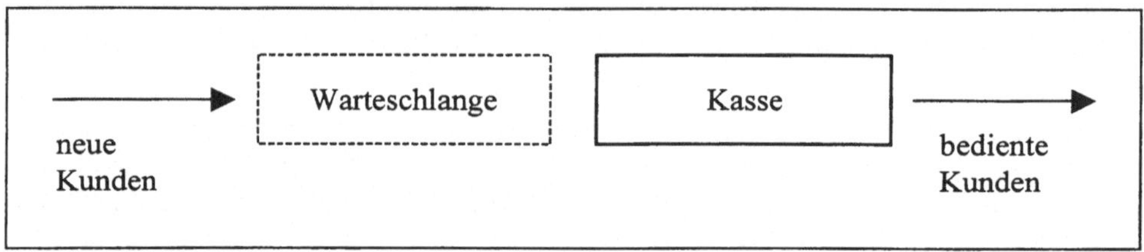

Bild 5-1 Grundmodell einer Warteschlange

Als Objekte des Systems lassen sich die Kunden, die Warteschlange und die Kasse inkl. Bedienperson auffassen. Die Zustandsgrößen des Systems sind die aktuelle Länge der Warteschlange sowie - je nach Realisierung - der Zustand der Kasse (besetzt/frei). Die Ankunftszeiten der Kunden stellen einen exogenen Strom von Ereignissen dar; die Bediendauer kann über die Parameter ihrer Verteilung festgelegt werden.

Bereits bei diesem einfachen Modell sind zwei in der Realität zu beobachtende Verhaltensweisen von Kunden zu berücksichtigen:

Ist die Schlange zu lang, stellen sich manche Kunden gar nicht erst an, obwohl sie die Absicht dazu hatten. Das Problem dieses Phänomens besteht in seiner schwierigen Meßbarkeit. Bei einem Supermarkt mit geschlossenem Einkaufsbereich können zumindest alle Kunden erfaßt werden, selbst wenn sie sich ohne Waren an einer Schlange vorbei zum Ausgang bewegen.

Doch in diesem Fall ist nicht eindeutig erkennbar, ob die Schlangenlänge die Ursache dafür war oder ob unabhängig davon keine Waren gewählt wurden. Bei Kaufhäusern gibt es keine erkennbare Trennung zwischen zum Kauf entschlossenen Kunden und solchen, die nur bummeln. Jemand, der sich anstellen wollte, aber abgeschreckt wurde, ist damit nicht erkennbar. Gleiches gilt für Straßenverkäufe oder kleine Geschäfte, deren Überfüllung schon vor dem Betreten von außen sichtbar ist.

Eine sinnvolle Möglichkeit, dieses Verhalten im Modell zu erfassen, besteht darin, die mittlere Zwischenankunftszeit von der Schlangenlänge abhängig zu machen. Diese bisher exogene Größe ist somit im Rahmen der Modellbildung endogenisiert worden.

Eine zweite Verhaltensweise ist das Verlassen der Schlange durch Kunden, denen es zu lange dauert. Dies wird dann der Fall sein, wenn es deutlich langsamer vorangeht, als es der Kunde beim Anstellen erwartet hat, oder wenn eine kritische Zeit (z.B. Ende der Mittagspause) erreicht ist. Will man dieses Verhalten modellieren, muß für jeden Kunden individuell erfaßt werden, wie sich der Fortschritt aus seiner Sicht darstellt, insbesondere wie lange er bei gleichbleibendem Tempo voraussichtlich noch warten muß. Dies hängt von der bisherigen Geschwindigkeit und der Anzahl der Personen vor ihm ab. Bei speziellen Warteschlangen, wie sie z.B. bei der Telefonauskunft vorkommen, kann der Kunde weder den Fortschritt noch die Zahl der Kunden vor sich abschätzen. Hier werden Kunden aber nach einer individuell unterschiedlichen Wartezeit einfach auflegen.

Wie schon die Zwischenankunftszeit kann gegebenenfalls auch die Bediendauer als von der aktuellen Schlangenlänge abhängig betrachtet werden. Es ist nämlich durchaus plausibel, daß die Bedienperson - in Rahmen des Möglichen - bei einer Schlangenlänge von zehn oder mehr Personen schneller arbeitet als bei nur einem oder zwei Kunden, z.B. durch Reduzieren persönlicher Gespräche mit den Kunden auf ein Minimum. Dieser exogene Modellparameter würde damit in gewissen Grenzen ebenfalls zu einer endogenen Größe.

Deutlich komplexer wird die Situation, wenn mehrere Kassen vorhanden sind. Im Supermarkt befindet sich in der Regel vor jeder Kasse ein eigener Wartebereich, der zudem baulich eine Trennung zu den Nachbarkassen aufweist, so daß ein Wechsel der Kasse - zumindest für die vorne stehenden Kunden - nur mit Einschränkungen möglich ist. Eine andere Variante findet man regelmäßig in kleinen Geschäften mit einer Theke und mehreren Bedienpersonen, z.B. beim Metzger oder Bäcker. Hier gibt es meist eine gemeinsame Schlange für alle Bedienpersonen, die zugleich die Kasse repräsentieren.

Dadurch, daß mehrere Kassen bzw. Warteschlangen parallel vorhanden sind, müssen weitere Verhaltensweisen berücksichtigt werden:

Zunächst hat der Kunde die Wahl, an welcher Kasse er sich anstellt. Dies kann die erste beste sein, abhängig von der Richtung, aus der er den Kassenbereich betritt. In der Regel wird er jedoch unter den nächstliegenden Kassen eine auswählen, die eine möglichst kurze Wartezeit verspricht. Als Kriterium kann die reine Schlangenlänge oder auch der Füllgrad der Einkaufswagen in den einzelnen Warteschlangen verwendet werden.

Das letztgenannte Kriterium wirkt auf den ersten Blick kaum komplizierter als das erste, führt jedoch automatisch zu einer völlig anderen Modellierung und Realisierung in der Simulation. Bisher konnte der Kunde praktisch ohne Zustandsvariablen auskommen und in der Simulation als Anteil an der Länge einer Warteschlange sogar ohne Objektidentität existieren. Die Bediendauer war eine Zufallsgröße, die dem Bediensystem zugeordnet war und dort zum Zeitpunkt des jeweiligen Bedienvorgangs erzeugt wurde. Wenn diese Größe aber maßgeblich von der Füllmenge des Einkaufswagens abhängt und auch an anderer Stelle wie dem Anstellen nachfolgender Kunden ausgewertet wird, muß es sich um eine Zustandsgröße des Kunden handeln, die bei seinem Eintritt in das System bereits feststeht. Ob die Bediendauer dadurch exakt determiniert und von den nachfolgenden Kunden bei der Entscheidung für eine Kasse korrekt berücksichtigt wird, ist eine andere Frage. Letzteres würde den ankommenden Kunden eine exakte Vorausberechnung der Wartezeit jeder einzelnen Kasse und damit eine optimale Entscheidung erlauben, was sicherlich nicht der Realität entspricht. Andererseits kann die Überlagerung der empirisch korrekt ermittelten Bediendauer mit einer zusätzlichen Störgröße zu statistischen Problemen führen, da die Verteilung möglicherweise dadurch verändert wird.

Die zweite Verhaltensänderung betrifft den Wechsel der Warteschlange, wenn es an einer anderen schneller vorangeht. Dieses Verhalten ist sicherlich individuell unterschiedlich stark ausgeprägt und wird gegebenenfalls durch die bauliche Anordnung der Kassen erschwert. Spätestens wenn eine Kasse frei ist, werden Kunden der längeren Nachbarschlange aber auf jeden Fall wechseln. Wird dies in der Simulation nicht berücksichtigt, würde die durchschnittliche Wartezeit der Kunden überschätzt. Bei der Modellierung solcher Wechsel ist nicht nur die Wechselhäufigkeit statistisch zu erfassen und in die Simulation einzubringen, es muß auch festgelegt werden, ob solche Wechsel aufgrund der räumlichen Gegebenheiten am Ende, in der Mitte oder an der Spitze einer Schlange möglich sind bzw. bevorzugt stattfinden.

Während die Anzahl der geöffneten Kassen in Modellen oft als konstant angesehen wird, unterliegt sie in der Realität meist der Disposition der Geschäftsleitung. Es handelt sich also grundsätzlich um eine exogene Entscheidungsvariable. In der Regel wird diese Anzahl aber nicht generell festgelegt, sondern zumindest an den erwarteten oder tatsächlichen Kundenzustrom angepaßt.

Weiterhin könnten bestimmte Regeln existieren, die das Öffnen und Schießen zusätzlicher Kassen von den aktuellen Schlangenlängen abhängig machen. Die Anzahl der geöffneten Kassen wird somit zu einer endogenen Variable. Gleiches gilt auch dann, wenn im Wartebereich ein Klingel o.ä. angebracht ist, mit der Kunden das Öffnen einer zusätzlichen Kassen veranlassen können.

Eine zusätzliche Variante stellen die in großen Supermärkten häufig vorhandenen Schnellkassen dar, bei denen sich nur Kunden mit einer geringen Anzahl von Artikeln anstellen dürfen. Die Auswirkungen einer solchen Maßnahme hängen unter anderem davon ab, ob Kunden dies überhaupt wahrnehmen bzw. nutzen, ob dies von Kunden mit mehr Artikeln mißbraucht wird und wie in einem solchen Fall die Bedienperson reagiert.

Mit diesen Überlegungen sollen die Ausführungen zur Modellbildung, die keineswegs Anspruch auf Vollständigkeit erheben, abgeschlossen werden. Eine Bewertung der genannten Detaillierungen und Alternativen kann nur in einem konkreten Projekt vorgenommen werden und unterbleibt deshalb an dieser Stelle. Als Ergebnis können jedoch einige wichtige Punkte festgestellt werden:

- Es gibt nicht *das* Modell.
- Die Realität ist immer so komplex, daß sie nie vollständig in einem Modell abgebildet werden kann. Der Modellierer hat - in Abhängigkeit von der Aufgabenstellung - zu entscheiden, welcher Detaillierungsgrad im speziellen Fall ausreichend ist.
- Vermeintlich exogene Größen können im Laufe des Modellierungsprozesses endogen werden.
- Um modellierte Zusammenhänge zu simulieren, müssen sie quantifiziert werden. Es reicht also nicht aus zu sagen, die Kunden können die Schlange wechseln. Es muß vielmehr genau spezifiziert werden, *wann* sie dies *wie* und mit *welcher Wahrscheinlichkeit* tun.

6 Implementierung

6.1 Allgemeines

Bei der Implementierung eines Simulators müssen zwei Bereiche deutlich unterschieden werden: das spezielle Modell und das allgemeine, in der Regel für mehrere Modelle geeignete Simulationssystem. Für diese Trennung gibt es eine Reihe von Gründen, deren Wichtigkeit vom jeweiligen Einzelfall abhängt:

- Gemäß den anerkannten Regeln des Software-Engineering sollten die Phasen Analyse, Design und Implementierung weitgehend bruchfrei aufeinanderfolgen. Das Ergebnis der Modellbildung sollte sich deshalb möglichst unverändert im Simulator wiederfinden. Dazu ist das Modell software-technisch klar vom Simulationssystem abzugrenzen.
- Werden mehrere Modelle oder Modellvarianten verwendet, müssen sie leicht austauschbar sein, ohne die für alle Modelle nutzbaren Teile des Simulationssystems zu tangieren.
- Modelle und Simulationssystem werden oft von verschiedenen Personen entwickelt, so daß eine klare Abgrenzung mit sauber definierter Schnittstelle für eine problemlose Integration beider Teile notwendig ist.
- Die Implementierung eines Modells stellt völlig andere Anforderungen an die Software-Technik und die Programmiersprache als die Realisierung eines Simulationssystems. Deshalb ist es oft sinnvoll, verschiedene Programmiersprachen für beide Teile einzusetzen.

Bei kleinen, als monolithische Systeme konzipierten Simulatoren entspricht die Trennung in ihrer einfachsten Form der Modularisierung der Software in Form von Unterprogrammen, Units usw. Die weitgehendste Trennung wird dadurch erreicht, daß das Simulationssystem ein unveränderliches Programm mit integrierter Simulationssprache ist, in das die Modelle als Quelltexte eingelesen und jeweils übersetzt werden.

In diesem Kapitel wird die Implementierung von Modell und Simulationssystem in zwei getrennten Unterabschnitten behandelt. Der erste beschreibt die Realisierung des Modells, wobei verschiedene Formen der Abgrenzung zum Simulationssystem ausführlich mit ihren jeweiligen Vor- und Nachteilen diskutiert werden. Der zweite Unterabschnitt beschäftigt sich mit dem Simulationssystem und beschreibt die Implementierung ausgewählter Komponenten, die speziell bei Simulationssystemen vorkommen oder dort besondere Bedeutung besitzen.

6.2 Implementieren des Modells

6.2.1 Allgemeines

Für die Umsetzung des formalen Modells in einen Simulator gibt es eine ganze Reihe von Möglichkeiten, die der Bandbreite vom Ad-hoc-Simulator bis hin zu kommerziellen Systemen entsprechen. Der Intension dieses Buches folgend, bei dem die Realisierung von Simulatoren einen entscheidenden Schwerpunkt darstellt, wird die professionelle Lösung nicht nur aus der Sicht des Anwenders, sondern auch aus der des Programmierers betrachtet.

Für die möglichen Varianten der Modellimplementierung wird folgende Einteilung verwendet, wobei zum Teil fließende Übergänge möglich sind:

- vollständige Programmierung in einer konventionellen Programmiersprache
- Nutzung spezieller Simulationsbibliotheken
- Realisieren des Modells als Modul innerhalb eines Simulationssystems
- Implementierung in einer speziellen Simulationssprache

In den nachfolgenden Abschnitten werden diese Möglichkeiten zunächst einzeln vorgestellt und ihre Vor- und Nachteile genannt. Zum Abschluß erfolgt eine an konkreten Anwendungsbeispielen orientierte, bewertende Zusammenfassung.

6.2.2 Implementieren in einer konventionellen Programmiersprache

Die naheliegendste Form der Realisierung eines Simulators besteht - von der Nutzung eines gekauften Simulationssystems abgesehen - darin, das Modell sowie alle Teile des Simulationssystems mit derselben universellen Programmiersprache als eine Einheit zu implementieren.

Die Vorteile dieser Vorgehensweise sind:

- Es läßt sich praktisch jede vorhandene Programmiersprache verwenden. Damit kann der Modellierer die Sprache wählen, mit der er am besten vertraut ist.
- Konventionelle Programmiersprachen sind relativ billig, leicht zu beschaffen und auf jedem Computersystem verfügbar.
- Die Programmierung aller Teile des Simulators erlaubt eine maximale Flexibilität. Im Gegensatz dazu engen alle vorgefertigten Lösungen den Entscheidungsspielraum des Modellierers ein und erzwingen oft sogar eine bestimmte Denkweise oder Weltsicht auf die abzubildenden Systeme.
- Der Simulator kann laufzeitmäßig optimiert werden.
- Der fertige, compilierte Simulator kann ohne lizenzrechtliche Probleme weitergegeben und genutzt werden.

Diesen Vorteilen steht jedoch eine Vielzahl von Nachteilen gegenüber:

- Da nicht nur das Modell, sondern auch sämtliche Teile des Simulators programmiert werden müssen, ist ein erheblicher Aufwand erforderlich. Dieser ist bei langfristigen Forschungsprojekten eher von untergeordneter Bedeutung, bei terminkritischen Auftragsprojekten aber meist ein K.o.-Kriterium.
- Der Modellierer benötigt sehr umfangreiche Programmiererfahrung. Darüber hinaus ist zudem Spezial-Know-how aus den Bereichen Simulationstechnik, Statistik usw. erforderlich.
- Jede Modelländerung erfordert einen Eingriff in das Programm. Sollen Kunden das Modell anpassen können, muß der Quellcode - und damit Know-how - meist mehr oder weniger vollständig offengelegt werden. Die Änderungen selbst erfordern ein Neu-Compilieren und Binden, so daß der entsprechende Compiler, der aus lizenzrechtlichen Gründen nicht mitgeliefert werden kann, dort vorhanden sein muß.
- Sollen mehrere Modelle oder Modellvarianten simuliert werden, treten größere Probleme auf. Das parallele Implementieren verschiedener Varianten in einem Programm bläht dieses unnötig auf und stößt bald an praktische Grenzen. Alternativ können die Modelle als Teil des Gesamtsystems in getrennten Modulen realisiert werden, die vor jedem Start neu zu binden sind. Die letztgenannte Variante erleichtert zwar auch das Arbeiten mehrerer Personen an verschiedenen Modellen, bedeutet aber immer einen Zusatzaufwand.

Insgesamt sollte dieser Ansatz auf kleine, einmalige Simulationsprojekte beschränkt bleiben. Sofern geeignete Dateiausgaben der Ergebnisse vorgesehen sind, können für die Ergebnisanalyse vorhandene Statistik- oder Tabellenkalkulations-Programme verwendet werden.

6.2.3 Nutzen von Simulationsbibliotheken für universelle Programmiersprachen

Eine deutliche Verbesserung des im letzten Abschnitt beschriebenen Ansatzes der vollständigen Neuentwicklung stellt die Nutzung vorhandener Simulationsbibliotheken für universelle Programmiersprachen dar. Diese Bibliotheken enthalten als Unterprogramme oder - in einer objektorientierten Version - Klassen Programmteile, die in vielen Simulationssystemen benötigt werden. Dabei handelt es sich einerseits um universelle Funktionen, z.B. Generieren von Zufallszahlen, statistische Auswertungen, mathematische Algorithmen sowie Teile der Simulationssteuerung. Andererseits gibt es Spezialsysteme für bestimmte Anwendungsgebiete wie die Fertigung, die entsprechende Funktionen enthalten, z.B. FIFO- und LIFO-Systeme, Maschinenmodelle usw. Da der Aufruf von Unterprogrammen einer solchen Bibliothek weitgehend den normalen Befehlen der zugrundeliegenden Programmiersprache entspricht, wird hierfür gelegentlich sogar der Begriff *Simulationssprache* verwendet (Law/Kelton 1991, S. 141). Im Rahmen dieses Buches ist der Begriff jedoch für die in Abschnitt 6.2.5 beschriebenen Sprachen reserviert.

Bei den Bibliotheken ist nach der Herkunft zu unterscheiden:

- Die Bibliotheken können von externen Anbietern bezogen werden. Dabei kann es sich um frei verfügbare, oft kleine Systeme handeln, die z.T. dem Forschungsbereich entstammen oder - oft mit eher didaktischem als praktischem Anspruch - einem Buch zum Thema Simulation zu entnehmen sind (vgl. Davies/O'Keefe 1989, S. 43 ff., Siegert 1991, S. 51 ff., und Law/Kelton 1991, S. 133 ff.). Daneben gibt es auch kommerzielle Simulationsbibliotheken wie Sim++ (vgl. Spaniol/Hoff 1995, S. 79 - 83).
- Sofern öfters Simulationsanwendungen realisiert werden, ist es selbstverständlich anzustreben, bei Folgeprojekten auf vorhandenen Programmcode zurückzugreifen. Obwohl es in der Regel zunächst einen höheren Aufwand mit sich bringt, sollte die absehbare Wiederverwendung bereits bei der ersten Implementierung berücksichtigt werden. Dies bedeutet, daß die Module weitgehend universell zu halten sind, Schnittstellen und Eigenschaften gut dokumentiert werden und ein besonders intensiver Test - nicht nur im Hinblick auf die aktuelle Anwendung - erfolgen muß. Besonders geeignet für die Wiederverwendbarkeit von Programmcode ist das objektorientierte Paradigma, bei dem sowohl Verwendungs- als auch Vererbungsbeziehungen möglich sind.

Vergleicht man die Vor- und Nachteile dieser Variante mit der vollständigen Neuimplementierung aus dem letzten Abschnitt, stellt man fest, daß einige der entscheidenden Nachteile verschwunden bzw. abgemildert sind:

- Die Realisierung erfolgt durch die Verwendung fertiger Teile deutlich schneller als bei einer vollständigen Programmierung. Soweit die verwendeten Teile von hoher Qualität sind, reduziert sich neben der Anzahl der Programmzeilen auch die der Programmierfehler.
- Mit vorgefertigten Komponenten wird zugleich Know-how aus dem Simulationsbereich erworben, das insbesondere spezielle Gebiete wie Simulationssteuerung und Statistik abdeckt. Der Modellierer kann sich somit weitgehend auf sein Modell konzentrieren.

Es verbleiben jedoch die genannten Nachteile, die mit einer Arbeit auf Ebene des Quellcodes fast unvermeidlich sind. Zudem können einige der zuvor vorhandenen Vorteile verschwunden sein:

- Mit dem Einsatz einer Simulationsbibliothek ist zugleich die Wahl der Programmiersprache - z.T. sogar des konkreten Compilers - vorbestimmt. Damit ist oft auch die universelle Verfügbarkeit auf beliebigen Rechnersystemen eingeschränkt. Werden eigene Bibliotheken eingesetzt, wiegt dies weniger schwer, da die Wahl der Sprache und Plattform selbst getroffen wurde. Ein Wechsel wird durch den Portierungsaufwand allerdings erschwert. Bei kommerziellen Bibliotheken ist oft ein Neukauf notwendig.
- Kommerzielle Systeme sind wesentlich teurer als eine normale Programmiersprache, die ohnehin zusätzlich benötigt wird.
- Die Flexibilität kann durch ein solches System z.T. ebenso eingeschränkt werden, wie durch einen vollständigen Simulator. Weicht man vom vorgegebenen Schema ab, geht meist ein Großteil des Nutzens solcher Pakete verloren.
- Bei extern bezogenen Paketen ist die lizenzrechtliche Situation vor einer Weitergabe zu klären.

Das Erstellen eigener Simulationsbibliotheken kann uneingeschränkt befürwortet werden, wenn mehr als nur ein einmaliges Projekt zu bearbeiten ist. Der Mehraufwand amortisiert sich meist schon beim ersten Folgeprojekt.

Bei der Verwendung einer kommerziellen Bibliothek sollte geprüft werden, ob sie zur Anwendung paßt und in einer dem Modellierer angenehmen Programmiersprache realisiert ist. Eine fremde konventionelle Programmiersprache - möglicherweise noch dazu in einem ungewohnten Paradigma - nur wegen des Einsatzes eines solchen Paketes zu verwenden, ist nicht sinnvoll und mit zu vielen Risiken verbunden. Zudem sollte abgewogen werden, ob dann nicht ein vollständiges Simulationssystem mit integrierter Simulationssprache besser geeignet ist.

6.2.4 Modell als Modul innerhalb eines Simulationssystems

Eine in Reinform eher selten vorkommende Variante besteht darin, ein weitgehend vollständiges, unveränderliches Simulationssystem um Modelle zu ergänzen, die in einer konventionellen Programmiersprache geschrieben werden. Dabei sind verschiedene Ausprägungen möglich, die einen fließenden Übergang zu Simulationsbibliotheken auf der einen und kompletten Simulationssystemen auf der anderen Seite darstellen können:

- Eine Simulationsbibliothek enthält so viele bzw. große Bestandteile, daß diese nahezu einen Simulator darstellen, der nur noch um ein Modell zu ergänzen ist.
- Ein Simulationssystem stellt eher einen Rahmen (*Framework*) für verschiedene, weitgehend unabhängige Programme dar, z.B. Editoren, Statistikpaket und grafische Analysewerkzeuge. Das eigentliche Modell wird zwar in einer beliebigen Sprache implementiert, kann aber auf die vielfältigen Ressourcen des Gesamtpakets zugreifen. Solche Frameworks - allerdings mit integriertem Simulator - sind heute der Regelfall im Bereich der Simulation elektronischer Schaltungen. Eine Variante davon besteht darin, sich selbst aus einem ASCII-Editor, einem Statistik- oder Tabellenkalkulations-Programm sowie gegebenenfalls einer Datenbank ein Framework zusammenzustellen. Moderne Programmiersprachen verfügen ebenso wie die genannten Programme unter Windows heute oft über eine DDE-Schnittstelle, so daß eine sehr weitgehende Integration auch im "Selbstbau" möglich ist.
- Die Simulationsumgebung ist als Einheit gegeben. Das Modell wird hingegen in einer konventionellen Programmiersprache erstellt und in das Simulationssystem eingebunden. Beispiele hierzu sind DYSYS auf der Grundlage von Basic und SIMPAS für Turbo Pascal (vgl. Bossel 1994, S. 140 ff.).

- Das Simulationssystem verfügt über eine eigene Simulationssprache oder eine andere, z.B. grafische Form der Modelleingabe. Zusätzlich besteht die Möglichkeit, in einer konventionellen Programmiersprache geschriebene Modelle oder Modellteile in die Simulation einzubinden. Diese Variante wurde jahrelang bei der Simulation digitaler Schaltungen verwendet, ist jedoch durch die beiden beherrschenden Beschreibungssprachen Verilog und VHDL weitgehend verschwunden.

Wie die Bandbreite innerhalb dieser Implementierungsvariante vermuten läßt, gibt es auch hinsichtlich der Vor- und Nachteile je nach konkreter Realisierung und Anwendung deutliche Unterschiede. Auf der anderen Seite besteht hier noch mehr als im Falle von Simulationsbibliotheken die Gefahr eines *stuck in the middle*, das oft die reinen Alternativen als besser geeignet erscheinen läßt. Neben den Eigenschaften, die je nach Ausprägung dem letzten oder dem nächsten Abschnitt zu entnehmen sind, nachfolgend einige Anmerkungen, die speziell für diese Variante zutreffen:

- Ein für ein solches System entwickeltes Modell kann zwar ohne lizenzrechtliche Probleme weitergegeben werde, es ist jedoch beim Empfänger nur ablauffähig, wenn dieser ebenfalls das System erwirbt. Soll darüber hinaus auch das Modell verändert werden, ist vom Anwender zusätzlich der passende Compiler der verwendeten Programmiersprache zu beschaffen.
- Das besondere Problem dieser Lösung ist die Schnittstelle zwischen Simulationssystem und Modell. Die Schwierigkeit besteht darin, daß das System nicht in der Lage ist, die Korrektheit des Modells und der Schnittstelle zu prüfen. Der Linker kann lediglich prüfen, ob beide Programmteile formal übereinstimmen, also ob z.B. Anzahl und Typ der Parameter passen. Der Datenaustausch umfangreicher Simulationsergebnisse o.ä. über ASCII-Texte entzieht sich jeglicher Prüfung. Ist die Schnittstelle klein und damit weitgehend unkritisch, kann das System auch nur vergleichsweise wenige Leistungen erbringen. Mit wachsendem Umfang der ausgetauschten Daten nimmt umgekehrt die Gefahr von Inkonsistenzen und Datenfehlern zwischen Simulationssystem und Modell zu.

6.2.5 Verwenden eines Simulationssystems mit spezieller Simulationssprache

6.2.5.1 Allgemeines

Universelle Programmiersprachen sind für die Beschreibung von Modellen in den meisten Fällen zu wenig problemnah. Sie besitzen eine Vielzahl von Befehlen, die für das Formulieren von Modellen überflüssig sind, z.B. Dateihandhabung, Grafikbefehle usw. Auf der anderen Seite fehlen Konstrukte, die bei nahezu jeder Simulation benötigt werden, wie die Event-Steuerung bei ereignisorientierter Simulation, die Verwaltung von Warteschlangen, Zufallsgeneratoren für spezielle Verteilungen usw. Die Realisierung solcher Bestandteile eines Simulators erfordert erhebliches Know-how auf diesem Gebiet und übersteigt den Aufwand für die Formulierung des eigentlichen Modells meist um ein Vielfaches.

Es liegt deshalb nahe, dem Modellierer anstelle einer universellen Programmiersprache eine spezielle Modellierungs- bzw. Simulationssprache zur Verfügung zu stellen, die diese Funktionen bereits enthält und somit die Formulierung des Modells erheblich vereinfacht.

Bezüglich der Modellierungssprachen ergibt sich eine erhebliche Bandbreite:

- Die einfachste Form ist die Eingabe des Modells als einfacher Parametersatz, der vom System interaktiv abgefragt wird. Ein fast primitiv zu nennendes Beispiel wäre ein Simulationssystem für die Berechnung schiefer Würfe. Der Benutzer gibt den Abwurfwinkel, die Abwurfgeschwindigkeit und die Höhe gegenüber Grund an. Daraus kann das System z.B. maximale Flughöhe, Weite und Flugdauer berechnen und sogar die Flugbahn grafisch ausgeben. Wie leicht ersichtlich ist, können Simulationssysteme dieser Art nur für einen extrem eingeschränkten Bereich von Modellen verwendet werden.

- Eine Eingabesprache von mittlerer Komplexität findet sich z.B. bei ökonometrischen Makrosimulatoren, bei denen das Modell allgemein in Form eines Gleichungssystems gegeben ist. Aus dem Spektrum universeller Programmiersprachen ist in dieser Anwendung nur ein sehr kleiner Ausschnitt notwendig, nämlich Ausdrücke und Zuweisungen. Ähnliches gilt auch für einfache Makrosprachen in Statistikpaketen oder Tabellenkalkulations-Programmen. Trotz ihrer meist vergleichsweise geringen Möglichkeiten benötigen solche Systeme einen Übersetzer oder Interpreter, der die vorgegebene Syntax versteht und in eine geeignete interne Darstellungsform bringt.
- Umfangreichere Simulationssprachen bieten einen Sprachumfang, der dem universeller Programmiersprachen entspricht. Der Unterschied zu normalen Programmiersprachen besteht im wesentlichen darin, daß einerseits spezielle Konstrukte für die einfache Implementierung der Modelle aus dem jeweiligen Anwendungsgebiet vorhanden sind (z.B. für Warteschlangen), aber andererseits ganze Bereiche normaler Programmiersprachen fehlen können, z.B. Dateiverwaltung, Grafikroutinen und maschinennahe Anweisungen. Es ist zu berücksichtigen, daß selbst weitgehend universelle Simulationssprachen meist nur eine eingeschränkte Bandbreite von Modellen ermöglichen, z.B. nur ereignisorientierte oder nur prozeßorientierte Modelle (vgl. Liebl 1995, S. 112). In der Regel sind solche Sprachen fester Bestandteil eines Simulationswerkzeugs bzw. einer Simulationsumgebung und lediglich in diesem Rahmen zu verwenden[7]. Bekannte Simulationssprachen sind GPSS, SIMSCRIPT, SLAM und SIMAN[8].
- Eine Sonderstellung nehmen grafische Methoden der Modelldefinition ein. Anstelle ein Programm per Texteditor einzugeben, wird mit einem - grundsätzlich integrierten - Grafikeditor gearbeitet. Das System analysiert die erzeugte Grafik und setzt sie in eine interne Form um. Damit entspricht dieser Vorgang weitgehend dem eines Übersetzers für konventionelle Programmiersprachen. Die Bandbreite der Möglichkeiten kann von einem einfachen Montieren vorgefertigter Programmteile über CASE-ähnliche Werkzeuge, welche die Programmerstellung über Struktogramme o.ä. unterstützen, bis hin zu einer Modelldefinition gehen, wie sie bei der Simulation elektronischer Schaltungen üblich ist. Dort können die Modelle als Schaltpläne oder State-Diagramme eingegeben werden. Das Ergebnis der Umsetzung ist entweder direkt eine maschinennahe Form oder ein vom Benutzer weiterverwendbares Programm in einer höheren Modellierungssprache. Diese Form ist heute oft bei der grafischen Eingabe elektronischer Schaltungen zu finden. Dazu wird aus einem Schaltplan ein Programm in den Simulationssprachen VHDL oder Verilog erzeugt, das dann mit einem universellen Simulator für diese Sprache verarbeitet wird (vgl. QuickWorks 1995, S. 7 - 6 f.).

Law/Kelton (1991, S. 236 f.) unterteilen Simulationssoftware in zwei Klassen: Simulationssprachen und Simulatoren. Letztere sollen dabei eine Modelleingabe weitgehend ohne Programmieren erlauben.

Die Einteilung legt nahe, daß es sich um disjunkte Gruppen von Systemen handelt. Dies trifft jedoch in der Regel nicht zu. Vielmehr enthalten viele der kommerziellen Simulationssysteme eine Simulationssprache als integralen Bestandteil. Zudem sind die Übergänge zwischen Mo-

---

[7] Eine relativ ausführliche Beschreibung mit konkreten Beispielen für vier solcher Werkzeuge findet sich in Spaniol/Hoff (1995, S. 79 - 98).

[8] Siehe hierzu z.B. Witte (1989) und Kleijnen/Groenendaal (1992, S. 127 - 132). Eine Klassifikation von Software zur diskreten Simulation wird in Pidd (1992, S. 166) vorgenommen.

dellierungssprachen und grafischen Methoden fließend, und teilweise sind beide Ansätze alternativ oder kombiniert möglich. Hierzu ein konkretes Beispiel aus dem Bereich der Simulation elektronischer Schaltungen:

> Der Kern eines Simulationssystems für digitale elektronische Schaltungen besteht heute fast immer aus einem Simulator, der eine der beiden Hardware-Beschreibungssprachen (*hardware description language*, kurz: HDL) Verilog oder VHDL versteht. Es existieren verschiedene Wege hin zu einer solchen simulationsfähigen Beschreibung. Diese kann einerseits direkt mit einem beliebigen Texteditor erstellt werden. Eine zweite, sehr häufig genutzte Möglichkeit besteht darin, einen Stromlaufplan mit Hilfe vorgefertigter grafischer Symbole zu zeichnen. Diese Symbole enthalten Verweise auf in einer HDL geschriebene Modelle, deren Verbindung - entsprechend einem Unterprogrammaufruf - über die Netzliste erfolgt. Die einzelnen Modelle können entweder gekauft oder selbst in HDL erstellt werden. Oft lassen sich in der Entwicklungsphase sowohl gezeichnete als auch in HDL erstellte Schaltungsteile kombinieren. Als dritte Variante ist bei einigen Systemen die Eingabe über State-Diagramme möglich. Unabhängig von der gewählten Eingabeform wird vom System letztlich über geeignete Compiler - diese Bezeichnung ist auch bei der Übersetzung grafischer Eingaben üblich - ein Gesamtmodell in HDL erzeugt, das anschließend vom Simulator ausgeführt wird.

Wie die Ausführungen zeigen, bilden Simulationssprachen keinen Gegensatz zu Simulationssystemen, sondern in der Regel vielmehr einen Bestandteil davon. Wenn also in diesem Buch von einer Modelleingabe in ein Simulationssystem gesprochen wird, ist damit normalerweise die Nutzung einer integrierten Simulationssprache gemeint. Darin eingeschlossen sind auch grafisch orientierte Eingabeformen.

Für den Modellierer bieten spezielle Simulationssprachen eine ganze Reihe von Vorteilen:

- Komplexe Strukturen wie Warteschlangen sind in der Sprache direkt vorhanden und müssen nicht vom Anwender programmiert werden.
- Viele Service-Funktionen, z.B. Reportgenerierung, stehen im Rahmen der Sprache oder der Entwicklungsumgebung zur Verfügung.
- Für die Modelleingabe und -änderung ist nur die Kenntnis der Modellierungssprache notwendig, die von deutlich geringerer Komplexität als universelle Programmiersprachen sein kann. Zusätzliche Kenntnis der internen Struktur des Simulationssystems ist für den Anwender nicht erforderlich.
- Da die Modelle wie Daten jeweils neu eingelesen werden, kann eine unbegrenzte Anzahl von Modellen verwendet werden, ohne daß das Programm mit jedem Modell immer größer wird oder bei jedem Modellwechsel erneute Bindeprozeduren notwendig sind.
- Es muß nicht der Compiler vorhanden sein, mit dem das Simulationssystem implementiert wurde.

Insgesamt ist der Aufwand für das Erstellen eines simulationsfähigen Modells mit Hilfe spezieller Modellierungssprachen erheblich geringer als bei der Implementierung in einer normalen Programmiersprache.

Auf der anderen Seite gibt es einige Nachteile:

- Der Anwender benötigt ein Simulationssystem mit integrierter Modellierungssprache. Diese Systeme sind oft schlecht bzw. nur auf bestimmten Plattformen verfügbar und erheblich teurer als Entwicklungsumgebungen für normale Programmiersprachen. Alternativ müssen sie aufwendig selbst realisiert werden.

- Das Modell ist auf die *Weltsicht* der Simulationssprache beschränkt, auch wenn diese nicht unbedingt die geeignetste für das aktuelle Problem ist. Z.B. könnte nur ereignisorientierte Simulation verfügbar sein, obwohl diese für eine gegebene Aufgabenstellung weniger gut geeignet ist. Im Extremfall müssen mehrere Simulationssysteme verwendet werden, wenn unterschiedliche Modellarten simuliert werden.
- Je nach Umfang der Modellierungssprache ist die Möglichkeit zu eigenen Erweiterungen deutlich eingeschränkt.
- Sofern es sich bei der Simulationsumgebung um Fremd-Software handelt, darf diese aus lizenzrechtlichen Gründen nicht weitergegeben werden, so daß jeder Nutzer des entwickelten Modells ebenfalls die Simulationsumgebung erwerben muß. Damit ist es nicht einmal möglich, ein im Auftrag erstelltes Modell dem Auftraggeber zur weiteren Nutzung zu überlassen, ohne daß dieser das Simulationssystem von einem Drittanbieter kauft.

6.2.5.2 Vorhandene Simulationssprachen

Simulationssprachen besitzen eine lange Tradition, die bis in die frühen 60er Jahre zurückreicht (vgl. Pidd 1992, S. 168). Einige von ihnen haben sich inzwischen so weit etabliert, daß sie in ihrem Bereich ebenso selbstverständlich eingesetzt werden wie normale Programmiersprachen in der allgemeinen Programmierung. In der Regel werden sie zusammen mit einer dazu passenden Simulationsumgebung verwendet, die sich z.T. durch weitere Module wie Echtzeitanimation (vgl. Tempelmeier 1991, S. 13) o.ä. ergänzen läßt.

Die Anwendungsbreite von Simulationssprachen ist sehr unterschiedlich. Auf der einen Seite steht eine Sprache wie Simula, die universell einsetzbar ist und eher den Status einer normalen Programmiersprache mit Erweiterungen zur Simulation besitzt. Auf der anderen Seite gibt es Spezialsprachen, die ausschließlich für die Modellierung und Simulation einer sehr eng begrenzten Klasse von Systemen geeignet sind. Typische Vertreter hierfür sind Verilog und VHDL, die lediglich für die Beschreibung elektronischer Digitalschaltungen eingesetzt werden können. Auch für andere Spezialgebiete gibt es entsprechende Systeme, z.B. OPNET für die Modellierung von Kommunikationssystemen und verteilten Systemen (vgl. Spaniol/Hoff 1995, S. 84). Dazwischen liegen Sprachen wie GPSS, SIMAN, SIMSCRIPT und SLAM, die zwar gewisse Schwerpunkte aufweisen, aber für einen relativ breiten Bereich von Anwendungen einsetzbar sind. Bezüglich weiterer Informationen zu einzelnen Sprachen muß auf die einschlägige Literatur verwiesen werden (z.B. Hill 1996, S. 248 - 271, Pidd 1992, S. 168 - 178, und Law/Kelton 1991, S. 234 - 266).

6.2.5.3 Selbstdefinierte Simulationssprachen

Wann die Entwicklung und Implementierung einer eigenen Simulationssprache sinnvoll oder sogar notwendig ist, wird im nächsten Abschnitt besprochen. Realisierungsdetails werden ausführlich in Abschnitt 6.3.4 behandelt. An dieser Stelle geht es darum, die Sprachdefinition und ihre Auswirkung für den Anwender zu beleuchten (vgl. auch Heike/Sauerbier 1997).

Steht man vor der Aufgabe, eine neue Sprache - noch dazu für ein neues, spezielles Anwendungsgebiet - zu definieren, besteht die Gefahr, dem Reiz der Innovation zu erliegen. Dies bedeutet nicht nur einen erheblichen Mehraufwand gegenüber der Adaption einer vorhandenen, etablierten Sprache, sondern birgt darüber hinaus die große Gefahr einer Fehlspezifikation. Hoare (1973, zitiert nach Ghezzi/Jazayeri 1989, S. 479) warnt den Entwickler einer Sprache eindringlich: "Eins darf er nicht tun: unerprobte eigene Ideen einbringen. Seine Aufgabe ist Konsolidierung, nicht Innovation."

Es ist also sinnvoll, sich für den Entwurf einer neuen Simulationssprache an eine vorhandene Simulations- oder Programmiersprache anzulehnen, die für den Anwendungszweck möglichst gute Voraussetzungen besitzt. Dazu gehört insbesondere die Wahl des geeigneten Paradigmas. Aktuell wird vor allem das objektorientierte Paradigma, oft auf Basis einer prozeduralen Sprache, präferiert. Gerade hier sollte man jedoch die spätere Implementierung des Compilers im Auge behalten, da konstituierende Eigenschaften der Objektorientierung wie Vererbung und dynamisches Binden den Aufwand erheblich erhöhen. In den meisten Fällen reicht die abgeschwächte Form der Objekt- oder Klassenbasierung (vgl. Wegner 1990, S. 26) aus, die zwar Klassen und Objekte, nicht aber Vererbung beinhaltet. Daneben können gerade im Simulationsbereich auch das deklarative und das funktionale Paradigma sinnvoll sein (vgl. Möhring 1996, S. 124 f.).

Der nächste Schritt besteht darin, die Teile der Sprache zu identifizieren, die übernommen werden sollten. Da eine Modellierungs- bzw. Simulationssprache in der Regel nicht interaktiv abläuft, sind Befehle für Eingaben, Dateioperationen, grafische Ausgaben usw. nicht notwendig. Auch andere Bereiche, die in universellen Programmiersprachen selbstverständlich sind, gehören vor einer Übernahme auf den Prüfstand. Viele moderne Konzepte wie Module und Units sind vor allem für die Programmierung großer Softwareprodukte geschaffen worden und werden bei einer Simulationssprache kaum benötigt. Im mittleren Sprachbereich ist zu prüfen, ob mehrdimensionale Felder, Rekursion, Überladen von Funktionen usw. für den Modellierungszweck wirklich benötigt werden. Auf der Ebene einzelner Konstrukte muß der Nutzen alternativer Wege mit gleicher Wirkung abgewogen werden. Z.B. ist ein Ausdruck wie *n++* in den meisten Sprachen nicht verfügbar und kann dort ohne Probleme durch eine zusätzliche Zeile mit *n:=n+1* ersetzt werden. Weniger ist dabei oft mehr und insbesondere leichter zu realisieren.

Nachdem der Sprachkern feststeht, der von der "Muttersprache" übernommen wird, sollten eigene Konstrukte hinzugefügt werden, die speziell der Simulation dienen. Typische Beispiele sind Simulationssteuerung, Zufallszahlengenerierung, stochastische Prozesse, Tracing und Reporterzeugung. Dabei ist Augenmaß zu bewahren. Insbesondere mit grundlegenden Konzepten und Schlüsselworten sollte sparsam umgegangen werden, während Standardprozeduren und -funktionen über eine Laufzeitbibliothek vergleichsweise einfach ergänzt werden können.

Bei der gesamten Sprachdefinition sollte immer der spätere Benutzer der Maßstab sein. Eine Simulationssprache wird unter anderem deshalb einer normalen Programmiersprache vorgezogen, weil sie auch Personen, die nicht Programmierspezialisten sind, in kurzer Zeit gute Ergebnisse ermöglicht. Entsprechend sind grundsätzlich einfache, leicht verständliche Konzepte zu wählen. Eine Sprache wie C, die Konstrukte der Art *while (*a++=*b++)* fördert, ist daher nur eingeschränkt sinnvoll. Im Zweifelsfall sollten lieber umfangreichere Schreibweisen erzwungen werden, mit denen die Lesbarkeit verbessert wird.

6.2.6 Vergleichende Bewertung

In diesem Abschnitt werden die in den vorangegangen Abschnitten beschriebenen Implementierungsformen der festen Kodierung und der Eingabe über eine Modellierungssprache vergleichend gegenübergestellt. Die beiden dazwischenliegenden Varianten lassen sich anhand dieser Ausführungen entsprechend einordnen.

Bevor eine Bewertung der Implementierungsformen vorgenommen werden kann, ist zunächst der konkrete Einzelfall zu prüfen. Dabei sind folgende Fragen zu beantworten:

- Soll lediglich genau ein spezielles Modell simuliert werden, oder sind verschiedene ähnliche Modelle bzw. Modellvarianten geplant?

- Arbeitet nur ein einzelner oder eine sehr kleine homogene Gruppe am Simulator, oder gibt es eine größere Anzahl von Entwicklern und Anwendern? Gibt es insbesondere eine personelle Trennung zwischen Modellentwicklern und -implementierern?
- Soll das Modell oder der Simulator an Dritte - gegebenenfalls auch außerhalb der eigenen Institution - weitergegeben werden? Sollen die Empfänger in der Lage sein, Änderungen am Modell vorzunehmen oder sogar eigene Modelle zu entwickeln?

Zusätzlich zu diesen Fragen, welche die Anforderungen an das System mitbestimmen, sind Fragen zur Verfügbarkeit von Ressourcen bzw. der Realisierbarkeit zu stellen:

- Ist ein geeignetes Simulationssystem mit Modellierungssprache vorhanden, oder kann es in geeigneter Weise beschafft werden?
- Wieviel Entwicklungskapazität steht zur Verfügung oder soll maximal eingesetzt werden?
- Welches Know-how, z.B. bezüglich Übersetzerbau, ist bei den potentiellen Entwicklern des Simulationssystems vorhanden?

Geht es um kommerzielle Projekte zur Unternehmensberatung oder den Einsatz zu Planungszwecken innerhalb eines Betriebes sind kommerzielle Simulationssysteme mit integrierter Modellierungssprache die beste Wahl, wenn folgende vier Bedingungen erfüllt sind:

- Es ist ein geeignetes System vorhanden oder kann für einen am aktuellen Projekt gemessen akzeptablen Preis erworben werden.
- Der Simulator ist für die geplante Plattform, d.h. Rechner und Betriebssystem, verfügbar.
- Das gewünschte Modell läßt sich damit ohne größere Abstriche realisieren.
- Der Simulator - bestehend aus Modell und Simulationssystem - soll nicht an einen Dritte weitergegeben werden. Dieser Punkt ist weitgehend unkritisch, wenn der spätere Anwender das Simulationssystem besitzt oder erwerben will.

Sind alle diese Bedingungen erfüllt, erscheint eine Eigenprogrammierung nicht mehr sinnvoll. Anderenfalls ist zu prüfen, ob - z.B. durch Kauf eines neuen Rechners - bestehende Hindernisse ausgeräumt werden können.

Ist dies nicht der Fall, kommt nur die eigene Implementierung in Frage. Gleiches gilt z.T. auch für Forschungsprojekte im Hochschulbereich, da einerseits die Simulationstechnik selbst Forschungsgegenstand sein kann, andererseits oft neue Anwendungsgebiete oder Verfahren erschlossen werden sollen, für die dann natürlich noch kein geeignetes Simulationssystem auf dem Markt ist. Als dritte Hauptgruppe für die Implementierung sind solche Personen oder Institutionen zu nennen, die als Anbieter des Simulators inkl. Modell oder eines universellen Simulationssystems auftreten wollen. Dazu muß nicht einmal eine kommerzielle Absicht dahinterstehen. Schon die Weitergabe eines Simulators an Studierende im Rahmen der Hochschulausbildung oder an befreundete Forschungseinrichtungen unterliegt denselben Bedingungen.

Ist aus einem der dargestellten Gründe eine Eigenentwicklung notwendig, bestehen unterschiedliche Möglichkeiten. Die jeweils optimale Strategie soll anhand einiger konkreter Konstellationen dargestellt werden:

1. Es soll ein kleiner, einfacher Simulator von einer einzigen Person entwickelt und angewendet werden. Umfangreiche Ein- und Ausgabe-Operationen sowie insbesondere grafische Ergebnisdarstellungen sind nicht vorgesehen. Weitere Simulationsprojekte in nennenswertem Umfang sind nicht zu erwarten.

   In diesem Fall ist ein einfacher "Einweg-Simulator", der in einer universellen Programmiersprache entwickelt wird, die beste Lösung. Da die Simulation nur Mittel zu dem

Zweck ist, ein einziges Ergebnis zu erhalten, sollte der Aufwand so weit wie möglich reduziert werden.

2. Eine einzelne Person oder eine kleine Gruppe entwickelt öfters Simulatoren, die sich in vielen Bereichen ähneln, z.B. der Ergebnisaufbereitung und der Benutzerschnittstelle. Die Entwickler sind entweder selbst die Anwender oder arbeiten sehr intensiv mit ihnen zusammen. Die Modelle werden grundsätzlich von den Entwicklern des Simulationssystems implementiert.

   Wie im letzten Fall ist der Aufwand gering zu halten; es sollte jedoch eine Betrachtung über mehrere Projekte hinweg erfolgen. Da immer wieder ähnliche Programmteile innerhalb der einzelnen Simulatoren benötigt werden, bekommt der Aspekt der Software-Wiederverwendbarkeit eine erhebliche Bedeutung. Eine gute Lösung besteht darin, die mehrfach nutzbaren Teile möglichst allgemeingültig und separat zu implementieren, so daß sie in weiteren Projekten ohne großen Aufwand sofort einsetzbar sind. Neben dem Anlegen von z.B. C-Bibliotheken, die als Minimallösung angesehen werden könnten, bietet sich vor allem die objektorientierte Programmierung als Lösung der ersten Wahl an. Viele allgemeine Teile, z.B. grafische Darstellungen, Export-Schnittstellen usw., können als fertige Objekte ohne Änderung übernommen werden; bei anderen, spezifischeren Teilen wie der Simulationssteuerung lassen sich kleinere Anpassungen durch das Nutzen der Vererbung mit geringem Aufwand durchführen.

3. Das Simulationssystem besitzt einen relativ großen Umfang und soll für eine ganze Klasse von Modellen verwendet werden. Der Kreis der Anwender umfaßt nicht nur die Programmierer; insbesondere sollen die Modelle auch von Personen entwickelt werden, die nur über geringere Programmierkenntnisse verfügen.

   Diese Situation markiert den Übergang zwischen der Modellimplementierung in einer konventionellen Programmiersprache und einer speziellen Simulationssprache. Auf der einen Seite stehen dem Anwenderkreis im allgemeinen die notwendigen Werkzeuge (z.B. Compiler, mit dem der Simulator entwickelt wurde) und Informationen (z.B. Programmdokumentation) zur Verfügung. Andererseits sind insbesondere die eher fachlich orientierten Anwender angesichts der Komplexität des Simulationssystems auch mit Programmierkenntnissen nicht mehr in der Lage, ihre Modelle in vertretbarer Zeit und mit ausreichender Software-Qualität selbst zu implementieren. Sie sind deshalb ständig - auch bei minimalen Änderungen - auf die Hilfe der Implementierungsspezialisten angewiesen. Bei einer größeren Zahl von Modellen bzw. Modellvarianten steigt der Aufwand für die jedesmal notwendige Abstimmung und Programmänderung, und bei einer Vielzahl von fest kodierten Modellen werden sich zudem Probleme bei der Programmierung und Wartung des Simulators ergeben.

   Sofern das Simulationssystem einen großen Umfang - etwa oberhalb eines Mannjahrs - angenommen hat und die Programmierer über das notwendige Know-how verfügen, lohnt sich der Aufwand für die Implementierung einer integrierten Modellierungssprache. Sind diese Voraussetzungen nicht gegeben, sollten über die in 2. beschriebenen Möglichkeiten der Wiederverwendung hinaus alle verfügbaren Mechanismen zur Modularisierung und dem getrennten Übersetzen der Modelle genutzt werden.

4. Es soll ein Simulationssystem realisiert werden, mit dem fachspezifische Anwender mit eher geringen Programmierkenntnissen selbständig in der Lage sind, ihre Modelle zu entwickeln und zu ändern. Zusätzlich oder alternativ ist die Weitergabe des Simulationssystems an Dritte geplant, die ebenfalls eigene Modelle implementieren sollen. Gegebenenfalls ist geplant, das System wie Standard-Software weiterzugeben.

In den genannten Fällen scheitert die feste Kodierung der Modelle meist an mehreren Faktoren:

Diese Form der Implementierung setzt umfangreiche Programmierkenntnisse voraus und ist damit für den Fachmann aus einem Nicht-Informatik-Gebiet im allgemeinen nicht durchzuführen. Zudem ist für jede Modellerstellung die Kenntnis des Quellcodes des Simulationssystems zumindest auszugsweise notwendig, was aus Gründen des Know-how-Schutzes in der Regel nicht gewünscht ist.

Selbst wenn Programmierkenntnisse und Quellcode vorhanden sind, treten zusätzliche Probleme auf. Die Einarbeitung in die Schnittstellen zwischen Simulationsgrundsystem und Modell erfordert einen Aufwand, der z.T. deutlich über der eigentlichen Implementierung kleiner Modelle liegen kann. Zudem muß jeder Anwender exakt den gleichen Compiler besitzen, mit dem das Simulationssystem von den Entwicklern realisiert wurde. Dessen Weitergabe zusammen mit dem Simulator scheidet aus lizenzrechtlichen Gründen aus; die Beschaffung des Compilers durch jeden einzelnen Anwender dürfte oft an finanziellen Hürden oder raschen Versionswechseln scheitern. Zudem würde ein erheblicher Einarbeitungsaufwand in eine von Anwender bisher meist nicht verwendete komplette Software-Entwicklungsumgebung notwendig.

Zusammenfassend kommt für diese Fälle ausschließlich die Modellerstellung über eine im Simulationssystem integrierte Modellierungssprache in Frage. Angesichts des Aufwands, der für die Realisierung eines Programms notwendig ist, das in nennenswertem Umfang an Dritte weitergegeben werden soll, erscheint der Anteil eines Übersetzers für eine Modellierungssprache vergleichsweise gering. Als Beispiel kann das in Heike/Sauerbier (1997) beschriebene Simulationssystem ODMMS dienen. Für die Realisierung des Gesamtsystems wurden mehr als drei Mannjahre benötigt; der integrierte Übersetzer für die relativ umfangreiche Modellierungssprache MISTRAL hatte daran einen Anteil von lediglich einem halben Mannjahr.

Es zeigt sich deutlich, daß es die universelle Lösung für die Modellimplementierung nicht gibt. Welche der vorgestellten Varianten jeweils die beste ist, hängt entscheidend vom konkreten Anwendungsfall ab. Generell läßt sich sagen, daß sich der erhebliche Implementierungsaufwand für eine Modellierungssprache nur bei Systemen lohnt, deren Aufwand bei der Entwicklung ein Mannjahr übersteigt oder die ohne Einschränkungen an Dritte weitergegeben werden sollen. Der Effekt der Software-Wiederverwendung macht sich jedoch gerade bei der Realisierung einer Modellierungssprache bemerkbar. Sind mehrere Projekte geplant, bei denen eine Modellierungssprache sinnvoll ist, reduziert sich bei einer geeigneten Implementierung der Aufwand der Folgeprojekte erheblich, so daß ihr Einsatz auch für kleinere Simulatoren in Betracht kommt.

6.3 Implementieren des Simulationssystems

6.3.1 Allgemeines

Schon in Abschnitt 4.1.4 wurden der Begriffs des Simulationssystems definiert und dessen Hauptaufgaben beschrieben. Zusammenfassend lassen sie sich auf die folgenden drei Schritte jeder Simulation reduzieren:

1. Modell und Daten einlesen (z.B. eingeben, importieren, editieren)
2. Modell simulieren
3. Simulationsergebnisse ausgeben (z.B. anzeigen, auswerten, exportieren)

Eine vereinfachte Darstellung der wesentlichen Komponenten und ihrer Zusammenhänge zeigt folgende Abbildung, wobei jeweils nur die bevorzugten Richtungen des Datenflusses durch Pfeile markiert sind:

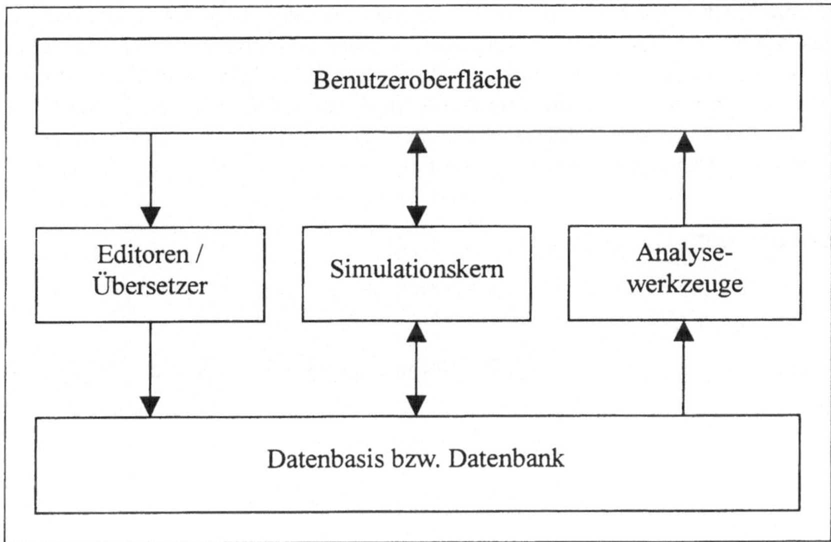

Bild 6-1 Grundstruktur eines Simulationssystems

Mit Text- oder Grafikeditoren werden vom Benutzer Daten eingegeben. Alternativ werden an dieser Stelle auch Importfunktionen eingesetzt, die Daten von anderen Systemen übernehmen. Eine besondere Form stellen in diesem Zusammenhang Übersetzer dar, die Quelltexte einer Simulationssprache in eine interne, ausführbare Darstellung überführen. Die Hauptrichtung der Daten verläuft in das System hinein, wenngleich das Editieren vorhandener Daten einen Datenfluß aus der internen Datenbasis hin zum Editor bedingt.

Der Simulationskern enthält Algorithmen zum Durchrechnen bzw. Ausführen der Modelle, wie Simulationssteuerung, numerische Verfahren zum Lösen von Gleichungen, Vektor-Transformationen usw. Zur Simulation müssen das Modell und die Daten aus der Datenbasis ausgelesen und die Ergebnisse wieder dorthin zurückgeschrieben werden. Die Schnittstelle zur Benutzeroberfläche umfaßt die interaktive Eingabe von Parametern und exogenen Größen sowie gegebenenfalls Echtzeitanimationen.

Die Analysewerkzeuge bereiten die Simulationsergebnisse auf und bieten neben verschiedenen statistischen Auswertungen normalerweise grafische und tabellarische Darstellungen. An dieser Stelle können auch Schnittstellen zu anderen Systemen - insbesondere Statistik-Paketen - vorhanden sein.

Gemeinsame Basis der drei Hauptfunktionen ist eine zentrale Datenbasis, die zur Laufzeit zwar im Hauptspeicher vorhanden sein kann, aber zur Ablage von Daten, Modellen und Ergebnissen in der Regel eine dauerhafte Form der Speicherung benötigt. Dabei kann es sich um einfache Dateien oder vollständige, meist externe Datenbanksysteme handeln. Eine weitere Möglichkeit ist die Kopplung des Simulationssystems mit einem Informationssystem (vgl. Grützner 1997b, S. 22 - 24).

Die Benutzeroberfläche sollte das Simulationssystem als einheitliches Ganzes präsentieren, auch wenn es sich bei den Komponenten größerer kommerzieller Systeme heute oft um einzelne Programme handelt, die über ein *Framework* verbunden sind. In diesem Rahmen spielt das Client/Server-Konzept eine wichtige Rolle.

Es wird deutlich, daß die Realisierung von Simulationssystemen viele Teildisziplinen der Informatik berührt. Das reicht von der Software-Ergonomie über Datenbanken und effiziente Algorithmen bis gegebenenfalls hin zum Übersetzerbau. Es kann deshalb nicht die Aufgabe eines Buches zum Thema Simulationssysteme sein, alle nötigen und möglichen Aspekte zu behandeln. Statt dessen werden in den folgenden Abschnitten einige im Simulationsbereich besonders wichtige Bereiche herausgegriffen und näher beschrieben.

6.3.2 Simulationssteuerung

6.3.2.1 Zeitorientierte Simulation

Das Prinzip der zeitorientierten Simulation wurde bereits in Kapitel 4.3.1 mit folgendem Flußdiagramm beschrieben:

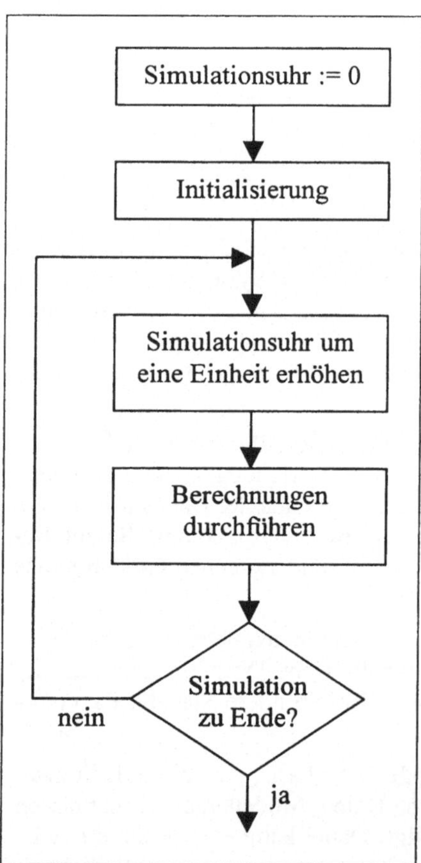

Bild 6-2 Prinzip der zeitorientierten Simulation

Daraus kann direkt die Simulationssteuerung abgeleitet werden, die bei einer prozeduralen Implementierung in C im Hauptprogramm nach folgendem Schema realisiert werden kann:

```
void main ()
  {
    Zeit = 0;
    Initialisierung ();

    do
      {
        Zeit = Zeit + 1;
        Berechnung ();
      }
    while (Zeit < max_Zeit);

    Ergebnisausgabe ();
  }
```

Die Steuerung selbst ist sehr einfach und verlagert die eigentliche Simulation in Prozeduren:

In der Prozedur *Initialisierung* wird der Ausgangszustand des Systems festgelegt. Dazu müssen alle Objekte, die sich zum Simulationsbeginn im System befinden, definiert und initialisiert werden. Bei den Objekten handelt es sich um die statischen Objekte, die für die ganze Simulationsdauer vorhanden sind, und um die temporären Objekte, die als Teil des Initialisierungszustandes bereits zum Simulationsstart vorhanden sein sollen, z.B. einige Aufträge in einem Fertigungssystem. In vielen Fällen wird der Initialisierungszustand aus Dateien geladen. Ein Beispiel ist das Netzwerk einer elektronischen Schaltung, das zuvor eingegeben und abgespeichert wurde. Zusätzlich ist - meist über Interaktion mit dem Benutzer - die Simulationsdauer festzulegen, die hier durch *max_Zeit* repräsentiert wird.

Die Prozedur *Berechnung* bewirkt bei jedem Aufruf das Fortschreiben des Systemzustands um eine Zeiteinheit. Da sich dahinter die eigentliche Simulation verbirgt, ist die Routine in der Regel so umfangreich, daß sie weitere Unterprogramme aufrufen muß. Neben dem Fortschreiben des Systemzustands sind dort zusätzlich die notwendigen Reports zu erzeugen sowie Variablen für eine statistische Auswertung zu aktualisieren.

Nach Ablauf der Simulationsschleife erfolgt die Auswertung und Ausgabe der Simulationsergebnisse. Sofern während der Simulation innerhalb der Schleife Reports in Dateien geschrieben wurden, sind diese gegebenenfalls zu vervollständigen und die Dateien selbst zu schließen.

6.3.2.2 Ereignisorientierte Simulation

Die ereignisorientierte Simulation wurde in ihren Grundzügen bereits in Kapitel 4.3.3 vorgestellt. Auch wenn sie grundsätzlich in jeder Programmiersprache implementiert werden kann, legen die dort verwendeten Begriffe wie Ereignis, Ereignisliste und Simulationsobjekt doch eine objektorientierte Realisierung nahe. Die Beispiele dieses Abschnitts sind deshalb in C++ programmiert.

In diesem Zusammenhang erscheint es sinnvoll, Standardklassen zu beschreiben, die in einer konkreten Anwendung über Vererbung spezialisiert werden können (vgl. Spaniol/Hoff 1995, S. 37 - 52). Dieses Vorgehen besitzt jedoch - zumindest im Rahmen der Ausführungen dieses Buches - mehrere Nachteile:

- Die Verwendung abstrakter Klassen und virtueller Methoden erschwert Anfängern der Sprache C++ das Verständnis.

- Die Beispiele werden aufgrund der zusätzlichen Klassen umfangreicher und damit schwerer lesbar.
- Wie die nachfolgenden Ausführungen sowie die Projekte in Teil III dieses Buches zeigen, unterscheiden sich die einzelnen Simulationen so sehr voneinander, daß praktisch kein Code durch Vererbung übernommen werden kann. Was bleibt ist die reine Deklaration von ein bis drei virtuellen Methoden, die in der Spezialklasse ohnehin erneut deklariert werden müssen.

Sofern abstrakte Klassen und Vererbung sinnvoll oder sogar notwendig sind, wird im Text darauf hingewiesen. Ansonsten werden nur konkrete Klassen mit gegebenenfalls alternativen Realisierungsvarianten vorgestellt.

Weil es die Grundlage der nachfolgenden Implementierungen darstellt, hier noch einmal das schon in Kapitel 4.3.3 verwendete Flußdiagramm zur ereignisorientierten Simulation:

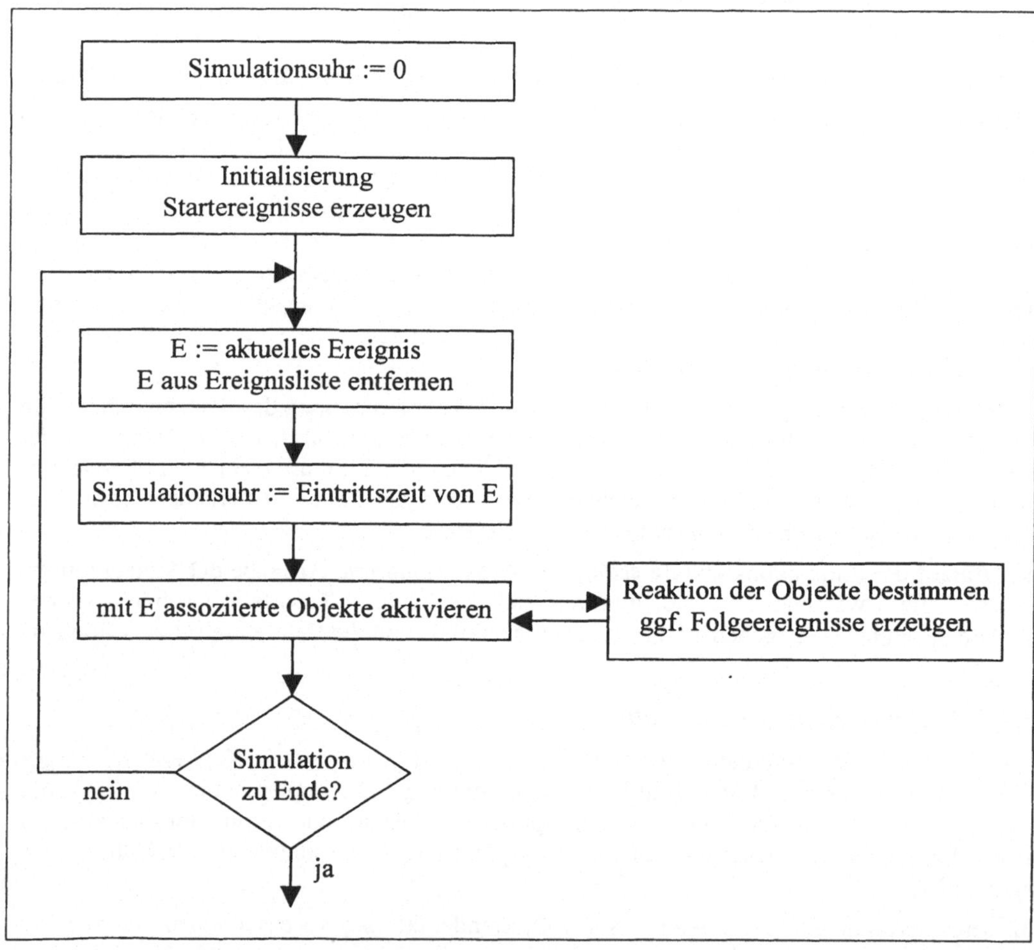

Bild 6-3 Prinzip der ereignisorientierten Simulation

Es ergeben sich unmittelbar vier Elemente, die als separate Programmteile zu implementieren sind:

- Ereignisse
- Ereignisliste
- Simulationsobjekte
- Schleife zur Steuerung

Diese vier Elemente werden im folgenden näher betrachtet und anhand einfacher, beispielhafter Implementierungen konkretisiert.

Ereignis

Wie das Flußdiagramm zeigt, sind Ereignisse im wesentlichen Objekte, die Informationen beinhalten, aber selbst keine aktive Rolle übernehmen. Insoweit würde auch die aus C bekannte Struktur (*struct*) ausreichen; die Realisierung in einer Klasse ist jedoch sauberer und durchgängiger.

Nicht ganz einfach - und in der Literatur unterschiedlich beantwortet - ist die Frage, welche Informationen konkret zu einem Ereignis gehören. Als Minimum muß gelten "*Wann* passiert *was*?", d.h. die Eintrittszeit und die Art des Ereignisses. Bei der Warteschlange an einer Kasse könnte dies konkret bedeuten: "Neuer Kunde kommt zum Zeitpunkt t = 37 Minuten an."

Die Minimal-Implementierung sieht damit so aus:

```
class Ereignis
  {
    public:
      Ereignis ();
      Ereignis (const double z, const int a); // Konstruktor

      double Zeit;
      int    Aktion;
  };

Ereignis::Ereignis ()
  {
    Zeit   = 0.0;
    Aktion = 0;
  }

Ereignis::Ereignis (const double z, const int a)
  {
    Zeit   = z;
    Aktion = a;
  }
```

Die Aktion wird durch eine Integer-Zahl repräsentiert, die zur besseren Lesbarkeit in Form einer Konstanten o.ä. angegeben werden kann. Wenn gewünscht, können die Instanz-Variablen *Zeit* und *Aktion* als *private* definiert werden. Der Zugriff darauf erfordert dann zusätzliche Funktionen, die *public* sein müssen.

Zum Teil wird gefordert, mindestens noch je einen Zeiger auf das Quell- und das Zielobjekt anzugeben (Spaniol/Hoff 1995, S. 39). Sofern das Quellobjekt innerhalb des Simulationsablaufs nicht ausgewertet wird, erscheint diese Angabe aber überflüssig. Ebenfalls nicht allgemeingültig ist die Angabe *eines* Zielobjektes, wie folgende Beispiele zeigen:

- In einer elektronischen Schaltung wirkt eine Signaländerung an einem Netz auf alle Bausteine, von denen mindestens ein Eingang an dieses Netz angeschlossen ist. Das können beliebig viele - oft mehr als zehn - sein.
- In einem Supermarkt sind mehrere Kassen gleichzeitig geöffnet und besitzen je eine eigene Warteschlange. Das Freiwerden einer Kasse oder auch schon die deutliche Verkürzung der Schlangenlänge veranlaßt in der Regel Kunden der Nachbarkassen, dorthin zu wechseln. Das Ereignis "Warteschlange verkürzt an Kasse 4" kann also von einer beliebigen, im Laufe der Simulation dynamisch wechselnden Anzahl temporärer Objekte, hier der Kunden, als Auslöser für eine Aktion dienen.

Es sollten daher verschiedene Fälle unterschieden werden:

- Richtet sich ein Ereignis an genau ein bestimmtes Objekt, kann es aus Effizienzgründen sinnvoll sein, diesen Empfänger - bzw. einen Zeiger auf ihn - im Ereignis zu speichern. Das ist vor allem dann der Fall, wenn das Ereignis von einem Objekt an sich selbst geschickt wird, um eine Wartedauer zu simulieren.
- Das Ereignis richtet sich an eine statische, vorab bestimmbare Gruppe von Objekten. Bei der Simulation elektronischer Schaltungen könnte dazu vor der eigentlichen Simulation zu jedem Netz eine über Index erreichbare Liste der betroffenen Bauteile angelegt werden. Im Ereignis wird anstelle der einzelnen Empfänger das betroffene Netz angegeben, das als Referenz für die Empfänger dient.
- Sofern - wie im Beispiel der Kunden in der Warteschlange - die von einem Ereignis betroffenen Objekte zwar wechseln, aber konkret erfaßbar sind - z.B. alle Objekte der Klasse *Kunde* -, könnte eine entsprechende Liste dynamisch verwaltet werden.
- Wenn potentiell jedes Objekt der Simulation auf ein Ereignis reagieren kann, muß dieses Ereignis an jedes Objekt geschickt werden. Gleiches ist sinnvoll, wenn die Abgrenzung der Objekte, an die das Ereignis verschickt wird, mehr Aufwand erfordert, als man dadurch einspart. In diesem Fall muß jedes Objekt sicherstellen, daß nicht relevante Ereignisse, die ihm übermittelt werden, nicht zu einer falschen Reaktion führen.

Eine flexible Lösung könnte darin bestehen, einen Zeiger auf ein Zielobjekt vorzusehen. Zeigt dieser auf ein bestimmtes Objekt, wird nur dieses über Ereigniseintritt informiert. Besitzt er hingegen den Wert NULL, muß die Simulationssteuerung entweder der betroffenen Gruppe von Objekten oder allen den Eintritt mitteilen.

Die Beispiele zeigen auch, daß in vielen Fällen nicht die Quelle eines Ereignisses relevant ist, sondern die betroffenen Objekte, d.h. die Empfänger. Z.B. ist es bei einem Signalwechsel an einem Netz einer elektronischen Schaltung für die betroffenen Bausteine unerheblich, welcher von möglicherweise mehreren Treibern den Wechsel ausgelöst hat. Wichtig ist nur, welches Netz davon betroffen ist. Das ursprüngliche Schema lautet dann: *Was wann* mit *wem*?

Ereignisliste

Für die Verwaltung der Ereignisse ist eine Ereignisliste (*event queue*) notwendig, die mindestens folgende Funktionalitäten besitzen muß, die jedoch nicht unbedingt in Form unabhängiger Funktionen innerhalb des Programms realisiert sein müssen:

- Hinzufügen eines neuen Ereignisses
- Zurückgeben des zeitlich nächsten Ereignisses

- Löschen eines Ereignisses, wobei meist das zeitlich nächste ausreicht
- Information, ob noch mindestens ein Ereignis vorhanden ist

Darüber hinaus kann es für bestimmte Anwendungen notwendig sein, bestimmte Ereignisse innerhalb der Liste zu suchen, zu modifizieren oder zu löschen (siehe dazu auch Kapitel 10.2.2). Für die automatische Steuerung wiederholter Läufe ist zudem eine Funktion zum Leeren der gesamten Liste sinnvoll.

Es ist möglich, zwei oder sogar drei der genannten Funktionalitäten mit nur einer Funktion abzubilden:

- Beim Zurückgeben des nächsten Ereignisses wird dieses zugleich aus der Liste entfernt.
- Ist kein Ereignis mehr in der Liste vorhanden, wird anstelle eines Zeigers auf das nächste Ereignis ein NULL-Pointer zurückgegeben. Dies setzt natürlich voraus, daß Ereignisse grundsätzlich als dynamische Objekte über Zeiger verwaltet werden.

In der nachfolgend beschriebenen Implementierung wird lediglich die erste der beiden Möglichkeiten verwendet, da dynamische Objekte in diesem Buch weitgehend vermieden werden. Die Deklaration der Klasse sieht dann wie folgt aus:

```
class Ereignisliste
  {
    public:
      Ereignisliste (); // Konstruktor

      void addiereEreignis (Ereignis e);
      Ereignis gibNaechstesEreignis (); // loescht zugleich Ereignis
      void leeren ();
      int istLeer ();

    private:
      Ereignis Liste[100];
      int Listenlaenge;
  };
```

Der *public*-Teil zeigt neben dem Konstruktor die genannten Funktionen der Schnittstelle; der *private*-Teil läßt die Realisierung erahnen. Um die Implementierung so einfach und allgemeinverständlich wie möglich zu halten, wurde als Speicher für die Ereignisse einfach eine ungeordnete Liste gewählt, die aus einem Array sowie einem Zeiger auf das letzte Ereignis darin besteht. Das Array wird erst ab Index 1 verwendet, so daß der Zeiger bei einer leeren Liste den Wert 0 besitzt.

Hier die Funktionen:

```
Ereignisliste::Ereignisliste ()
  {Listenlaenge = 0;}

void Ereignisliste::addiereEreignis (Ereignis e)
  {
    Listenlaenge = Listenlaenge + 1;
    Liste[Listenlaenge] = e;
  }

Ereignis Ereignisliste::gibNaechstesEreignis ()
  {
    Ereignis e;
```

```
    double min;
    int    i, pos_min;

    // naechstes Ereignis suchen
    min = Liste[1].Zeit;
    pos_min = 1;
    for (i=2; i<=Listenlaenge; i=i+1)
      if (Liste[i].Zeit < min)
        {
          min = Liste[i].Zeit;
          pos_min = i;
        }
    e = Liste[pos_min];

    // Ereignis aus Liste entfernen
    Liste[pos_min] = Liste[Listenlaenge];
    Listenlaenge = Listenlaenge - 1;

    return (e);
  }

void Ereignisliste::leeren ()
  {Listenlaenge = 0;}

int Ereignisliste::istLeer ()
  {return (Listenlaenge == 0);}
```

Neue Ereignisse werden einfach an die bestehende Liste angehängt, wobei die Variable *Listenlänge* um eins erhöht wird. Aufwendig ist nur das Suchen des nächsten Ereignisses. Dazu wird die Liste - beginnend mit Liste[1] - daraufhin durchsucht, welches Element die nächste, d.h. kleinste Eintrittszeit besitzt. Bei mehreren gleichen Elementen wird das erste der Liste gewählt. Für das Entfernen des gefundenen Ereignisses wird das letzte der Liste an dessen Stelle kopiert und die Listenlänge um eins reduziert. Eine Überprüfung, ob überhaupt noch ein Ereignis vorhanden ist, findet nicht statt. Um Fehler zu vermeiden, muß dies deshalb von der Simulationssteuerung zuvor mit Hilfe der Funktion *istLeer* sichergestellt werden.

Die Realisierung ist besonders einfach und leicht verständlich, aus Effizienzgründen jedoch lediglich zur Veranschaulichung oder für Listen mit wenigen Einträgen (bis etwa 20) akzeptabel. Bei jedem Zurückgeben des nächsten Ereignisses muß die gesamte Liste durchsucht werden, was einer Komplexität von O(n) entspricht. Sehr gut ist allerdings das Laufzeitverhalten des Einfügens und des Löschens, da jeweils nur ein einziger Kopiervorgang und eine Integer-Operation notwendig sind. Der Nachteil einer Beschränkung auf eine maximale Ereigniszahl aufgrund des statischen Arrays wurde bewußt in Kauf genommen, zumal die Grenze leicht auf unkritische Werte gesetzt werden kann.

Die übliche alternative Realisierung besteht in der Verwaltung einer dynamischen Liste, die mit Zeigern von jedem Ereignis aus auf das nachfolgende Ereignis arbeitet. Der Vorteil dieser Realisierung besteht hauptsächlich darin, daß eine grundsätzlich unbegrenzte Anzahl von Ereignissen verwaltet werden kann, die - anders als beim statischen Array - vorher nicht festgelegt werden muß. Da diese Form ebenfalls lediglich für kurze Listen angewendet werden sollte, relativiert sich der Vorteil für praktische Anwendungen jedoch. Ein Blick auf konkrete Implementierungen (vgl. Spaniol/Hoff 1995, S. 42 - 44) zeigt zudem, daß für dynamische Listen nicht nur eine wesentlich laufzeitintensivere Gesamtverwaltung inkl. des dynamischen Erzeugens und Löschens von Ereignissen notwendig ist; auch die Funktionen selbst sind deutlich aufwendiger. Zudem ist - je nach Realisierung - meist eine zusätzliche Klasse zur Verkettung der Ereignisse erforderlich.

Für wirklich umfangreiche Ereignislisten (> 100) ist vor allem aus Laufzeitgründen die Verwaltung der Ereignisse in einer Baumstruktur unabdingbar, die eine Komplexität von $O(\log_2(n))$ und zudem eine unbegrenzte Größe aufweist. Daneben existieren noch weitere Ansätze, die z.T. für mittlere Listen (ca. 20 - 100) am geeignetsten sein sollen. Für Realisierungsbeispiele und nähere Informationen sei auf weiterführende Literatur verwiesen (z.B. Spaniol/Hoff 1995, Reeves 1984, Rönngren/Riboe/Ayani 1993).

Simulationsobjekt

Anders als Ereignisse und Ereignisliste, die eine weitgehend festgefügte Grundstruktur besitzen und in Simulationsprojekten lediglich bei konkretem Bedarf erweitert werden müssen, unterscheiden sich die eigentlichen Simulationsobjekte oft schon innerhalb einer Simulation erheblich. In einer Warteschlangensimulation können z.B. Kunden, Warteschlangen und Kassen als Objekte vorhanden sein. Ihnen ist nur gemeinsam, daß sie von der Simulationssteuerung über den Eintritt eines neuen Ereignisses zu informieren sind. Dafür sollte eine für alle Klassen einheitliche Schnittstelle existieren, die aus folgender *public*-Funktion bestehen kann:

```
void reagiereAufEreignis (Ereignis e);
```

Dem betreffenden Objekt wird damit das Ereignis bzw. ein Zeiger darauf übergeben. Ob und gegebenenfalls wie es darauf reagiert, ist Sache jedes einzelnen Objektes. In der Implementierung der einzelnen Klassen könnte dazu eine Mehrfachverzweigung realisiert werden, die - wenn das Ereignis für ein bestimmtes Objekt relevant ist - eine von mehreren *private*-Funktionen aufruft. Ob ein Objekt reagiert, kann zum einen in der Klasse festgelegt werden, wenn es alle Instanzen einer Klasse betrifft. Oft hängt dies jedoch auch zusätzlich von den lokalen Variablen des Objektes ab. Ein Beispiel ist die Simulation einer elektronischen Schaltung, bei der Bauteile nur auf Signalwechsel der Netze reagieren, mit denen sie über ihre Eingänge verbunden sind.

In vielen Fällen reicht es aus, wenn diese Funktion mit gleichem Namen in allen Klassen implementiert wird, von denen Simulationsobjekte existieren können. Eine Vererbungsbeziehung zwischen diesen Klassen ist lediglich dann notwendig, wenn - z.B. zur Vereinfachung der Realisierung in der Ereignissteuerung - eine Liste mit verschiedenen Simulationsobjekten vorhanden sein soll, die in einer Schleife nacheinander den Ereigniseintritt mitgeteilt bekommen. Eine solche Liste entspricht einer Containerklasse, die in C++ als Liste von Zeigern auf die gemeinsame Basisklasse aller Simulationsobjekte realisiert wird. Daß es sich dabei um eine spezifische Eigenschaft von C++ handelt, zeigt die objektorientierte Sprache Smalltalk, deren *Collections* diese Einschränkung nicht besitzen. Dort muß also keine künstliche Vererbungsbeziehung zwischen den Simulationsobjekten geschaffen werden.

Simulationssteuerung

Für die Simulationssteuerung ist nicht unbedingt eine spezielle Klasse notwendig. Bei einfachen Systemen reicht es in der Regel aus, hierfür eine Schleife im Hauptprogramm vorzusehen. Der nachfolgende Programmausdruck zeigt die Definition der globalen Variablen sowie das Hauptprogramm *main*. Die übrigen Teile sind von der konkreten Simulationsaufgabe abhängig.

```
//***** globale Variablen *****
double Zeit;                    // aktuelle Simulationszeit
```

```
double max_Zeit;                // Simulationsdauer (Ende)
Ereignisliste EventQueue;       // zentrale Ereignisliste
Zufallsgenerator z_gen;         // zentraler Zufallsgenerator

// hier Definition von (Simulations-) Klassen und Routinen

void main ()
  {
    Ereignis aktuellesEreignis;

    Zeit = 0.0;
    Initialisierung ();

    do
      {
        aktuellesEreignis = EventQueue.gibNaechstesEreignis ();
        Zeit = aktuellesEreignis.Zeit;

        if (Zeit <= max_Zeit)
          {
           // alle betroffenen Objekte informieren, z.B.
           // objekt.reagiereAufEreignis (aktuellesEreignis);
           // gegebenenfalls Ausgabe des Simulationsstatus
          }
      }
    while ((Zeit < max_Zeit) && !(EventQueue.istLeer()));

    Ergebnis_Ausgabe ();
  }
```

Da potentiell alle Simulationsobjekte in der Lage sind, Ereignisse zu erzeugen, wird der Zeiger auf die zentrale Ereignisliste als globale Variable definiert.

Sofern bei einer stochastischen Simulation anstelle des durch den Compiler gegebenen ein eigener Zufallsgenerator verwendet wird, sollte dieser ebenfalls über eine globale Variable zugänglich sein. Wenn verschiedene Objekte einen eigenen, unabhängigen Zufallsgenerator benötigen, wird dieser natürlich über eine lokale Variable des betreffenden Objektes referenziert.

Die Definition der aktuelle Simulationszeit über eine globale Variable ist nicht zwingend, falls die Zeit nur innerhalb der Simulationsobjekte benötigt wird. Diese werden beim Eintritt eines Ereignisses aktiviert und können den aktuellen Zeitpunkt daher über das als Parameter übergebene Ereignis erfragen. Die globale Variable erleichtert aber auch in diesem Fall oft die Realisierung objekt-interner Unterprogramme. Gleiches gilt für die im Listing angedeutete Report-Funktion, die den Simulationsstatus ausgibt.

Ebenfalls nicht zwingend ist die Definition der Maximaldauer der Simulation als globale Variable. Sie wird im Beispiel in der Funktion *Initialisierung* verwendet. Daneben bietet sie Anlaß für die Erläuterung zu einem interessanten Detail:

Häufig werden innerhalb von Objekten Protokolle bzw. Statistiken geführt, die nach Ablauf der Simulation für eine Auswertung benötigt werden. Ist z.B. die Auslastung einer Kasse zu bestimmen, werden die Zeiten mit dem Zustand *besetzt* aufaddiert. Angenommen, der letzte Aufruf der Kasse erfolgt zum Zeitpunkt $t = 90$, die Kasse ist zur Zeit besetzt und war dies bisher insgesamt 70 Zeitschritte lang. Wenn die Simulation maximal 100 Zeitschritte dauern soll und das nächste Ereignis erst zu $t = 105$ stattfindet, wird die Kasse nach $t = 90$ nicht mehr aufgerufen. Korrekt fortgeschrieben ergibt sich eine Auslastung von 80/100 = 80%. Weder der letzte Status (70/90), noch eine einfache Division durch den Endzeitpunkt (70/100) liefert das richtige Ergebnis. Der Fehler liegt darin, daß der interne Zähler wegen des fehlenden Aufrufs seit t = 90 nicht mehr fortgeschrieben wurde. Kein Fehler tritt auf, wenn zufällig genau zu t = 100 ein weiteres Ereignis stattfindet, über dessen Aufruf der Zähler bis zum Endzeitpunkt korrekt fortgeschrieben wird.

Die Fortschreibung bis zum Simulationsende könnte über einen expliziten Aufruf durch die Simulationssteuerung realisiert werden. Eine besonders einfache Lösung besteht aber darin, bereits bei der Initialisierung - oder aus Effizienzgründen auch zum Ende der Simulation - ein Pseudoereignis vom Typ *Simulationsende* in die Ereignisliste einzufügen (vgl. Law/Kelton 1991, S. 62):

```
EventQueue.addiereEreignis (Ereignis(max_Zeit, Simulationsende));
```

Mit dieser einen Zeile ist es den Simulationsobjekten möglich, Variablen der beschriebenen Art korrekt bis zum Ablauf der vorgegebenen Simulationszeit fortzuschreiben. Es muß lediglich sichergestellt werden, daß alle Objekte dieses Pseudoereignis erhalten und richtig darauf reagieren.

6.3.2.3 Automatische statistische Auswertung von Simulationsläufen

In Kapitel 8 wird ausführlich erläutert, wie Simulationsergebnisse statistisch auszuwerten sind. Solche Auswertungen erfordern das Erfassen einer großen Zahl von Simulationsergebnissen, so daß es sinnvoll oder gar notwendig ist, dies automatisch durchzuführen.

Ohne die theoretischen Ausführungen von Kapitel 8 vorwegzunehmen, wird hier gezeigt, wie durch kleine Ergänzungen der Simulationssteuerung eine statistische Auswertung automatisiert werden kann. Dabei wird die ereignisorientierte Variante als Grundlage verwendet.

Der folgende Programmcode basiert auf der Idee, einen langen Lauf in mehrere statistisch weitgehend unabhängige Teile, sogenannte *Batches*, zu zerlegen, um Aussagen über die Streuung der Simulation machen zu können. Ein wesentliches Ziel ist es dabei, ein Konfidenzintervall für die Simulationsergebnisse zu bestimmen. Es wird davon ausgegangen, daß innerhalb des Systems bereits statistische Auswertungen implementiert sind, die für eine Gesamtstatistik genutzt werden können. Für jede untersuchte Größe ist die Summe der Teilergebnisse sowie die Summe ihrer Quadrate zu speichern. Die für alle Größen identische Anzahl der erfaßten Werte ergibt sich aus der vorgegebenen Anzahl der Batches.

Nachfolgend der schematische Programmcode, in dem die hier durch Kommentare angedeuteten Teile bei einer konkreten Anwendung (siehe dazu Abschnitt 9.3.2.7) entsprechend zu ersetzen sind:

```
void main ()
  {
    // Variablen-Definitionen
    Ereignis   aktuelles_Ereignis;
    long       Anzahl_Batches = 100;
    double     Batch_Laenge = 5000.0;
    long       Batch_Nr;
    double     Batch_Ende;

    Zeit = 0.0;
    // generiere Start-Ereignis(se)
```

```
        for (Batch_Nr=1; Batch_Nr<=Anzahl_Batches; Batch_Nr=Batch_Nr+1)
         {
          Batch_Ende = Zeit + Batch_Laenge;
          // Ruecksetzen der Statistik-Variablen fuer aktuellen Batch
          // addiere Pseudo-Ereignis fuer Batch-Ende

          do
           {
            aktuelles_Ereignis = EventQueue.gibNaechstesEreignis ();
            Zeit = aktuelles_Ereignis.Zeit;

            // Objekten Ereignis mitteilen (inkl. Batch-Statistik)
           }
          while (Zeit < Batch_Ende);

          // Gesamt-Statistik aus Batch-Statistik aktualisieren
         }

        // Statistik ueber alle Laeufe anzeigen
    }
```

Eine Erweiterung, die bei Bedarf ergänzt werden kann, ist der Ausschluß des ersten oder auch mehrerer Batches, um den Einschwingvorgang von der statistischen Auswertung auszuschließen.

Als Alternative zu einem langen Lauf, der in mehrere Batches zerlegt wird, können ebenso mehrere unabhängige Läufe vom Zeitpunkt 0 - also jeweils inkl. Einschwingphase - durchgeführt werden. Dazu sind gegenüber dem angegebenen Listing nur geringe Änderungen notwendig, die jeweils innerhalb der *for*-Schleife bzw. vor der *do*-Schleife vorzunehmen sind:

- Der Systemzustand muß zurückgesetzt werden (z.B. auf eine leere Warteschlange).
- Die Zeit muß immer wieder auf 0 gesetzt werden.
- Die Ereignisliste muß vor jedem Lauf geleert werden.
- Es muß vor jedem Lauf mindestens ein Startereignis generiert werden.

Die Anweisungen vor der FOR-Schleife entfallen damit natürlich.

6.3.3 Zufallszahlengeneratoren

6.3.3.1 Einführung

Wie bereits beschrieben, werden für die Realisierung stochastischer Simulationen Zufallszahlen benötigt. In diesem Zusammenhang muß zwischen echten und Pseudozufallszahlen unterschieden werden:

Echte Zufallszahlen entstammen einem wirklichen Zufallsprozeß, z.B. dem Wurf eines Würfels, dem Ergebnis eines Roulettspiels usw. Es ist offensichtlich, daß es im Rahmen einer Simulation, die Tausende von Zufallszahlen benötigt, nicht möglich ist, echte Zufallszahlen extern zu erzeugen und in das System einzugeben. Elektronische Zusätze wie Rauschgeneratoren, mit denen ein Rechner automatisch Zufallszahlen erzeugen könnte, besitzen keinerlei praktische Bedeutung.

Statt dessen werden in der Computersimulation ausschließlich sogenannte Pseudozufallszahlen verwendet. Dies sind Zahlen, die nach einer exakten Rechenvorschrift ermittelt werden, jedoch praktisch alle Eigenschaften echter Zufallszahlen besitzen. Im allgemeinen handelt es sich um eine Folge von Zahlen, bei denen jeder Wert nach einer Formel aus seinem Vorgänger berechnet wird. Die Zahlen ergeben sich aus der Formel und dem Startwert des Zufallszahlengenerators[9]. Der Startwert kann vom Benutzer festgelegt oder vom System bestimmt werden. Wird im letzten Fall z.B. das aktuelle Datum und die Uhrzeit für die Berechnung des Startwertes verwendet, entsteht jedesmal eine neue zufällige Zahlenfolge. Wird der Wert statt dessen vom Benutzer vorgegeben, ist die Zufallsfolge reproduzierbar. Dies ist eine wichtige Eigenschaft, um den Simulator zu testen und systematische Einflüsse von denen des Zufallsgenerators zu trennen.

Basis für das Erzeugen von Zufallszahlen beliebiger Verteilungen ist eine Zufallsgröße, die im Intervall [0,0; 1,0) gleichverteilt ist. Aus ihr lassen sich alle übrigen Verteilungen ableiten.

In diesem Abschnitt wird parallel zu den theoretischen Ausführungen die praktische Implementierung eines Zufallszahlengenerators in C++ beschrieben. Der gesamte Quellcode wird in der Datei *zgen.cpp* abgelegt, die z.T. in den Listings dieses Buches per *include*-Anweisung eingebunden wird. Um diese Datei zu erzeugen, muß nur der Programmcode in diesem und den nachfolgenden Teilabschnitten hintereinander eingegeben werden. Hier zunächst der Definitionsteil:

```
// Datei: zgen.cpp
// Zufallsgenerator

# include <stdlib.h>
# include <math.h>

class Zufallsgenerator
  {
    public:
      Zufallsgenerator (long x, long y);
      void setzeSeed (long s); // Startwert fuer Zufallsgenerator

      double Zufallszahl();                                // aus (0..1)
      long   BasisZufallszahl();                           // aus (0..m)
      int    gleichverteilt (int x1, int x2);              // aus [x1..x2]
      double gleichverteilt (double x1, double x2);        // aus (x1..x2)
      double exponentialverteilt (double lambda);
      double standardnormalverteilt ();
      double normalverteilt (double my, double s);
      int    tabellenverteilt (double feld[10]);

    private:
      long seed; // aktueller interner Zufallswert
      long a, m; // Parameter des Zufallsgenerators
      long q, r; // Hilfsgroessen zur Berechnung
  };
```

Die ersten beiden Funktionen dienen der Initialisierung des Zufallsgenerators, die nachfolgenden liefern die gewünschten Zufallszahlen zurück. Die Funktion *BasisZufallszahl* dient eher

---

9 Zur Vereinfachung wird im folgenden nur noch von Zufallszahlen bzw. Zufallszahlengeneratoren (oder auch kurz Zufallsgeneratoren) gesprochen. Gemeint sind dabei jedoch immer Pseudozufallszahlen.

theoretischen Erläuterungen und Tests des Generators und kann für den praktischen Einsatz weggelassen werden. Gleiches gilt für die Funktion *standardnormalverteilt*, für die ebensogut die allgemeinere Funktion *normalverteilt* verwendet werden kann. Die Implementierungen der einzelnen, meist sehr kurzen Funktionen werden in den nachfolgenden Abschnitten beschrieben.

6.3.3.2 Anforderungen an Zufallszahlen

Der Zufallsgenerator soll - beginnend ab einem vorgegebenen Startwert - eine beliebig lange Folge von Zufallszahlen zwischen 0 und 1 liefern. In diesem Abschnitt wird beschrieben, welche Anforderungen an diese Zahlenfolge zu stellen sind.

Zunächst seien die wichtigsten Anforderungen an Zufallszahlen beschrieben:

- statistisch einwandfreie Gleichverteilung zwischen 0 und 1
- statistische Unabhängigkeit aufeinanderfolgender Zahlen, d.h. keine Autokorrelation
- möglichst viele verschiedene Werte, d.h. ein möglichst langer Zyklus

Die erste Forderung ist trivial. Würden die Zufallszahlen einen anderen Mittelwert oder Lükken im erzeugten Zahlenspektrum aufweisen, wären die abgeleiteten Größen entsprechend verfälscht.

Von ebenso großer Bedeutung ist die zweite Forderung, die an einem kleinen Beispiel erläutert wird:

> Es soll eine künstliche Stichprobe von 1.000 Arbeitnehmern erzeugt werden, die jeweils zwei Merkmale besitzen. Als Beruf können die beiden Ausprägungen *Angestellter* und *Beamter* mit je 50%iger Wahrscheinlichkeit vorkommen. Unabhängig davon soll das Jahreseinkommen gleichverteilt zwischen 0 und 100.000 DM liegen.
>
> Für jede erzeugte Person sind demnach zwei Zufallszahlen zu ziehen. Aus der ersten wird der Beruf abgeleitet, z.B. bei $z < 0,5$ wird *Beamter* zugewiesen, bei $z \geq 0,5$ *Angestellter*. Das Einkommen kann mittels $z \cdot 100000$ berechnet werden.
>
> Sind aufeinanderfolgende Zufallszahlen nicht statistisch unabhängig, ergibt sich ein verzerrtes Ergebnis. Steigen die Zufallszahlen z.B. langsam von 0 bis 1 und springen dann wieder in Richtung 0, würden Beamten in diesem Beispiel immer ein sehr kleines, Angestellte immer ein sehr hohes Einkommen beziehen. Dies entspricht nicht der Modellvorgabe, wonach das Einkommen unabhängig vom Beruf sein soll.

Sind Elemente einer Folge nicht unabhängig voneinander, spricht man von Autokorrelation. Es ist zu berücksichtigen, daß nicht nur unmittelbar aufeinanderfolgende Zahlen solche Abhängigkeiten aufweisen können, sondern auch solche in einem größeren Abstand. Besteht eine Abhängigkeit zwischen Zahlen im Abstand von jeweils vier, liegt eine Autokorrelation vierter Ordnung vor.

Die Anzahl möglicher Werte, die ein Zufallsgenerator liefern kann, ist zwangsläufig endlich und wird schon durch die interne Zahlendarstellung beschränkt. Wird als Basis - wie in vielen Programmiersprachen üblich - eine 16-Bit-Integerzahl verwendet, ergeben sich maximal 65536 verschiedene Zahlen, bei Abzug der negativen Zahlen sogar nur die Hälfte davon. Kommt eine Zahl zum zweiten Mal in der Zufallsfolge vor, wiederholen sich die Zahlen ab dieser Stelle. Da es sich nicht um den Startwert handeln muß, ist der entstehende Zyklus z.T. deutlich kürzer als die Zahlenfolge bis zu diesem Punkt. Im Extremfall könnte aus einer Zahl wie 0,0 wieder 0,0 entstehen, so daß der Zufallsgenerator ab einer Stelle praktisch "hängenbleibt".

Zusätzliche Anforderungen betreffen meist eher die Seite der Realisierung. Z.B. sollte der Rechenaufwand bzw. die Laufzeit möglichst gering sein. Weiterhin sollte der Algorithmus unabhängig vom - eventuell vom Benutzer vorgegebenen - Startwert korrekt arbeiten.

6.3.3.3 Generieren (0; 1)-verteilter Zufallszahlen

Allgemein arbeiten Zufallsgeneratoren nach einer Rechenvorschrift der folgenden Form:

$$x_{i+1} = f(x_i)$$

Normalerweise werden für x_i nicht direkt Zahlen zwischen 0 und 1 verwendet, sondern Ganzzahlen zwischen 0 und einem Maximalwert m. Zum Teil ist die 0 eingeschlossen, während m nicht zum Wertebereich gehört. Um die erzeugten Zahlen in den gewünschten Bereich zwischen 0 und 1 zu transformieren, wird anschließend einfach durch m geteilt.

In der Praxis werden vor allem sogenannte lineare Kongruenz-Generatoren eingesetzt, für die die Funktion f folgendes Aussehen hat:

$$x_{i+1} = (a \cdot x_i + c) \text{ modulo } m$$

Für den häufig vorkommenden Fall c = 0 liegt ein multiplikativer Kongruenz-Generator vor.

Es existieren umfangreiche Untersuchungen darüber, welche Werte für a, c und m geeignet sind. Für m werden oft Primzahlen der Form 2^p-1 vorgeschlagen, wobei p meist ebenfalls eine Primzahl ist. Für c = 0 werden in der Literatur folgende gängige Werte genannt bzw. in konkreten Implementierungen verwendet (vgl. Spaniol/Hoff 1995, S. 18 f., und Law/Kelton 1991, S. 448 f.):

Tabelle 6-1 Übliche Parameter für multiplikative Kongruenz-Generatoren

a	m
40.629	2.147.483.399 (2^{31}-249)
16.807	2.147.483.647 (2^{31}-1)
397.204.094	2.147.483.647 (2^{31}-1)
630.360.016	2.147.483.647 (2^{31}-1)
742.938.285	2.147.483.647 (2^{31}-1)
950.706.376	2.147.483.647 (2^{31}-1)

Bei multiplikativen Kongruenz-Generatoren ist zu beachten, daß der Startwert nicht 0 sein darf, da sonst nur eine Folge von 0 erzeugt wird. Durch eine geeignete Wahl von a und m kann zudem ausgeschlossen werden, daß die 0 innerhalb einer Folge auftritt und sich der Generator "aufhängt".

Für die Implementierung wird zunächst ein Konstruktor benötigt:

```
Zufallsgenerator::Zufallsgenerator (long x=40629, long y=2147483399)
  {
    randomize();
    seed = random(30000) + 1;
    a = x;
    m = y;
    q = m / a;
```

```
    r = m % a;
}
```

Bei der Definition des Zufallsgenerators können die Parameter a und m festgelegt werden. In der Regel dürften jedoch die als Default gewählten Werte zu guten Ergebnissen führen und müssen nicht verändert werden. Aufgrund der unten erläuterten Realisierung muß zudem gelten: $a^2 < m$ (bzw. $x^2 < y$). Die Bedeutung der Hilfsvariablen q und r wird bei der Implementierung des eigentlichen Zufallsalgorithmus deutlich.

Die interne Zufallsvariable *seed*, die einen Long-Wert zwischen 1 und m-1 annehmen kann, wird automatisch auf einen gültigen, bei jedem Aufruf neuen zufälligen Startwert gesetzt. Dazu dient die Funktion *random(n)*, die einen Zufallswert zwischen 0 und n-1 liefert. Damit bei jedem Start ein neuer Zufallswert zur Initialisierung erzeugt wird, setzt *randomize()* den Zufallsgenerator des C++-Laufzeitsystems auf einen zufälligen, u.a. von der Uhrzeit abhängigen Startwert. Um reproduzierbare stochastische Simulationsläufe zu ermöglichen, kann der Startwert des Zufallsgenerators natürlich auch direkt gesetzt werden:

```
void Zufallsgenerator::setzeSeed (long s)
  {seed = s;}
```

Eine direkte Implementierung der Formel für den Kongruenz-Generator würde eine Anweisung folgender Form nahelegen (Achtung: in der Regel nicht geeignet!):

```
    seed = a * seed % q;
```

Je nach Wahl der Parameter a und m sowie der internen Darstellung innerhalb der Programmiersprache, d.h. der Zahl der Bytes für Speicherung, könnte es jedoch zu einem Überlauf und damit zu einem Fehler bei der Berechnung kommen. Es wird statt dessen die folgende Realisierung verwendet, die dieses Problem vermeidet[10]:

```
long Zufallsgenerator::BasisZufallszahl ()
  {
    seed = a * (seed % q) - (seed / q) * r;
    // seed = a * (seed % (m/a)) - (seed / (m/a)) * (m%a);
    if (seed < 0)
      seed = seed + m;
    return (seed);
  }
```

Hier wird auch die Bedeutung der Hilfsvariablen q und r ersichtlich, deren Einsatz die Rechengeschwindigkeit etwa verdoppelt. Zur Verdeutlichung ist die ausgeschriebene Form in der anschließenden Kommentarzeile angegeben.

Die Funktion *BasisZufallszahl* liefert die interne Zufallsvariable *seed* zurück, die in der Regel nicht benötigt wird. Um auf die für alle Anwendungen wichtige (0; 1)-Verteilung zu kommen, muß diese Zahl noch durch m geteilt werden. Die vollständige Implementierung der entsprechenden Funktion sieht so aus:

```
double Zufallsgenerator::Zufallszahl ()
  {
```

[10] Vgl. Spaniol/Hoff (1995, S. 19 f.). Alternative Realisierungen für verschiedene Programmiersprachen finden sich in Law/Kelton 1991, S. 449 - 457.

```
    seed = a * (seed % q) - (seed / q) * r;
    if (seed < 0)
      seed = seed + m;
    return (double) seed / m;
}
```

Es ist bei dieser Realisierung zu berücksichtigen, daß gelten muß: $a^2 < m$. Von den in Tabelle 6-1 genannten Parametern trifft das nur für die ersten beiden zu.

Daß die entstehenden Werte wirklich den Charakter von Zufallszahlen besitzen, zeigt die folgende Tabelle. Dort ist auch zu erkennen, daß schon ein minimal unterschiedlicher Startwert bereits nach lediglich zwei Schritten zu völlig unterschiedlichen Zahlen führt.

Tabelle 6-2 Ströme von Zufallszahlen für unterschiedliche Startwerte (a = 40.629, m = 2.147.483.399)

seed	random	seed	random
1000	0,00	1001	0,00
40629000	0,02	40669629	0,02
1448390568	0,67	951622810	0,44
1320287874	0,61	192031894	0,09
2135692524	0,99	256632759	0,12
1984821001	0,92	700463266	0,33
1143333780	0,53	672030766	0,31
294743851	0,14	834056928	0,39

In manchen Büchern zum Thema Simulation wird mit Hinweis auf den in praktisch jeder Programmiersprache vorhandenen Zufallsgenerator darauf verzichtet, die Realisierung eines Generator für (0; 1)-verteilte Zufallszahlen zu behandeln. In diesem Fall kann die oben angegebene Funktion *Zufallszahl* entweder vollständig durch den direkten Aufruf der entsprechenden Bibliotheksfunktion des Compilers ersetzt werden, oder sie wird anstelle des eigenen Algorithmus in dieser Funktion verwendet. Es gibt jedoch mehrere Gründe, eine vom internen Zufallsgenerator unabhängige Implementierung zu wählen:

- Nicht alle Sprachen bieten die Möglichkeit, ihren Zufallsgenerator auf einen Startwert zu initialisieren. Dies ist aber notwendig, um reproduzierbare Simulationsläufe zu erreichen.
- Die Zufallszahlen liegen oft innerhalb eines zu kleinen Bereichs, so daß für umfangreiche stochastische Simulationen viel zu kurze Zyklen entstehen. Z.B. verwendet Turbo-C++ wie viele andere C- und C++-Versionen für die Berechnung Integer-Zahlen (*int*), bei denen lediglich 32.767 verschiedene positive Zahlen möglich sind. Für statische Auswertungen ist dies jedoch in vielen Fällen zu wenig.
- Da es in einer Programmiersprache in der Regel nur einen einzigen zentralen Zufallsgenerator gibt, können nicht zwei oder mehr voneinander unabhängige Ströme von Zufallszahlen erzeugt werden. Diese Problematik wird in Abschnitt 6.3.3.4 beschrieben.
- Die Zufallsgeneratoren besitzen - insbesondere bei älteren Implementierungen - nicht immer die notwendige Qualität. Dies kann zum einen an zu kurzen Zahlenformaten (16 Bit) liegen, zum anderen an der Verwendung ungünstiger Algorithmen oder Parameter.

Trotzdem kann es für einfache Simulationen - insbesondere zu Lern- und Testzwecken - durchaus sinnvoll sein, den Programmieraufwand durch Nutzen der internen Zufallsfunktion zu verringern. Das gilt auch für einige Beispiele in diesem Buch.

6.3.3.4 Erzeugen unabhängiger Ströme von Zufallszahlen

Um die Problematik zu verdeutlichen, die für das Erzeugen unabhängiger Ströme von Zufallszahlen spricht, hier ein konkretes Beispiel:

Es sei ein einfaches Warteschlangensystem gegeben, das aus ankommenden Kunden an einer Supermarktkasse, der Warteschlange und einer Kasse inkl. Bedienperson bestehen soll.

Ohne der ausführlichen Beschreibung in Kapitel 9 zu diesem Thema zu sehr vorzugreifen, sind folgende Einzelheiten von Bedeutung:

Die Kunden kommen einzeln in zufälligen Abständen, so daß für diese sogenannte Zwischenankunftszeit jedes Kunden eine Zufallszahl gezogen werden muß. Ebenso wird für die zufällige Bediendauer jedes einzelnen Kunden an der Kasse eine Zufallszahl benötigt. Es werden deshalb von zwei weitgehend unabhängigen Stellen - nämlich für die ankommenden Kunden sowie für die Bedienung - abwechselnd Zufallszahlen gezogen. Dabei können zwischen zwei Ziehungen für die Ankunft der Kunden keine, eine oder auch zwei und mehr Zufallszahlen für die Bediendauer gezogen werden. Die zusätzliche Ziehung einer Zufallszahl für die Bedienung bewirkt jedoch, daß der Strom der Zufallszahlen für die Ankunft der Kunden ab diesem Zeitpunkt völlig andere Werte liefert. Dies erschwert die praktische Durchführung und Auswertung von Simulationsstudien erheblich, wie folgendes Szenario zeigt:

Aufgrund empirisch ermittelter Daten werden für die Ankunftszeiten der Kunden Zufallszahlen einer bestimmten Verteilung gezogen. Im ersten Simulationslauf wird für die Bediendauern ebenfalls eine empirisch ermittelte Verteilung zugrunde gelegt. Zu Beginn der Simulation wird der Zufallsgenerator auf einen definierten Startwert initialisiert, damit das Ergebnis reproduzierbar ist. Durch das Wechselspiel der Ziehungen für die Kundenankunft und die Bediendauer ergibt sich eine zeitliche Abfolge von Kundenankünften, die durch die vom Zufallsgenerator gelieferten Werte festgelegt ist. Will man nun die Wirkung einer Beschleunigung der Bedienung durch bestimmte Maßnahmen ermitteln, sind die Parameter für die Berechnung der zufälligen Bediendauern zu ändern. Dies führt aber dazu, daß schon nach wenigen Kunden der Zugriff des Bediensystems auf den Zufallsgenerator eher als zuvor vorgenommen wird. Als Folge davon wird für die Ankunftszeit des nächsten Kunden eine andere Zeit vom Zufallsgenerator berechnet. Ab diesem Zeitpunkt wird das Verhalten der Simulation einen ganz anderen Verlauf nehmen, da sich der Kundenstrom gegenüber der ursprünglichen Simulation völlig ändert.

Wertet man die Ergebnisse der beiden Simulationsläufe aus und vergleicht sie miteinander, beruhen die Unterschiede auf zwei Faktoren:

- Eine systematische Änderung, die der kürzeren mittleren Bediendauer entspricht.
- Ein veränderter Kundenstrom.

Im Extremfall könnte die zweite Simulation eine längere mittlere Wartezeit der Kunden ergeben, obwohl die Bediendauer verkürzt wurde. Der Grund dafür läge in der stochastischen Streuung, die z.B. beim zweiten Lauf zu mehr Kunden pro Stunde geführt haben könnte. Da die systematische Änderung von einer stochastischen Streuung meist unbekannter Größe überlagert wird, ist der resultierende Gesamteffekt kaum abschätzbar. Dies kann - und muß bei einer ernsthaften Studie - zwar durch die statistische Auswertung einer großen Zahl von Simulationsläufen (mindestens 30) mit jedem Szenario ausgeglichen werden, ist jedoch grundsätzlich unbefriedigend.

Die sauberste Lösung dieses Problems besteht darin, zwei unabhängige Zufallsgeneratoren mit einem getrennten Startwert zu verwenden. Dadurch bleibt der Strom der Kunden unverändert, wenn vom Bediensystem Zufallszahlen in anderer Zahl oder Reihenfolge benötigt werden. Im Ergebnis wird damit die stochastische Streuung zwischen zwei Läufen erheblich reduziert, so daß die Wirkung systematischer Veränderungen deutlicher wird.

Die Realisierung innerhalb eines Programms erscheint zunächst sehr einfach, da lediglich zwei getrennte Exemplare des selbst programmierten Zufallszahlengenerators verwendet werden müssen. Da beide in der Regel auf einem identischen Algorithmus basieren, d.h. dieselben Parametern a und m besitzen, muß jedoch eine Gefahr berücksichtigt werden:

Starten beide Zufallsgeneratoren mit demselben Startwert, so ist die wichtige Forderung der stochastischen Unabhängigkeit nicht mehr gegeben. Würde im Beispiel auf eine kurze Zwischenankunftszeit eines Kunden immer auch eine kurze Bediendauer erzeugt, so entstünde praktisch ein getaktetes System, bei dem sich nie eine Schlange bilden könnte, sofern nur die Bediendauer im Mittel kleiner als die Zwischenankunftszeit ist.

In abgeschwächter, aber trotzdem nicht akzeptabler Form tritt dieses Phänomen auch auf, wenn die Zufallsgeneratoren um einige Perioden verschoben sind. Dies ist z.B. der Fall, wenn ein Zufallsgenerator nach 20 Zufallszahlen den Wert annimmt, den der andere als Startwert hatte. Da bei korrekt implementierten Zufallsgeneratoren zwei Zufallszahlen innerhalb eines Zyklus als stochastisch unabhängig gelten können, liefern zwei Zufallsgeneratoren dann unabhängige Ströme von Zufallszahlen, wenn mehr Schritte erforderlich sind, um von einem Startwert zum anderen zu gelangen, als Zufallszahlen innerhalb der konkreten Simulation gezogen werden.

Wird z.B. einer der beiden Zufallszahlengeneratoren mit dem Startwert 1000 initialisiert und werden weniger als 100 Zufallszahlen für einen Simulationslauf benötigt, kann der zweite Zufallsgenerator mit dem Wert initialisiert werden, der sich nach 100 Schritte aus dem Wert 1000 ergibt. Umgekehrt kann man durch ein kleines Programm feststellen, daß bei einem Startwert von 1000 auch nach über zwei Millionen Schritten nicht der Wert 1001 erreicht wird. Da in Tabelle 6-1 gezeigt wurde, daß Zufallsgeneratoren für diese beiden Startwerte bereits nach nur drei Schritten völlig unterschiedliche Werte liefern, können z.B. 1000 und 192031894 (der vierte Wert nach 1001) als Startwerte für zwei unabhängige Zufallsgeneratoren verwendet werden.

Für den Test weiterer Zahlenpaare eignet sich folgendes Programm:

```
// Datei: seedtest.cpp
// Test fuer Startwerte des Zufallsgenerators

# include <stdio.h>
# include "e:\compiler\tcwin\prog\zgen.cpp"

void main ()
  {
    Zufallsgenerator zgen (40629, 2147483399);
    long i, z;
    long Start1   = 1000;
    long Start2   = 1001;
    long Schritte = 1000000;

    zgen.setzeSeed(Start1);

    i = 0;
    do
      {
```

```
        z = zgen.BasisZufallszahl();
        i = i + 1;
      }
    while ((i < Schritte) && (z != Start2));

    if (z == Start2)
        printf ("%ld nach %ld Schritten gefunden\n", Start2, i);
      else
        printf ("%ld nicht gefunden in %ld Schritten\n", Start2, i);
  }
```

Die beiden gewünschten Startwerte werden als *Start1* und *Start2* definiert; die Anzahl der untersuchten Schritte ist in *Schritte* festgelegt.

6.3.3.5 Erzeugen von Zufallszahlen unterschiedlicher Verteilung

Bisher wurde gezeigt, wie gleichverteilte Zufallszahlen zwischen 0 und 1 erzeugt werden können. In diesem Abschnitt werden daraus Zufallszahlen mit anderer Verteilung erzeugt.

Den einfachsten Fall stellen stetige gleichverteilte Zufallszahlen in einem Intervall [x1; x2) dar:

```
double Zufallsgenerator::gleichverteilt (double x1, double x2)
  {return (x1 + ((Zufallszahl() * (x2-x1))));}
```

Sollen x1 und x2 ganzzahlige Werte sein, ist zu berücksichtigen, daß x2 nach der obenstehenden Formel nicht vorkommen kann, so daß ein direktes Umwandeln durch Abrunden in einen Integer-Wert nur Zahlen zwischen x1 und x2-1 liefert. Ein häufiger Fehler in diesem Zusammenhang besteht darin, die genannte Formel zu übernehmen und das Ergebnis nur zu runden. Dies führt jedoch dazu, daß die beiden Ränder x1 und x2 nur halb so häufig erzeugt werden wie die Zahlen dazwischen. Sollen alle Ganzzahlwerte von x1 bis einschließlich x2 mit gleicher Wahrscheinlichkeit erzeugt werden, ist folgende Implementierung notwendig:

```
int Zufallsgenerator::gleichverteilt (int x1, int x2)
  {return (x1 + (int)((Zufallszahl() * (x2-x1+1))));}
```

Andere Verteilungen sind schwieriger zu erzeugen. Für eine Reihe von Verteilungen kann die Inversionsmethode angewandt werden (Bronstein/Semendjajew 1981, S. 202):

> X sei eine [0; 1)-verteilte Zufallsvariable, F eine beliebige Verteilungsfunktion und F^{-1} die inverse Verteilungsfunktion. Dann hat die Zufallsvariable $Z = F^{-1}(X)$ die Verteilung F.

Eine wichtige Verteilung, die sich auf diese Art erzeugen läßt, ist die Exponentialverteilung. Für sie gilt:

$$EXP(\lambda) = -\ln(1\text{-random}) / \lambda; \quad \lambda > 0$$

Da *1-random* ebenso wie *random* (0; 1)-verteilt ist, kann eine vereinfachte Formel implementiert werden:

```
double Zufallsgenerator::exponentialverteilt (double lambda)
  {return (-log(Zufallszahl()) / lambda);}
```

Oft kann die inverse Funktion einer Zufallsverteilung nicht mit vertretbarem Aufwand berechnet werden. In solchen Fällen werden meist algorithmische Lösungen eingesetzt.

Von besonderer Bedeutung in der gesamten Statistik ist die Normalverteilung. Die am häufigsten verwendete Form der Implementierung beruht auf der Anwendung des Grenzwertsatzes. Danach ergibt sich - vereinfacht ausgedrückt - durch Addition einer größeren Anzahl beliebig verteilter Zufallsvariablen als Resultierende eine normalverteilte Größe. Um eine standardnormalverteilte Zufallszahl zu erzeugen, nutzt man folgende Formel:

$$S_n = \frac{\left(\sum_{i=1}^{n} x_i\right) - \frac{n}{2}}{\sqrt{\frac{n}{12}}}$$

In der Statistik wird diese Näherung meist ab n = 30 Einzelwerten angenommen. Für das Erzeugen einer standardnormalverteilten Zufallsgröße reicht aber in der Regel ein Umfang von n = 12 aus, was angesichts des Nenners auch eine erhebliche Vereinfachung und Beschleunigung der Berechnung bewirkt. Die C++-Funktion dazu sieht so aus:

```
double Zufallsgenerator::standardnormalverteilt ()
  {
    double summe = -6.0;
    int i;

    for (i=1; i<=12; i=i+1)
      summe = summe + Zufallszahl();
    return (summe);
  }
```

Es ist zu erwähnen, daß sich auf diese Art nur Zahlen zwischen -6 und +6 erzeugen lassen, obwohl die Standardnormalverteilung grundsätzlich von -∞ bis +∞ definiert ist. Die Wahrscheinlichkeit für Werte außerhalb des Bereichs [-6; 6] ist jedoch so gering, daß sie innerhalb einer Simulation vernachlässigbar ist.

Ebenso wie aus der (0; 1)-verteilten Zufallszahl eine (a; b)-verteilte erzeugt werden konnte, läßt sich auf Basis der Standard-Normalverteilung eine Zufallszahl errechnen, die der allgemeinen Normalverteilung entspricht:

```
double Zufallsgenerator::normalverteilt (double my, double s)
  {return (my + (s * (standardnormalverteilt())));}
```

In vielen Fällen wird auf die getrennte Implementierung der Standardnormalverteilung verzichtet, da diese eher selten vorkommen dürfte und der Normalverteilung mit den Parametern $\mu = 0$ und $\sigma^2 = 1$ entspricht. Insbesondere, wenn es auf Effizienz ankommt, wird man deshalb die Berechnung vollständig innerhalb der Funktion *normalverteilt* durchführen.

Neben weiteren theoretischen Zufallsverteilungen, für deren Implementierung an dieser Stelle auf die einschlägige Literatur verwiesen sei[11], werden in Simulationen oft empirisch ermittelte Verteilungen verwendet, die in Form von Wahrscheinlichkeits-Tabellen vorliegen. Hierbei handelt es sich entweder um diskrete oder um klassierte Merkmale.

Als Beispiel sei die Bediendauer an einer Kasse durch Messungen bestimmt worden, wobei sich folgende, auf ganze Minuten gerundete Häufigkeiten ergeben haben:

---

[11] Siehe z.B. Zielinski (1978), Rubinstein (1981, S. 20 - 107), Law/Kelton (1991, S. 462 - 514), Kleijnen/Groenendaal (1992, S. 33 - 55), und Liebl (1995, S. 23 - 54).

1 Min. 25%
2 Min. 40%
3 Min. 20%
4 Min. 15%

Die Aufgabe besteht darin, eine Zufallszahl zu erzeugen, die mit 25%iger Wahrscheinlichkeit den Wert 1 usw. liefert. Das dafür notwendige Vorgehen läßt sich anhand folgender Abbildung veranschaulichen:

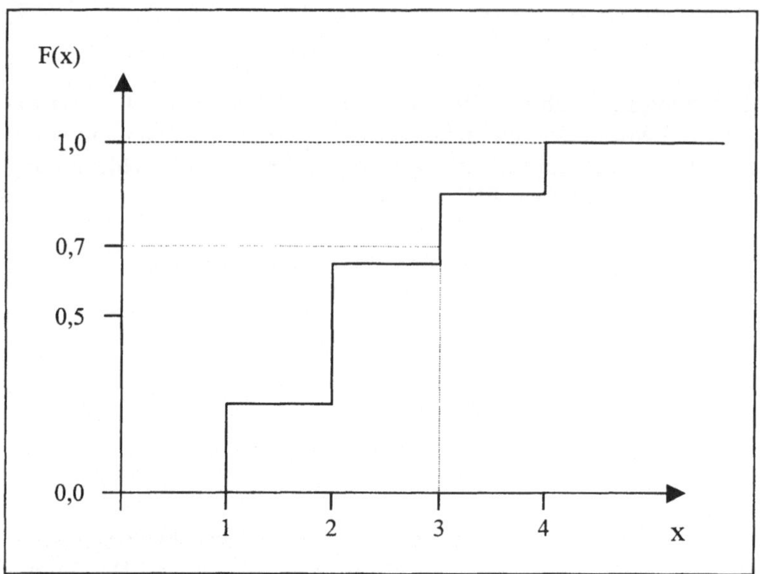

Bild 6-4 Zufallszahlengenerierung bei empirischen Verteilungen

Auf der X-Achse sind die Zielausprägungen aufgetragen, im Beispiel also die Werte 1 bis 4. Auf der Y-Achse wird der Bereich von 0 bis 1 aufgetragen, der dem Ergebnisbereich des (0; 1)-Zufallsgenerators entspricht. Die Kurve stellt die kumulierten Zufallswerte für die Ausprägungen dar. Bei einer Zufallszahl von 0,7 wird von der Y-Achse waagrecht bis zum Schnittpunkt mit der Kurve gegangen und dort das Lot zur X-Achse gefällt. Der dazu gehörende Wert 3 ist die gesuchte Zufallszahl.

Um den Aufruf einer entsprechenden Funktion des Zufallsgenerators universell zu halten, wird die Verteilung in Form eines Arrays übergeben. Aus Effizienzgründen werden dabei bereits kumulierte Wahrscheinlichkeiten verwendet. Eine mögliche Implementierung sieht dann so aus:

```
int Zufallsgenerator::tabellenverteilt (double feld[10])
  {
    double p = Zufallszahl();
    int i = 0;

    while ((p>feld[i]) && (i<9))
      i = i+1;
    if (p <= feld[i])
```

```
        return (i);
      else
        return (-1);
  }
```

Innerhalb der Funktion wird der erste Eintrag gesucht, der größer oder gleich dem Zufallswert p ist. Wird innerhalb des Arrays kein Wert gefunden, so wird -1 zurückgegeben, ansonsten der gefundene Index. Sofern die Rückgabewerte nicht direkt natürliche Zahlen von 0 bis n, sondern andere Werte sein sollten, würde mit dem ermittelten Index der eigentliche Wert aus einem weiteren Array gelesen. Dieses könnte in einer erweiterten Funktion ebenfalls als Parameter übergeben werden.

Im Gegensatz zu den übrigen Funktionen des Zufallsgenerators, die unverändert in alle Anwendungen übernommen werden können, dient diese Funktion eher der Demonstration des Grundprinzips. Die Übergabe eines Feldes ist zwar gut verständlich und besitzt zudem den Vorteil, daß eine fehlerhafte Parameterliste sicher erkannt werden kann. Aus Effizienzgründen dürfte in realen Implementierungen aber eher ein Zeiger auf ein Feld sinnvoll sein. Zudem besitzt man damit die Möglichkeit, Felder beliebiger Länge zu referenzieren.

6.3.3.6 Testen von Zufallszahlengeneratoren

Wenn ein eigener Zufallsgenerator implementiert wird, ist es sinnvoll oder sogar notwendig, diesen in geeigneter Weise zu testen. Insbesondere für die verschiedenen Zufallsverteilungen ist folgendes Programm nützlich, mit dem die Zufallsverteilung tabellarisch, optisch und anhand von Mittelwert und Standardabweichung zumindest grob überprüft werden kann:

```
// Datei: zg_test.cpp
// Testprogramm fuer Zufallsgenerator

# include <stdio.h>
# include <math.h>
# include "e:\compiler\tcwin\prog\zgen.cpp"

void main ()
  {
    double Startklasse   = -2.5; // untere Grenze der 1. Klasse
    double Klassenbreite = 0.25;
    int    Klassenzahl   = 20;   // + zwei offene Randklassen
    long   n = 10000;            // Stichprobenumfang

    long   Klasse[100];
    long   max_Anzahl = 0;       // Haeufigkeit in staerkster Klasse
    double Summe_X    = 0.0;     // fuer statistische Auswertung
    double Summe_XX   = 0.0;
    double z;
    long   i, j;
    int    k;
    Zufallsgenerator zgen (40629, 2147483399);
    double feld[10] = {0.1, 0.2, 0.3, 0.5, 1.0};

    // Klassen auf 0 initialisieren
    for (i=0; i<=Klassenzahl+1; i=i+1)
      Klasse[i] = 0;

    // Zufallsstichprobe in Klassen einordnen
```

```
    for (i=1; i<=n; i=i+1)
      {
        z = zgen.standardnormalverteilt();
        // z = zgen.normalverteilt(1.0, 4.0);
        // z = zgen.exponentialverteilt(1.0/3.0);
        // z = zgen.gleichverteilt(1, 8);
        // z = zgen.gleichverteilt(1.0, 8.0);
        // z = zgen.tabellenverteilt(feld);

        Summe_X = Summe_X + z;
        Summe_XX = Summe_XX + (z*z);

        k = 1 + (int)((z - Startklasse) / Klassenbreite);
        if (k < 0)
          k = 0;
        if (k > Klassenzahl)
          k = Klassenzahl + 1;
        Klasse[k] = Klasse[k] + 1;
      }

    // groesste Klassenstaerke ermitteln
    for (i=0; i<=Klassenzahl+1; i=i+1)
      if (Klasse[i] > max_Anzahl)
        max_Anzahl = Klasse[i];

    // Ergebnis ausgeben
    printf ("Klassengrenzen      Anzahl    ");
    printf ("E(X) = %.3lf  StdAbw(X) = %.3lf\n",
            Summe_X/n,
            sqrt(Summe_XX/n - (Summe_X*Summe_X/(n*n))));
    printf ("----------------    ------    \n");
    for (i=0; i<=Klassenzahl+1; i=i+1)
      {
        // Klassengrenzen angeben
        if (i == 0)
          printf ("        < %6.2lf ", Startklasse);
        else if (i > Klassenzahl)
          printf ("       >= %6.2lf ",
                  Startklasse + Klassenzahl*Klassenbreite);
        else
          printf ("[%6.2lf; %6.2lf)",
                  Startklasse + (i-1)*Klassenbreite,
                  Startklasse +     i*Klassenbreite);

        // absolute Anzahl in Klasse
        printf (" %8ld  ", Klasse[i]);

        // Histogramm-Ausgabe
        for (j=1; j<=Klasse[i]*30.0/max_Anzahl; j=j+1)
          printf ("*");
        printf ("\n");
      }
  }
```

Für die praktische Anwendung sind im Programm die Werte für die Variablen *Startklasse* und *Klassenbreite*, bei Bedarf auch die von *Klassenanzahl* und dem Stichprobenumfang n zu verändern. Anschließend ist in der zweiten FOR-Schleife der gewünschte Aufruf des Zufallsgenerators anzugeben. In der abgedruckten Version wird die Standardnormalverteilung verwendet; Aufrufe für alle anderen hier behandelten Verteilungen befinden sich auskommentiert dahinter und können damit leicht aktiviert werden.

Die Bildschirmausgabe besitzt im Beispiel folgendes Aussehen:

```
Klassengrenzen      Anzahl  E(X) = -0.011  StdAbw(X) = 1.001
---------------     ------
       <  -2.50         26
[ -2.50;  -2.25)       102  ***
[ -2.25;  -2.00)        99  ***
[ -2.00;  -1.75)       179  *****
[ -1.75;  -1.50)       302  *********
[ -1.50;  -1.25)       402  ************
[ -1.25;  -1.00)       536  ****************
[ -1.00;  -0.75)       696  **********************
[ -0.75;  -0.50)       816  *************************
[ -0.50;  -0.25)       918  *****************************
[ -0.25;   0.00)       946  ******************************
[  0.00;   0.25)       930  *****************************
[  0.25;   0.50)       884  ****************************
[  0.50;   0.75)       874  ***************************
[  0.75;   1.00)       698  **********************
[  1.00;   1.25)       546  *****************
[  1.25;   1.50)       398  ************
[  1.50;   1.75)       278  ********
[  1.75;   2.00)       182  *****
[  2.00;   2.25)        91  **
[  2.25;   2.50)        49  *
      >=   2.50         48  *
```

Die charakteristische Form der Normalverteilung ist erkennbar. Auch der Erwartungswert und die Standardabweichung stimmen sehr gut mit den theoretischen Werten 0,0 bzw. 1,0 überein.

In der Literatur wird das Testen von Zufallsgeneratoren meist auf (0; 1)-Zufallsgeneratoren beschränkt. Diese gelten als kritisch, während die davon abgeleiteten Verteilungen aufgrund ihrer theoretischen Fundierung und weiten Verbreitung kaum noch untersucht werden.

Die wichtigsten Arten von Tests, die normalerweise genannt werden (vgl. Liebl 1995, S. 28 - 31, Spaniol/Hoff 1995, S. 24 - 24, und Law/Kelton 1991, S. 436 - 447), sind:

- Tests auf Unabhängigkeit (z.B. Run-Test und Test auf Autokorrelation), mit denen insbesondere das Kriterium der Zufälligkeit geprüft wird.
- Tests auf Gleichverteilung (z.B. χ^2-Anpassungstest und Test von Kolmogorov), mit denen die Übereinstimmung mit der theoretischen Verteilung geprüft wird.
- Spektraltests, mit denen die geometrische Verteilung von aus aufeinanderfolgenden Zufallszahlen gebildeten Punkten im zwei- oder mehrdimensionalen Raum untersucht wird.

Interessanterweise wird letztlich von fast allen Autoren, die solche Tests mehr oder weniger ausführlich beschreiben, der Implementierung mittels Simulationssprache der eindeutige Vorzug gegenüber der Eigenimplementierung gegeben, so daß sich aufgrund des damit ebenfalls vorgegebenen Zufallsgenerators solche Untersuchungen eigentlich erübrigen.

An dieser Stelle wird deshalb auf die Beschreibung der genannten Tests verzichtet. Statt dessen wird vorgeschlagen, eines der in Abschnitt 6.3.3.3, Tabelle 6-1, genannten Paare von Parametern für multiplikative Kongruenz-Generatoren zu verwenden, die sich in vielen Anwendungen bewährt haben und u.a. in Programmier- und Simulationssprachen eingesetzt werden. Neben den in diesem Buch vor allem aufgrund ihrer guten Implementierbarkeit gewählten Parametern werden von Spaniol/Hoff (1995, S. 23 f.) insbesondere a = 742.938.285 und 950.706.376 empfohlen.

6.3.4 Simulationssprache

6.3.4.1 Allgemeines

In Abschnitt 6.2 wurden die Vorteile der Modellimplementierung mittels Simulationssprache sowie ihre Notwendigkeit bei der Realisierung eigener Systeme dargestellt, die für die Weitergabe an Dritte bestimmt sind.

Für den Modellierer steht - neben der höheren Sicherheit - vor allem der deutlich geringere Aufwand im Mittelpunkt. In der weitaus überwiegenden Zahl der Fälle steht die Simulationssprache im Rahmen eines Simulationssystems zur Verfügung, das von einem externen Anbieter bezogen wurde.

Soll jedoch selbst ein Simulationssystem realisiert werden, stellt sich die Frage, ob man auch dort die Vorteile einer Simulationssprache verwirklichen möchte. Dabei impliziert der Begriff *Sprache* nicht unbedingt die Mächtigkeit einer Programmiersprache. Selbst die Eingabe von einfachen Termen erfordert bereits eine Funktionalität des Systems, die grundsätzlich der eines Übersetzers entspricht. Zudem bieten viele Systeme die für fortgeschrittene Anwender gegenüber Menüs o.ä. meist schnellere Form der Aktivierung von Aktionen durch die Befehle einer Kommandosprache.

Der Aufwand für die Realisierung einer Simulationssprache reicht von wenigen Manntagen für die Interpretation einfacher Terme bis hin zu mehreren Mannjahren für die Realisierung einer kompletten Programmiersprache mit komplexer Laufzeitumgebung. Auch die Anforderungen an die Kenntnisse des Programmierers eines solchen Systems hängen sehr stark vom Umfang der Aufgabe ab. Eine einfache und doch flexible Term-Analyse läßt sich mit Kenntnissen realisieren, die sich ein erfahrener Programmierer in wenigen Stunden aneignen kann. Für das andere Ende dürfte dagegen fast ein Informatikstudium mit Übersetzerbau als Vertiefungsfach notwendig sein.

Die nachfolgenden Abschnitte können nicht das Studium der einschlägigen Literatur zu diesem Thema ersetzen[12]. Statt dessen sollen neben einigen Grundlagen vor allem praktische Tips für die Realisierung einer Simulationssprache gegeben werden, die auf eigenen Erfahrungen des Autors basieren (vgl. Heike/Sauerbier 1997). Da die Realisierung einer Simulationssprache nicht Selbstzweck ist, sollte - von wirklich professionellen Systemen einmal abgesehen - der dafür notwendige Aufwand innerhalb der Implementierung eines Simulationssystems möglichst begrenzt werden. Deshalb empfehlen sich hier vor allem einfache, pragmatische Ansätze, wie sie für reine Programmiersysteme nicht angemessen wären. Damit soll natürlich nicht dilettantischen Trivial-Ansätzen das Wort geredet werden. Weil die Alternativen in der Regel jedoch "einfach oder gar nicht" heißen, erscheint diese ergebnisorientierte Sichtweise sinnvoll.

---

12 Als Standardwerk kann immer noch das zweibändige "Drachenbuch" von Aho/Sethi/Ullman (1992) gelten. Eine sehr gute Kurzeinführung bietet der Pascal-Erfinder Wirth (1986) auf nur rund 100 Seiten. Interessant sind daneben auch Jobst (1992) mit dem kompletten kommentierten Quellcode eines Compilers und Wilhelm/Maurer (1992), die den Compilerbau auch für alternative Sprachparadigmen beschreiben.

Insbesondere sollen die nachfolgenden Ausführungen Mut machen, eine Simulationssprache zu realisieren, und nicht durch überzogene Anforderungen abschrecken.

6.3.4.2 Grundlagen

Allgemein besteht die Aufgabe eines Übersetzers darin, einen Quelltext in einen Zieltext zu übersetzen. Für den Fall von Programmen handelt es sich beim Quelltext um das in einer Programmiersprache geschriebene Quellprogramm, beim Zieltext um ein Programm einer bestimmten Form. Bei Compilern ist das Zielprogramm in der Regel ein Assembler- oder Maschinencode für einen Prozessor oder eine virtuelle Maschine. Die Unterscheidung zwischen verschiebbarem Code und solchem, der direkt ausführbar ist, sowie die Aufgabe des Linkers wird bei den folgenden Ausführungen ausgeklammert. Der gesamte Übersetzungsprozeß läßt sich in mehrere Teilschritte gliedern, die in vereinfachter Form in folgender Abbildung dargestellt werden:

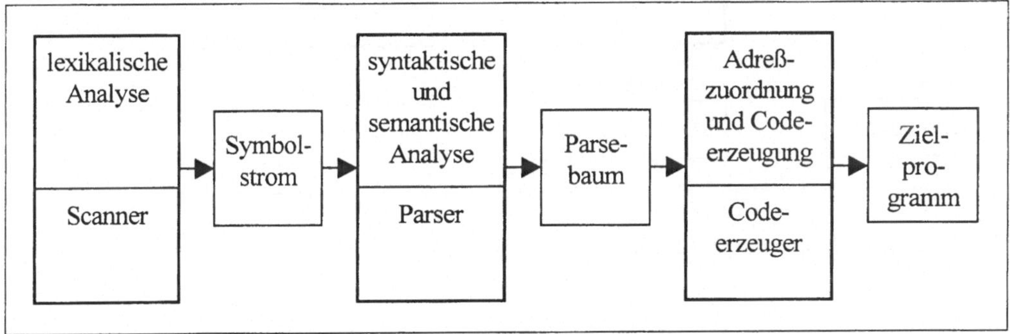

Bild 6-5 Phasen des Übersetzungsvorgangs

Diese Phasen können weiter unterteilt und ergänzt werden. Z.B. wird manchmal innerhalb des Scanners noch ein Sieber unterschieden, und die semantische Analyse wird oft nicht als Aufgabe des Parsers, sondern einer nachgeschalteten Stufe betrachtet. Zusätzlich werden bei Compilern in der Regel maschinenabhängige und -unabhängige Optimierungen durchgeführt.

Für den Weg vom Quellcode zum tatsächlich von einem realen Prozessor ausgeführten Maschinencode gibt es mehrere Realisierungsformen, die sich im Zeitablauf der Übersetzung und der Aufteilung der Gesamtaufgabe auf verschiedene Programme unterscheiden. Alle drei in Bild 6-6 dargestellten Varianten werden bei der Übersetzung von Simulationssprachen verwendet.

Bei der ersten Variante wird der Quellcode der Simulationssprache unmittelbar in ausführbaren Maschinencode übersetzt. Dieses Vorgehen, das bei Compilern für Programmiersprachen üblich ist, wird bei Simulationssprachen auch als *native compiled* bezeichnet. Der Nachteil besteht darin, daß ein Simulationssystem in der Regel auf mehreren Plattformen mit unterschiedlichen Prozessoren lauffähig sein soll. Wird jedoch direkt Maschinencode erzeugt, so entsteht beim Portieren des Systems auf eine andere Plattform ein enorm hoher Aufwand, der meist vermieden werden soll. Nur bei Systemen mit extrem hohen Anforderungen an die Simulationsgeschwindigkeit wird man deshalb einen solchen Weg wählen.

Die zweite Methode besteht darin, den Quellcode der Simulationssprache in den Quellcode einer anderen Sprache zu übersetzen. Bei dieser zweiten Sprache handelt es sich üblicherweise

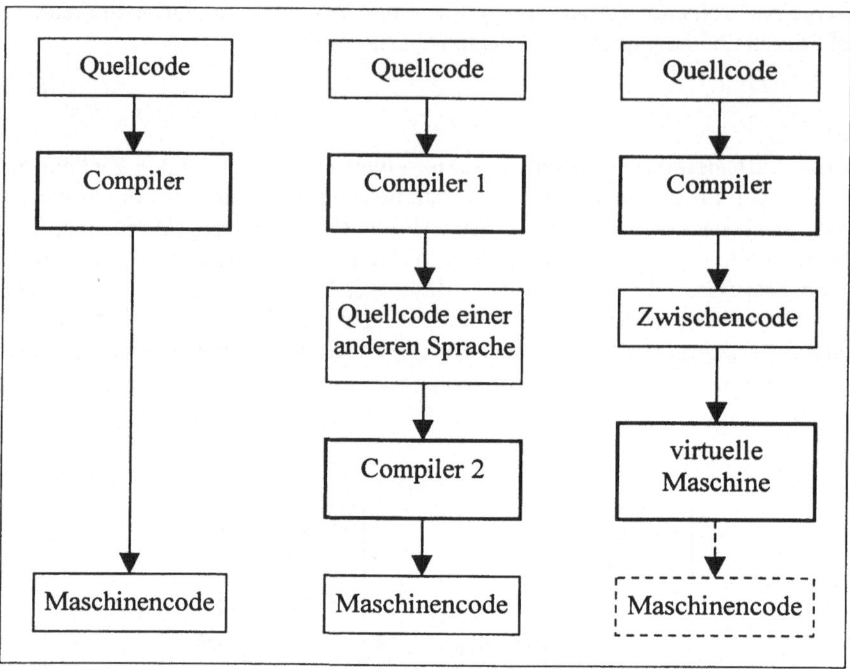

Bild 6-6 Alternative Wege vom Quell- zum Maschinencode

um eine konventionelle, höhere Programmiersprache wie C oder Fortran. Bei normalen Programmiersprachen wird diese Methode kaum eingesetzt, sieht man einmal von frühen C++-Compilern ab, die C-Code erzeugten. Besonders in der Anfangszeit war dieses Vorgehen hingegen bei Simulationssprachen fast die Regel. So wurden Programme in den weitverbreiteten Sprachen SIMSCRIPT und CSL zunächst in Fortran-Code übersetzt, der anschließend von einem auf praktisch jedem Rechner verfügbaren Fortran-Compiler in die Maschinenebene übertragen wurde (vgl. Pidd 1992, S. 170 u. 174). Der Vorteil dieser Methode besteht darin, den maschinenabhängigen und meist aufwendigsten Teil des Übersetzungsvorgangs einem dafür spezialisierten Werkzeug zu überlassen, das von einem Fremdanbietern bezogen werden kann. Beschränkt man sich bei dem erzeugten Code auf übliche Sprachstandards, kann er von mehreren Compilern und auf verschiedenen Plattformen übersetzt werden. Dies wird auch dadurch erleichtert, daß Simulatoren normalerweise nicht interaktiv ablaufen und deshalb problematische Bereiche wie Grafik usw. ausgeklammert werden können. Nachteilig ist die Abhängigkeit von einem fremden Compiler, der meist nicht mit dem eigenen System weitergegeben werden darf.

Als Abwandlung davon können Programmgeneratoren betrachtet werden, die ausgehend von einer grafischen Beschreibung des Modells, z.B. einem Flußdiagramm, einen Programmcode erzeugen. Meist wird als Zwischensprache eine direkt ausführbare Simulationssprache gewählt. Sehr häufig ist dies bei der Simulation digitaler Schaltungen der Fall, wo innerhalb eines Systems oft mehrere alternative Wege zur Modelleingabe verfügbar sind, die sich auch kombinieren lassen. Als Zielsprache wird heute praktisch immer Verilog oder VHDL verwendet, für die es Simulatoren verschiedener Hersteller gibt. Das Schema ist in Bild 6-7 dargestellt.

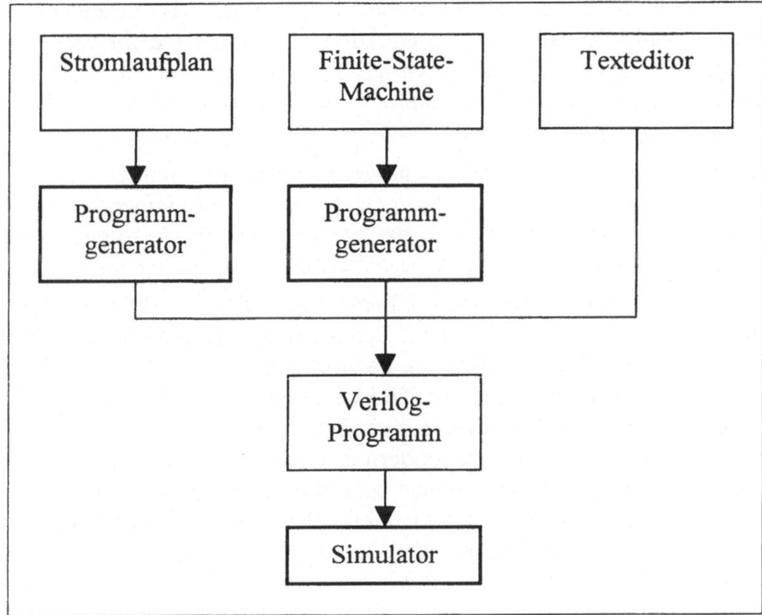

Bild 6-7 Alternative Eingabeformen für die Simulation digitaler Schaltungen

Bei der dritten in Bild 6-6 dargestellte Alternative wird ein Zwischencode erzeugt, der bei jeder Simulation zur Laufzeit interpretiert wird. Dieses Konzept, das bei Programmsprachen schon bei den *P-Code-Maschinen* von Pascal angewandt wurde, findet man heute in modernerer Form bei Smalltalk und Java. Der Hauptgrund ist in den genannten Fällen die Maschinenunabhängigkeit des Zwischencodes. Lediglich die virtuelle Maschine, die vergleichsweise klein ist, muß jeweils auf die Zielplattform portiert werden. Als Nachteil steht dem die deutlich geringere Ausführungsgeschwindigkeit im Vergleich zu normalen Compilern gegenüber. Durch fortgeschrittene Methoden wie *Just-In-Time-Compilation* läßt sich dieses Manko aber stark begrenzen.

Für Simulationssysteme ist diese Methode universell einsetzbar und in den meisten Fällen, in denen die Ausführungsgeschwindigkeit nicht absolute Priorität besitzt, die ideale Lösung. Sie erlaubt es insbesondere, das Simulationssystem als Einheit zu realisieren, was insbesondere bei der Lösung mit einem Fremd-Compiler nur unzureichend möglich ist. Zudem kann damit auch eine weitgehende Maschinenunabhängigkeit erreicht werden, indem - allerdings oft wieder auf Kosten der Laufzeit - die virtuelle Maschine mit derselben Programmiersprache wie das restliche Simulationssystem implementiert wird. Einzelheiten dazu werden im nächsten Abschnitt beschrieben.

6.3.4.3 Praktische Realisierung

Von den im letzten Abschnitt vorgestellten drei Varianten wird hier nur die letzte mit virtueller Maschine behandelt, da sie in vielen Fällen - insbesondere für kleine Lösungen wie einer einfachen Formeleingabe - am geeignetsten ist.

In Abschnitt 6.2.5.3 wurden inhaltliche Überlegungen zur Definition einer Simulationssprache angestellt. Dabei wurde die Definition auf der Basis einer vorhandenen konventionellen Programmiersprache empfohlen. Die Vorteile bestehen insbesondere darin, daß das Grundgerüst weitgehend übernommen werden kann, so daß ohne großen Aufwand und der Gefahr von groben Fehlern bei der Sprachdefinition eine ausbaufähige Grundlage existiert. Bei der Wahl der Sprache und der Auswahl der Teile, die davon übernommen werden, sollte auch in hohem Maße der notwendige Aufwand der späteren Implementierung berücksichtigt werden.

Es ist offensichtlich, daß Ada als Grundsprache zu einem ungleich höheren Implementierungsaufwand führt als Pascal. Gerade Pascal besitzt einen besonders leicht zu implementierenden Grundaufbau und wird nicht zuletzt deshalb gern als in abgemagerter Form als Beispielsprache verwendet, wenn Compilerbau anhand eines konkreten Übersetzers erklärt werden soll.

Auch grundlegende Sprachkonzepte gehören vor einer Übernahme auf den Prüfstein. Z.B. sollte ernsthaft geprüft werden, ob Rekursion wirklich für den angestrebten Zweck, also der Definition eines Modells, notwendig ist. Die Tatsache, daß heute praktisch jede Programmiersprache Rekursion beherrscht, ist dabei kein Argument. Die Möglichkeit der Rekursion bedeutet einen erhöhten Aufwand in der virtuellen Maschine, weil lokalen Variablen nicht statisch einem Speicherplatz zugeordnet werden können, sondern in Form dynamisch verwalteter Stacks organisiert werden müssen. Ähnliche Überlegungen sind bei der Form der Parameterübergabe und vielen anderen Bereichen anzustellen. Im Zweifel sollte man sich - insbesondere bei den ersten Projekten dieser Art - bei fraglichen Konstrukten eher gegen die Aufnahme in die Simulationssprache entscheiden. Anderenfalls besteht wie bei allen Software-Projekten die Gefahr des Scheiterns aufgrund überzogener Anforderungen.

Wird das Simulationssystem in C oder C++ realisiert, sollte der Einsatz von Compilerbau-Werkzeugen ins Auge gefaßt werden, die eine erhebliche Arbeitserleichterung darstellen. Ein weitverbreitetes Werkzeug für das Erzeugen von Scannern ist LEX, bei Parsern wird YACC häufig eingesetzt. Diese Werkzeuge erlauben die Definition der Sprache ähnlich der Backus-Naur-Form und erzeugen C-Code, der dann in das eigene System eingebunden werden kann. Auch für einige andere Sprachen sind inzwischen vergleichbare Programme vorhanden.

Sind diese Werkzeuge nicht verfügbar, bietet sich die manuelle Implementierung als Alternative an. Der Scanner ist in der Regel relativ einfach zu realisieren und kann meist von anderen Sprachen übernommen werden. Ein gutes, leicht erweiterbares Beispiel dazu findet sich bei Wirth (1986, S. 52 - 57). Ebenfalls manuell gut zu realisieren sind *prädiktive Parser*, bei denen für jedes sogenannte Nichtterminal eine Prozedur notwendig ist. Für eine einfache Formeleingabe wären dies z.B. Prozeduren für *Ausdruck*, *Term* und *Faktor*. Das Ergebnis des Parsers ist ein *Parsebaum* (auch *Syntaxbaum* genannt), der das Programm in einer rekursiv definierten Baumstruktur abbildet.

An diesen Analyseteil, der auch als *Front-End* bezeichnet wird, schließt sich der Syntheseteil (das *Back-End*) an. In der Regel wird nun ein Zwischencode erzeugt, der sich zumindest grob an der Befehlsstruktur eines Prozessors oder einer virtuellen Maschine orientiert. Zum Teil wird diese Aufgabe auch noch der Analysephase zugeordnet. Während diese Standardvorgehensweise in jedem Buch zum Thema nachgelesen werden kann, sei hier ein alternativer Ansatz skizziert, der sich praktisch bewährt hat und den Aufwand für das Back-End inkl. virtueller Maschine auf ein Minimum schrumpfen läßt. Die Realisierung erfolgte in der Sprache Smalltalk, die aufgrund ihrer Typfreiheit und des dynamischen Bindens hierfür besonders gute Voraussetzungen bietet. Aber auch andere objektorientierte Sprachen wie C++ lassen vergleichbare Realisierungen zu.

Jeder Knoten des Parsebaums entspricht grundsätzlich einem Befehl. Diese Struktur kann damit fast direkt interpretiert, d.h. auf einer virtuellen Maschine ausgeführt werden. Der interpretierte Zwischencode behält die Baumstruktur bei, wird jedoch durch Zeiger für Unterprogrammaufrufe ergänzt. Die virtuelle Maschine besteht im wesentlichen aus Methoden der

Klasse, deren Instanzen die Knoten bzw. Blätter des ausführbaren Baums sind. Für jeden möglichen Befehl gibt es genau eine Methode, in der die notwendigen Aktionen ausgeführt werden. In einer prozeduralen Realisierung wird für jeden Befehl eine eigene Funktion definiert. Der Ablauf ähnelt sehr stark der Arbeitsweise eines prädiktiven Parsers. Der Speicher wird mit Hilfe eines Feldes realisiert, das beliebige Objekte aufnehmen kann. Diese Struktur entspricht weitgehend einer Containerklasse. Auf diese Art wird das Problem der Ablage unterschiedlich großer Datenobjekte im Speicher umgangen. Durch den Verzicht auf Rekursion kann zudem jeder vorkommenden Variablen eine feste Speicheradresse zugewiesen werden.

Mit dieser Form der Realisierung läßt sich der Aufwand relativ gering halten. Da praktisch jeder Befehl der Simulationssprache durch einen einzigen Befehl oder eine kurze Befehlssequenz der verwendeten Programmiersprache realisiert wird, übernimmt diese viele Aufgaben wie dynamische Speicherverwaltung usw.

Die konkrete Vorgehensweise konnte an dieser Stelle nur angerissen werden. Ein einfaches praktisches Beispiel für die Verarbeitung von Termen, das leicht erweitert werden kann, findet sich in Kapitel 12.

6.3.5 Datenspeicherung

Innerhalb von Simulationssystemen wird eine Vielzahl von Daten benötigt und erzeugt. Da diese Daten nicht bei jedem Programmstart erneut eingegeben werden können oder nach dem Programmende verloren sein sollen, müssen sie bei Bedarf dauerhaft gespeichert werden. Dazu gibt es eine große Bandbreite von Alternativen, die sich in ihrem Realisierungsaufwand und ihren Möglichkeiten deutlich unterscheiden. Hier ein Überblick:

- Dateiverwaltung
  - ◊ Binärdatei
  - ◊ ASCII-Datei
    - benutzerorientiertes Format
    - maschinenorientiertes Format
- Datenbankverwaltung
  - ◊ Integration in Programmiersprache
  - ◊ direkte Anbindung
  - ◊ Anbindung über Standardschnittstelle

Aufgrund der erheblichen Bedeutung sowie der teilweise speziellen Anforderungen in verschiedenen Simulationsanwendungen werden die Konzepte in diesem Abschnitt vorgestellt und mit ihren Vor- und Nachteilen bewertet. Dabei liegt der Schwerpunkt eindeutig bei der Dateiverwaltung, da diese Form bei Simulationssystemen überwiegt und zudem über Datenbanksysteme und ihren Einsatz umfangreiche Literatur vorhanden ist.

Für die Bewertung der Alternativen können insbesondere folgende Kriterien herangezogen werden:

- Geschwindigkeit beim Speichern und Laden
- benötigter Speicherplatz
- Austauschbarkeit der Daten mit anderen Programmen
- Zugriffe auf gemeinsame Datenbestände
- Daten- und Know-how-Schutz

- Plattformunabhängigkeit
- Realisierungsaufwand

Es erscheint nicht sinnvoll, diese Kriterien schematisch für jede der oben genannten Realisierungsvarianten zu beurteilen. Wichtiger ist es, ein Gefühl für die einzelnen Varianten zu vermitteln, da die konkrete Ausprägung und Bedeutung der Kriterien sehr stark vom jeweiligen Simulationsprojekt abhängen.

Als erste Hauptvariante sei die klassische Dateiverwaltung genannt. Geht es nach den Befürwortern von Datenbanken, müßte diese Form der Datenspeicherung spätestens seit dem Siegeszug der relationalen Datenbanken in den 80er Jahren ausgestorben sein. Von einigen Spezialfällen abgesehen, die insbesondere auf umfangreichen Unternehmensdaten beruhen, ist dies jedoch nicht der Fall. Ebenso wie ein Tabellenkalkulations-Programm wie Excel seine Daten in einer Datei mit proprietärem, d.h. herstellerspezifischem Format ablegt, verwenden auch nahezu alle Simulationssysteme eine oder mehrere Dateien, um ihre Informationen abzuspeichern. Die Gründe sind unter anderem:

- Daten liegen nicht in geeigneter (Normal-) Form vor
- höhere Effizienz
- Unabhängigkeit von Datenbankanbietern (Versionswechsel, Portierung auf verschiedene Plattformen)
- keine Notwendigkeit für Kunden, ein spezielles Datenbanksystem zu installieren
- Kostenersparnis für Hersteller und Anwender

Ob eine oder mehrere Dateien gewählt werden, hängt vor allem von der Art und Unabhängigkeit der Daten ab. Da in der Regel ein Modell mit unterschiedlichen Parametern und exogenen Eingangsgrößen simuliert werden soll, ist es sinnvoll, diese in getrennten Dateien abzulegen. Umgekehrt kann so auch ein einziger Eingangsdatensatz für verschiedene Modellvarianten verwendet werden.

Auf der anderen Seite stellen die Organisation der Dateien und ihre Abhängigkeiten eine grundsätzliche Entscheidung dar, die man zur Programmphilosophie rechnen muß. Hierzu ein konkretes Beispiel aus dem Bereich der in der Elektrotechnik eingesetzten CAE-Systeme:

> Beim Zeichnen von Stromlaufplänen für Simulation oder Layout werden Elemente aus einer Bauteilbibliothek aufgerufen und in der Zeichnung plaziert. Für das Abspeichern dieser Elemente innerhalb der Zeichnung gibt es zwei konkurrierende Ansätze, die nach wie vor gleichberechtigt vorkommen. Eine Möglichkeit besteht darin, von allen auf einer Stromlaufplanseite verwendeten Bauteilen ein Kopie anzufertigen und zusammen mit der Seite abzuspeichern. Der Vorteil besteht darin, daß diese Datei unabhängig von der Verfügbarkeit oder Änderung der Bibliothek genutzt werden kann. Dies erleichtert auch erheblich die Austauschbarkeit von Datenbeständen mit anderen Anwendern des Systems, die nicht dieselbe Bibliothek besitzen. Zudem könnten bei einer unbedachten Änderung in der Bibliothek zuvor korrekte Designs fehlerhaft werden. Die Alternative besteht darin, innerhalb des Designs nur Zeiger, d.h. Namensreferenzen, auf die Bibliothekselemente zu speichern. Ein Design ist also nur zusammen mit den Dateien der Bibliothek - oder eines speziell generierten Auszugs daraus - vollständig. Die bei der anderen Variante genannten Vorteile verkehren sich dabei zu Nachteilen. Umgekehrt ist der Speicherbedarf bei dieser Methode wesentlich geringer, und Aktualisierungen der Bibliothek, die allerdings zu den bisherigen Bibliothekselementen konsistent sein müssen, sind ohne weitere Konvertierungen sofort in allen Designs verfügbar. Unabhängig von dieser Form der Datenaufteilung besteht grundsätzlich noch die Wahl, jede Seite eines Stromlaufplans in einer eigenen Datei zu speichern

oder für alle zusammen eine gemeinsame vorzusehen. Diese Frage ist in der CAE-Welt eindeutig zugunsten der ersten Variante entschieden.

Die nächste Unterscheidung betrifft das interne Format der einzelnen Dateien, wobei zunächst zwischen Binär- und ASCII-Format unterschieden werden kann. Wie bei den meisten Anwendungsprogrammen wird auch bei Simulationssystemen das Binärformat bevorzugt. Für bestimmte Datenarten wie Rastergrafik ist diese Form die einzig sinnvolle.

Trotzdem gibt es viele Beispiele aus den unterschiedlichsten Gebieten, die zeigen, daß ein - für den Benutzer oft nicht einmal bewußt wahrnehmbares - ASCII-Format sehr erfolgreich sein kann. Zu nennen sind hier insbesondere Standardformate wie HPGL, Postscript, HTML und RTF. Während es sich bei HPGL und RTF um sehr "kryptische" Formate handelt, die sinnvollerweise ausschließlich maschinell erzeugt werden, sind HTML und vor allem Postscript regelrechte Programmiersprachen, die durchaus auch vom Benutzer geschrieben werden können. Beide Varianten, also benutzer- und maschinenorientierte Formate, sind innerhalb von Simulationssystemen sinnvoll:

Sehr maschinennahe Formate eignen sich überall dort, wo die Eingabe per ASCII-Editor durch den Benutzer ausscheidet. Dies trifft insbesondere auf umfangreiche Simulationsergebnisse zu. Eine interessante Realisierungsform stellen hierbei *Tagged-Spezifizierungs-Sprachen* dar, bei denen die Informationseinheiten durch spezielle Symbole, sogenannte *tags*, getrennt werden (vgl. Coad/Yourdon 1994b, S. 102). Bei der Verwendung maschinennaher Formate kann man in der Regel - wie bei Binärformaten - davon ausgehen, daß keine Überprüfung auf Syntax-Fehler notwendig ist. Es reicht demnach aus, lediglich das Format über einen Dateikopf zu identifizieren und anschließend alle Daten direkt einzulesen. Damit können die Routinen für das Einlesen sehr einfach gehalten werden.

Eine Alternative sind Formate, die zwar meist maschinell erzeugt werden, aber ebenso für die Eingabe durch den Benutzer vorgesehen sind. Es handelt sich dann um eine Sprache, die sich mehr oder weniger weit der Komplexität einer normalen Programmiersprache annähern kann. Da hier Eingabefehler durch den Benutzer erkannt und sicher verarbeitet bzw. lokalisiert werden müssen, sind mindestens die Funktionalitäten eines Scanners und Parsers zu realisieren. Im einfachsten Fall werden reine Daten eingegeben. Die Definition von simulationsfähigen Modellen erfordert zusätzlich einen Interpreter oder Compilers inkl. Laufzeitsystem (siehe hierzu Abschnitt 6.3.4). Der scheinbar hohe Aufwand für die Realisierung der Einlese-Routinen muß jedoch relativiert werden, wie eine genauere Betrachtung zeigt:

> Soll die Eingabe von Daten nicht über ein für den Benutzer geeignetes Textformat realisiert werden, sind statt dessen interaktive Eingabe-Routinen zu programmieren. Gerade bei umfangreicheren Datenbeständen müssen komfortable Möglichkeiten des Kopierens, Ersetzens, Suchens und Ausdruckens vorgesehen werden. Zudem sind meist auch Kommentierungs- und Strukturierungsmöglichkeiten gewünscht. Weiterhin sind Programmteile für das Schreiben und Lesen von Dateien sowie oft Import- und Exportformate zu programmieren. Der Aufwand für diese notwendigen Funktionalitäten ist relativ hoch. Werden statt dessen Textformate für die Speicherung von Daten verwendet, sind damit die meisten der genannte Funktionalitäten automatisch vorhanden, so daß der Gesamtaufwand nicht höher als bei einer alternativen Lösung sein muß.

Vergleicht man Binär- und ASCII-Format, spricht für das erste vor allem die besonders schnelle und effiziente Datendarstellung, die oft den Ausschlag dafür gibt. Zudem erlauben viele Programmiersprachen eine besonders einfache Handhabung, da in der Regel auch komplexere Strukturen wie Arrays oder Records mit nur einem Befehl geschrieben und gelesen werden können, während die Umwandlung nach und von ASCII meist eigene Routinen erfordert. Ein weiterer Grund kann darin liegen, daß Binärformate die zugrundeliegenden Datenstrukturen und damit das Know-how nicht offenlegen. Vor allem bei kommerziellen Systemen werden Simulationsmodelle auf diese Art geschützt.

Dennoch besitzen auch ASCII-Formate ihre Berechtigung, und ihre Vorteile zeigen zugleich die Nachteile der Binärformate auf:

- Gerade bei der Entwicklung umfangreicher Systeme ist es von Vorteil, wenn die Dateien direkt vom Menschen gelesen und auf Korrektheit überprüft werden können.
- Sofern die Programme oder Programmteile, welche die Daten lesen, getestet werden sollen, die schreibenden Teile jedoch noch nicht realisiert sind, können die Dateien leicht per Hand oder mit einem einfachen, schnell erstellten Programm erzeugt werden.
- Das ASCII-Format wird auf den meisten für die Simulation eingesetzten Rechnern verwendetet, und die geringen Unterschiede zwischen verschiedenen Plattformen werden von Kommunikationsprogrammen wie FTP automatisch konvertiert. Demgegenüber können Binärformate auf verschiedenen Plattformen selbst bei identisch realisierten Systemen zu größeren Problemen führen. Ein Beispiel dafür sind die unterschiedliche Reihenfolge von High- und Low-Byte in den Datenworten bei SUN- und DEC-Workstations.
- Der Datenaustausch zwischen verschiedenen Programmen, wie er im Simulationsbereich häufig vorkommt, erfordert Export- und Importfunktionen, die meist ein geeignetes ASCII-Format verwenden. Wird die Datenspeicherung ohnehin in ASCII vorgenommen, entfallen die sonst notwendigen getrennten Routinen. Werden Daten in zwei Systemen benötigt, die beide ein ASCII-Format zur Speicherung benutzen, kann ein Datenaustausch zwischen ihnen mittels Konvertierung durch einfache Programme einer beliebigen Sprache oder sogar Makros eines Textverarbeitungsprogramms realisiert werden, auch wenn keines der Systeme direkt einen Datenaustausch vorsieht.
- Komplexe Anwendungen wie Simulationssysteme werden heute kaum noch als monolithisches Programm realisiert, sondern als ein Verbund kleinerer Applikationen, die jeweils eine bestimmte Teilaufgabe übernehmen. In vielen Fällen werden in dieses Paket zudem Programme anderer Hersteller eingebunden. Ein gutes Beispiel sind ASCII-Editoren für Quelltexte, für die im Unix-Bereich unter anderem eine speziell konfigurierte Version des Programms EMACS eingesetzt wird.

Zusammenfassend läßt sich sagen, daß ASCII-Formate wesentlich flexibler als Binärformate sind und sowohl die Entwicklung von Simulationssystemen als auch den Datenaustausch mit anderen Systemen erheblich erleichtern. Diese Vorteile sind gerade bei Simulationsprojekten von besonderer Bedeutung. Demgegenüber treten die Hauptgründe für ein Binärformat, die Geschwindigkeit und der Speicherplatz, bei den heutigen Rechnerleistungen und Plattengrößen eher in den Hintergrund. Der Realisierungsaufwand für das Speichern und Einlesen liegt bei ASCII-Formaten meist nur geringfügig höher, kann aber oft durch den Wegfall von Aufwänden an anderer Stelle mehr als kompensiert werden. Lediglich bei kommerziellen Systemen sollte das Binärformat bei ausschließlich programmintern erzeugten und verwendeten Datenbeständen bevorzugt werden.

Betrachtet man die Literatur zum Thema Datenbanken, stellt sich die Frage, ob die eben ausführlich dargestellten Methoden einer dateiorientierten Datenspeicherung angesichts der Leistungsfähigkeit und Anwendungsbreite moderner Datenbanksysteme noch zeitgemäß sind. Bevor zum Abschluß dieses Abschnitts kurz auf Realisierungsfragen eingegangen wird, sollte deshalb geklärt werden, ob bzw. inwieweit die Voraussetzungen, die zum Einsatz von Datenbanksystemen geführt haben, bei Simulationsanwendungen vorliegen.

Als zentrales Ziel der Einführung eines Datenbanksystems wird meist genannt, daß damit die enge Verflechtung und Abhängigkeit von Daten und auf ihnen operierenden Programmen aufgehoben oder zumindest eingeschränkt werden kann (vgl. Vossen 1994, S. 7). Es gibt aber kaum Anwendungen, bei denen dieser Bezug so eng ist wie bei Simulationssystemen. Die Befürworter von Datenbanken gehen davon aus, daß zunächst einmal die Daten vorhanden sind und dann mit Hilfe verschiedener Programme bearbeitet werden. Dies trifft für viele in Unternehmen vorhandene Daten auch zu. Z.B. sind der Herstellername, die Lieferform und der Preis eines elektronischen Bauteils Informationen, die in sehr unterschiedlichen Abteilungen wie Einkauf, Logistik, Entwicklung, Kalkulation und Fertigung benötigt und dort mit oft verschiedenen Programmen verarbeitet werden. Das Simulationsmodell dieses Bauteils - wenn überhaupt verfügbar - ist jedoch so spezifisch, daß es nur von einem einzigen Spezialprogramm verarbeitet werden kann. Dies liegt unter anderem an dem Format eines solchen Modells, das sich nicht sinnvoll in die Felder eines relationalen Datenbanksystems einfügen läßt, sondern eher einem ausführbaren Programm entspricht.

Ein zweiter grundlegender Unterschied besteht darin, daß aus dem meist riesigen Datenbestand eines Datenbanksystems von den Programmen immer nur einige wenige Datensätze abgerufen bzw. verändert werden. Demgegenüber werden bei nahezu allen Simulationssystemen alle Daten im Hauptspeicher gehalten. Dies ist aus Effizienzgründen praktisch unverzichtbar und durch die in einer Simulation verarbeitbaren Datenmengen bei heutigen Rechnern, die zudem fast immer die Speichererweiterung durch Swapping oder Paging beherrschen, normalerweise auch möglich. Lediglich Simulationsergebnisse über einen längeren Simulationszeitraum können einen Umfang annehmen, der sinnvollerweise in einer Datenbank abgelegt wird. Dies gilt vor allem dann, wenn zusätzliche statistische Auswerteprogramme ebenfalls auf diese Datenbank zugreifen können.

Auch die übrigen Gründe wie Redundanzfreiheit, Konsistenz, Mehrbenutzerbetrieb, Datensicherheit usw., die für einen Einsatz von Datenbanksystemen genannt werden (vgl. Kemper/Eikler 1996, S. 16 f.), treffen auf Simulationsanwendungen in der Regel nicht zu.

Eine Änderung dieser Situation zeichnet sich für solche Simulationsanwendungen ab, bei denen umfangreiche Bauteilbibliotheken in objektorientierten Datenbanken abgespeichert werden. Zu nennen sind hier vor allem elektrische und mechanische Bauteile, die in CAE- bzw. CAD-Systemen innerhalb von Industrieunternehmen verwendet werden.

Bezüglich des konkreten Einsatzes von Datenbanksystemen können verschiedene Varianten genannt werden.

Eine Möglichkeit, die speziell für objektorientierte Sprachen verfügbar ist, stellt die Integration der Datenbankfunktionaliät in die Programmiersprache selbst dar (z.B. Zerbe 1992). Dabei handelt es sich nicht um eine Schnittstelle zu einem Datenbankstandard wie ODBC, sondern um eine komplette Datenbank, die keine externen Programme benötigt. Diese interessante, jedoch nicht sehr weit verbreitete Lösung stellt aus Sicht des Entwicklers eher eine Erweiterung des Konzepts binärer Dateien als eine echte Datenbanklösung dar. Der Vorteil liegt vor allem in der großen Mächtigkeit der verfügbaren Datenbankfunktionen, wodurch die Programmierarbeit erheblich reduziert werden kann.

Die zweite Lösung besteht darin, eine direkte Kopplung zu einem bestimmten Datenbanksystem aufzubauen. Dem Vorteil einer effizienten Anbindung steht der Nachteil der unmittelbaren Abhängigkeit von einem einzigen System gegenüber. Dies ist besonders dann problematisch, wenn andere Programme, mit denen ein Datenaustausch realisiert werden soll, keine Treiber für eine Ankopplung an dieses System besitzen. Eine andere Variante, die gewissermaßen die Umkehrung der ersten Lösung darstellt, ist die Nutzung der in den meisten Datenbanksystemen integrierten Sprache (vgl. Heike et al. 1996, S. 11 - 15). Der Simulator wird dann als Programm innerhalb des Datenbanksystems realisiert.

Die dritte Variante ist die Anbindung an eine beliebige Datenbank über eine Standardschnittstelle wie ODBC (*Open Database Connectivity*). Diese Lösung ist zu bevorzugen, wenn Daten mit anderen Programmen ausgetauscht oder vorhandene Daten genutzt werden sollen, die z.B. aus dem normalen Datenbestand eines Unternehmens stammen. Einzelheiten zu dieser Lösung und den Vorteilen gegenüber der direkten Anbindung an ein Datenbanksystem werden in Abschnitt 6.3.6.2 beschrieben.

6.3.6 Client/Server-Konzepte

Im diesem Abschnitt werden - nach einer Einführung in die Grundlagen - in kurzer Form zwei Varianten einer Client/Server-Konfiguration vorgestellt, wie sie für Simulationsanwendungen interessant sind. Dabei wird zum einen die Anwendung eines Datenbank-Servers beschrieben, der die exogenen Daten zur Verfügung stellt und die Simulationsergebnisse aufnimmt. Zum anderen wird gezeigt, wie ein Client, der die Benutzeroberfläche enthält, und ein Server, der den Simulationsalgorithmus realisiert, zusammenarbeiten können.

6.3.6.1 Grundlagen

Das Client/Server-Modell basiert auf einer Interaktion zwischen einem Client und einem Server, wie sie in folgender Abbildung gezeigt wird.

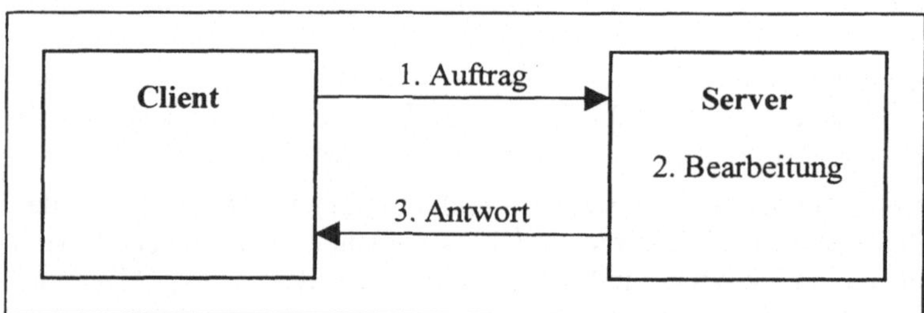

Bild 6-8 Grundprinzip eines Client/Server-Systems

Die Interaktion geht von Client aus, der einen Auftrag formuliert und an den Server schickt. Der Server fungiert als Anbieter bestimmter Dienste. Er nimmt den Auftrag entgegen, bearbeitet ihn und schickt das Ergebnis zurück an den Client.

Zwischen Clients und Servern kann eine m:n-Beziehung bestehen. D.h., daß einerseits ein Client auf mehrere Server zugreifen kann und andererseits ein Server in der Regel eine Vielzahl von Clients bedient. Die Rollen können im Rahmen der Bearbeitung wechseln, da ein Server möglicherweise wiederum die Dienste eines anderen Servers in Anspruch nimmt.

Allgemein gilt, daß sich Client und Server die Bearbeitung einer gemeinsamen Aufgabe teilen. Die Aufteilung ist in sehr unterschiedlicher Form möglich. Bild 6-9 zeigt die fünf wesentlichen Trennlinien zwischen Client und Server (vgl. Geihs 1995, S. 11 - 14).

Ein Beispiel einer *verteilten Präsentation* ist das X-Windows-System, eine grafische Benutzeroberfläche, die vor allem bei UNIX-Systemen weitverbreitet ist. Der X-Server, der auf dem Rechner des Benutzers läuft, und die X-Clients, die auf dem gleichen oder einem anderen Rechner ablaufen, teilen sich die Aufgabe der grafischen Bildschirmausgabe.

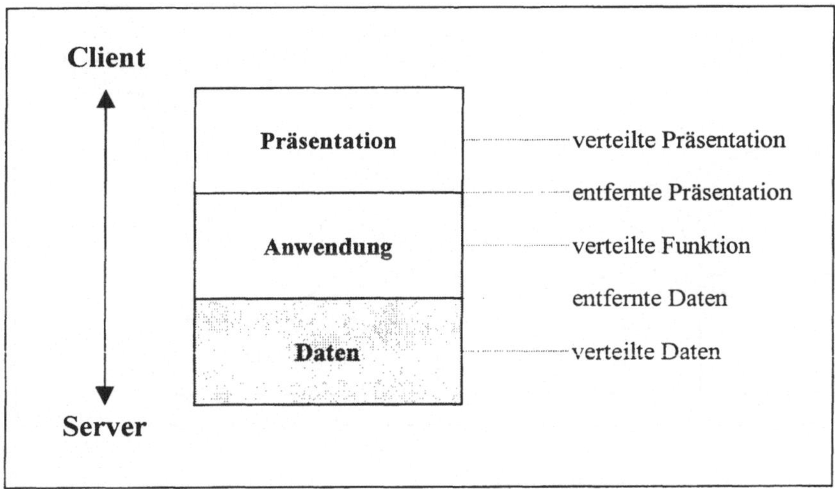

Bild 6-9 Arbeitsteilung zwischen Client und Server

Die *entfernte Präsentation* entspricht weitgehend der herkömmlichen Terminal-Host-Konfiguration. Eine solche Client/Server-Variante findet man bei der Terminal-Emulation auf einem PC.

Verteilte Funktionen liegen vor, wenn Teile der Anwendungslogik auf verschiedene Rechner verteilt wurden. Ein Beispiel ist eine intelligente Datenerfassung von Kontotransaktionen in einer Bankfiliale. Das Client-Modul kann die Eingabe der Daten und die Konsistenzprüfung übernehmen, während der Server im Rechenzentrum die entsprechende Kontobewegung in der zentralen Datenbasis vollzieht und den neuen Kontostand an den Client zurückmeldet. Offensichtlich besteht ein relativ großer Spielraum, wo diese Trennlinie konkret gezogen wird.

Entfernte Daten sind der typische Fall eines zentralen Datenbank-Servers, der den Zugriff auf die Daten regelt und sie an den Client zurückgibt. Der Datenbank-Server übertragt nicht nur einfach Daten; zusätzlich findet in gewissem Rahmen eine Verarbeitung statt, z.B. das Erzeugen applikationsspezifischer Sichten.

Der sehr häufige Fall eines File-Servers in einem Netzwerk ist ein typisches Beispiel für *verteilte Daten*. Die auf einem anderen Rechner liegenden Dateien erscheinen wie eine Erweiterung des lokalen Dateisystems. Eine Verarbeitung findet nicht statt.

6.3.6.2 Datenbank-Server

Wenn datenintensive Simulationen durchgeführt oder Daten aus einem realen Prozeß benötigt werden, bietet sich der Einsatz von Datenbankmanagementsystemen (*DBMS*) an. Dies gilt vor allem dann, wenn mehreren Applikationen auf die Daten zugreifen sollen.

Werden keine geeigneten Standards für den universellen Datenbankzugriff verwendet, muß jede einzelne Anwendung zu jeder benötigten Datenbank eine spezielle Schnittstelle besitzen. Ändert sich eine der Datenbanken, müssen alle betroffenen Applikationen angepaßt werden. Ein solcher Fall ist in Bild 6-10 zu sehen:

Heute sind offene Datenbankschnittstellen vorhanden, von denen die Microsoft-Spezifikation ODBC (Open Database Connectivity) wohl die größte Verbreitung besitzen dürfte. Diese

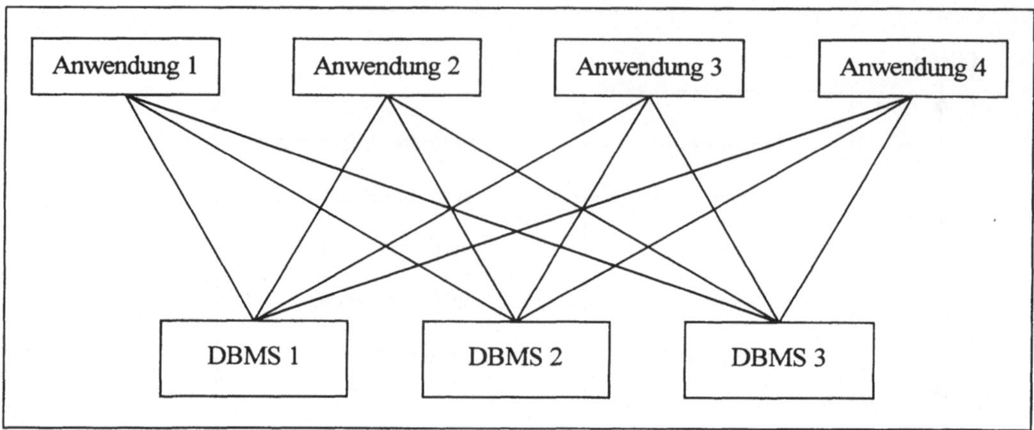

Bild 6-10 Datenbankkopplung ohne Standardschnittstelle

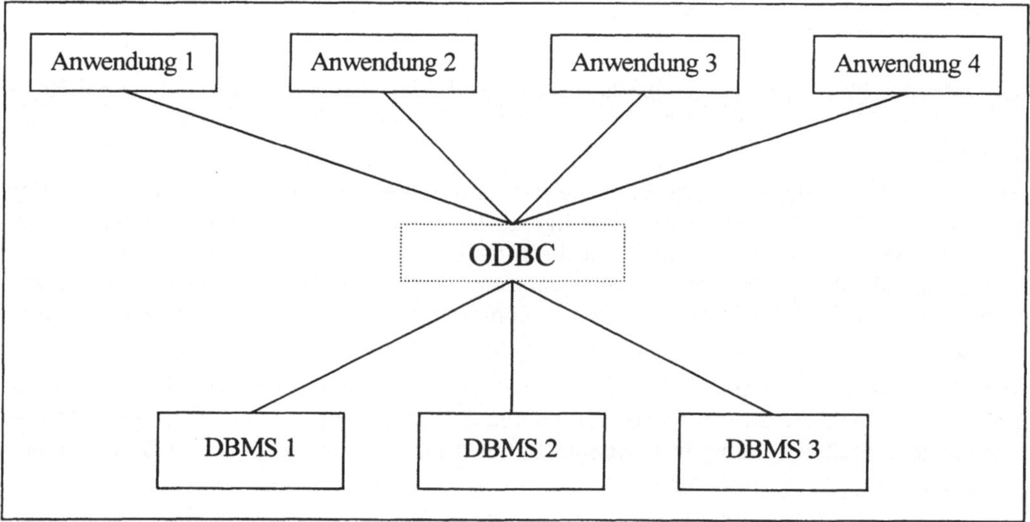

Bild 6-11 Datenbankkopplung über ODBC

Schnittstelle ermöglicht es, auf Daten zuzugreifen, die sich auf PCs, Workstations oder Großrechner-Systemen befinden können. Das Prinzip ist in Bild 6-11 zu sehen.

Dabei ist ODBC keine zentrale Instanz, sondern das Protokoll, über das die Kommunikation zwischen den Clients und den Servern abgewickelt wird. Jede Applikation benötigt nur einen einzigen Treiber, mit dem auf jede der Datenbanken zugegriffen werden kann. Damit besteht Unabhängigkeit von den internen Spezifika der verschiedenen Datenbanksysteme.

Mit der ODBC-Schnittstelle kann jede Anwendung die Verbindung zu einer bestimmten Datenbank - gegebenenfalls über ein Netzwerk - aufbauen und Datenbankanfragen absetzen, ohne spezielle Zugriffsbefehle für die einzelne Datenbank kennen zu müssen.

6.3.6.3 Simulations-Server

Für eine praktische Simulation müssen zunächst Eingangsdaten und Modelle eingegeben bzw. editiert werden. Anschließend findet die eigentliche Simulation statt, die im wesentlichen aus nichtinteraktiven Berechnungs- und Transformationsprozessen besteht. Zum Schluß werden die Ergebnisse - gegebenenfalls nach einer statistischen Aufbereitung - analysiert oder weiterverarbeitet.

Die erste und letzte Phase haben die starke Interaktion mit dem Benutzer sowie die Repräsentation von Daten gemeinsam. Die mittlere Phase unterscheidet sich in dieser Beziehung deutlich, da außer der Anzeige des Simulationsfortschritts und der teilweise vorhandenen Möglichkeit eines Abbruchs der Simulation in der Regel keine Interaktion mit dem Benutzer stattfindet. Zudem wird bei aufwendigeren Simulationen in dieser Phase ein Vielfaches an Rechenleistung benötigt wie in den beiden anderen Phasen. Umgekehrt verbringt der Benutzer meist eine wesentlich längere Zeit am System mit Arbeiten wie Modelleingabe und Ergebnisanalyse, die jedoch den Prozessor vergleichsweise gering beanspruchen. Es bietet sich deshalb an, diese Arbeiten auf preisgünstige Arbeitsplätze zu verlagern, während für die Simulation selbst die maximale Rechenleistung zur Verfügung stehen sollte.

Dies ist eine typische Ausgangssituation für die Trennung der Aufgabe mittels eines Client/ Server-Ansatzes. Damit wird die Benutzeroberfläche, die Dateneingabe und die Analyse auf einem Simulations-Client realisiert, während die eigentliche Simulation - von diesem angestoßen - auf einem Simulations-Server abläuft.

Eine solche verteilte Funktionalität wird in manchen Simulationsanwendungen relativ häufig verwendet. Z.B. gibt es für die Simulation digitaler Schaltungen nicht nur Software-Simulations-Server, sondern sogar netzwerkfähige Spezialrechner, die ausschließlich solche Simulationen durchführen und dabei um mehr als den Faktor 100 schneller als Hochleistungs-Workstations sein können. In der Praxis sieht die Arbeit in diesem Fall so aus, daß zunächst die Benutzer - meist über mehrere Tage oder Wochen hinweg - die Schaltung in das System eingeben und die Simulationsstimuli erstellen. Anschließend erfolgt eine Ankopplung an den zentralen Simulations-Server, auf dem die rechenaufwendige Simulation durchgeführt wird. In vielen Fällen sind die Berechnungen nach wenigen Sekunden oder Minuten beendet, und der Server kann von einem anderen Benutzer verwendet werden. Längere Simulationsläufe werden über Nacht oder sogar das Wochenende durchgeführt und könnten somit nicht in vertretbarer Zeit auf einem langsamen Rechner ablaufen. Die Simulationsergebnisse werden in Form einer Datei auf den Client transferiert und können anschließend einer intensiven Analyse unterzogen werden, die wiederum längere Zeit beansprucht, aber vom Rechner nur geringe Rechenleistungen erfordert.

Ein weiterer Grund für eine solche Aufteilung ist die flexible Kopplung verschiedener Clients und Server, die in mehrfacher Hinsicht genutzt werden kann und für Anbieter und Anwender solcher Systeme auch kommerzielle Vorteile besitzt:

- Dauern Eingabe und Analyse für eine Simulation Stunden oder Tage und läuft die Simulation selbst in Minuten ab, können mehrerer billige Clients mit einem teuren Server arbeiten.
- Bei geringeren Anforderungen an die Simulationsgeschwindigkeit kann mit einem kostengünstigen, aber leistungsschwachen Simulations-Server begonnen werden, bei dem es sich oft um ein Programm handelt, das auf demselben Rechner wie der Client abläuft. Bei steigenden Anforderungen an die Rechenleistung kann der Server gegen einen stärkeren ausgetauscht werden, ohne daß sich der Client - und damit die Benutzeroberfläche, die Daten und die Modelle - ändert.

- Die Eingabe von Modellen und Daten kann auf unterschiedliche Weise erfolgen, z.B. als Programm, als Tabelle oder in grafischer Form. Sorgen die Clients für die Umwandlung in ein einheitliches Format, kann in allen Fällen derselbe Simulations-Server verwendet werden. Gleiches gilt für die Möglichkeit, Clients mit unterschiedlich leistungsfähigen Analysefunktionen einzusetzen.

7 Verifikation und Validierung

7.1 Allgemeines

Voraussetzung für den sinnvollen Einsatz eines Simulators ist, daß er korrekt arbeitet und Ergebnisse liefert, die hinreichend genau die Wirklichkeit wiedergeben. Es hängt deshalb von der konkreten Aufgabenstellung ab, was unter "hinreichend genau" im Einzelfall zu verstehen ist.

Um die genannten Anforderungen zu erfüllen, sind zwei qualitätssichernde Maßnahmen zu unterscheiden: die Verifikation und die Validierung.

Bei der Verifikation wird überprüft, ob jeder Einzelschritt korrekt ist. Im Rahmen der Modellbildung müssen also die relevanten Größen des Realsystems mit geeigneten statistischen Methoden erfaßt und analysiert werden. Das System, seine Elemente und deren Zusammenhänge sind nach fachspezifisch unterschiedlichen Methoden zu erfassen und geeignet abzubilden. Dabei ist die Übereinstimmung mit den gültigen Theorien und Regeln zu beachten. Ein weiterer Bereich der Verifikation ist die Überprüfung, ob das formale Modell bei der Implementierung korrekt in den Simulator übertragen wurde.

Die Summe mehrerer in sich korrekter Einzelschritte muß nicht zwangsläufig zu einem Simulator führen, der die Wirklichkeit korrekt reproduziert. Dies kann durch die Kumulation von kleinen Ungenauigkeiten verursacht werden, aber auch durch ein überkritisches, eventuell sogar chaotisches Systemverhalten, das eine Prognose oft grundsätzlich unmöglich macht. Die Validierung überprüft im Gegensatz zur Verifikation deshalb nicht die Korrektheit des Weges, sondern die des Ergebnisses. Aus Fehlern im Simulationsergebnis kann meist nicht direkt auf die Ursache geschlossen werden, die einerseits in einem der Einzelschritte des Modellierungs- und Implementierungsprozesses liegen, andererseits im realen System begründet sein kann.

Man könnte im ersten Moment den Eindruck gewinnen, als wären fehlerfreie Einzelschritte eine notwendige, aber nicht hinreichende Bedingung für ein korrektes Gesamtergebnis einer Simulation. Dies würde jedoch im Umkehrschluß bedeuten, daß korrekte Simulationsergebnisse die Korrektheit aller Einzelschritte belegen, daß also eine erfolgreiche Validierung eine Verifikation praktisch überflüssig macht.

Insbesondere bei stochastischen Modellen liegen die einzelnen Simulationsergebnisse bestenfalls in der Nähe des echten Systemverhaltens, so daß kleinere systematische Fehler oder Inkonsistenzen im Gesamtergebnis nicht immer erkannt werden können. Ist z.B. aufgrund eines Implementierungsfehlers die maximale Länge einer Warteschlange an einer Supermarktkasse auf 20 begrenzt und werden überzählige ankommende Kunden einfach vom System ignoriert bzw. gelöscht, so kommt dieser Fall in einer Simulation möglicherweise überhaupt nicht vor. Tritt eine solche Situation auf, führt aber nicht zum Absturz oder einer Fehlermeldung des Simulators, dürfte sich dies in der Regel in einer Abweichung niederschlagen, die unterhalb der stochastischen Streuung liegt. Ein Fehler der beschriebenen Art kann also nicht durch eine erfolgreiche Validierung ausgeschlossen, sondern nur innerhalb einer intensiven Verifikation gefunden werden.

In diesem Zusammenhang noch ein sehr wichtiger Ratschlag, der in der Praxis leider sehr oft nicht beachtet wird:

> Das wichtigste Hilfsmittel zur Überprüfung von Simulationsergebnissen ist umfangreiche Fachkenntnis und die Abschätzung des Ergebnisses mit einem "dicken Daumen" statt ei-

nem Simulator! Die Frage "Ist das Ergebnis überhaupt sinnvoll?" muß als erstes beantwortet werden.

Oft gilt nämlich leider das Bonmot, daß man mit Computern schneller und vor allem genauer irren kann. Die Ergebnisse, manchmal mit einem Dutzend Stellen und mehr ausgedruckt, suggerieren eine Genauigkeit, die keine Simulation liefern kann. Und die respekteinflößende Leistungsfähigkeit heutiger Hard- und Software läßt vergessen, daß es angesichts der Kette möglicher Fehler - angefangen vom berühmten Pentium-Bug, über Rundungsfehler in Excel bis hin zur Programmierung von Simulationssystem und Modell - geradezu an ein Wunder grenzt, wenn das Gesamtergebnis eines solchen Prozesses wirklich fehlerfrei ist.

Zudem ist zu beachten, daß - von trivialen Fällen abgesehen - nie die Korrektheit eines Modells oder Programms bewiesen werden kann, sondern nur seine Inkorrektheit. So wichtig Verifikation und Validierung also sind, eine endgültige Sicherheit dafür, daß die Ergebnisse richtig sind, können sie niemals bieten.

Obwohl die übliche Einteilung in getrennte Phasen dies nahelegt, sind Verifikation und Validierung keine Arbeiten, die erst dann begonnen werden, wenn alle übrigen Schritte beendet sind. Schon die Aufteilung der Abschnitte dieses Kapitels zeigt, daß diese Maßnahmen in jeder Phase von Bedeutung sind und als permanenter Prozeß betrachtet werden müssen. Dadurch erhöht sich nicht nur die Sicherheit, ein solches Vorgehen ist auch ein Gebot der Wirtschaftlichkeit. Wie bei der Software-Entwicklung gilt auch bei der Simulation, daß ein Fehler um so mehr Kosten verursacht, je später er entdeckt wird.

7.2 Verifikation und Validierung des Modells

Während die Verifikation der Implementierung und die Validierung des Simulationsmodells in nahezu jedem Buch zum Thema Simulation behandelt werden, wird der Qualitätssicherung des formalen Modells nur sehr selten explizit Aufmerksamkeit geschenkt. Dies mag zum einen schon an der allgemeinen Definition der Begriffe *Verifikation* und *Validierung* liegen. Bei der Verifikation wird in der Regel geprüft, ob der einzelne Schritt im Rahmen des Gesamtprojektes korrekt ausgeführt wurde. Gerade bei der Erstellung des formalen Modells läßt sich aber kaum ein Trennung zwischen Modellbildung und -verifikation finden. Es kann nämlich nicht formal überprüft werden, ob alle relevanten Größen des realen Systems in das Modell übernommen werden, weil genau das, also z.B. die Bewertung der Relevanz, zentraler Bestandteil der Modellbildung ist. Umgekehrt wird die Validierung oft als Überprüfung der Modellergebnisse im Vergleich zur Realität angesehen, so daß sie sich ausschließlich auf das Simulationsmodell als letzten Schritt beziehen kann, da nur dieses Ergebnisse liefert. An dieser Stelle sollen deshalb lediglich einige kurze Erläuterungen gegeben werden, die sich an die Ausführungen von Hoover/Perry (1990, S. 281 - 286) anlehnen.

Die entscheidende Frage bei der Überprüfung des Modells lautet: Ist die Abbildung des realen Systems geeignet, die gestellten Fragen zu beantworten?

Dazu muß zunächst geklärt werden, ob überhaupt alle relevanten Objekte, Beziehungen, Größen und Ereignisse enthalten sind. Weiterhin ist zu prüfen, ob der gewählte Detaillierungsgrad und die Genauigkeit der Größen der Problemstellung angemessen sind.

Da diese Überlegungen in nahezu identischer Form auch der Modellbildung zugrunde liegen, ist eine Qualitätssicherung nur durch dieselben Personen nicht geeignet. Deshalb ist es an dieser Stelle notwendig, die Ergebnisse der Modellierung Experten vorzulegen, die mit dem realen System besonders gut vertraut sind. In einem umfangreichen Projekt kann dies so ablaufen, daß die Simulationsexperten im Rahmen der Analyse zunächst von den Anwendungsspezialisten alle relevanten Informationen erfragen. Im nächsten Schritt ist das gesammelte Material zu ordnen und mit formalen Methoden möglichst exakt darzustellen. Das Ergebnis ist dann wiederum den Spezialisten vorzulegen, um zu überprüfen, ob die Übertragung der Informationen vollständig und fehlerfrei erfolgt ist. Da an dieser Stelle noch keine Simulationsergebnisse vorliegen, ist das Spektrum der Möglichkeiten nicht so groß wie in späteren Phasen.

Eine besonders wichtige Methode ist der *Structured Walk-Through* (siehe auch Abschnitt 7.3.2), bei dem der Modellentwickler den übrigen Projektteilnehmern das Modell detailliert erläutert. Erfahrungsgemäß werden dabei viele Fehler schon vom Entwickler selbst entdeckt, indem er gezwungen wird, seine oft implizit bzw. unbewußt vorgenommenen Entscheidungen zu verbalisieren. Für diese Vorgehensweise erscheinen Ereignis- oder Zustandsdiagramme besonders geeignet, da sie eine genaue Prozeßverfolgung ermöglichen - gewissermaßen eine "Simulation von Hand".

Bei der Überprüfung mathematischer Beziehungen bzw. Funktionen kann eine exemplarische manuelle Berechnung sinnvoll sein. Allerdings sollten nicht nur typische Werte untersucht werden; oft zeigen gerade die Randbereiche Fehler besonders deutlich.

Bei stochastischen Modellen ist eine Überprüfung der geschätzten oder empirisch ermittelten Verteilungen besonders wichtig. Auch hier können Vorabberechnungen oder -abschätzungen einen ersten Aufschluß über die Plausibilität liefern. Ist z.B. die mittlere Zwischenankunftszeit kürzer als die mittlere Bediendauer, so würde die Schlangenlänge kontinuierlich zunehmen, was sicherlich nicht der Realität entspricht. Bei diesen Plausibilitätskontrollen können teilweise analytische Modelle eine Hilfe bieten.

7.3 Verifikation der Implementierung

7.3.1 Überblick

Die Verifikation der Implementierung ist ein vergleichsweise exakter Schritt und soll sicherstellen, daß das logische Modell korrekt in ein Computerprogramm übertragen wurde. Dafür steht eine breite Palette von Methoden zur Verfügung, von denen einige allgemein für jede Art der Software-Entwicklung geeignet sind, andere für alle Arten von Simulationsmodellen angewendet werden können und manche lediglich für eine Gruppe von Simulationsanwendungen in Frage kommen.

In den folgenden Abschnitten werden die wichtigsten Ansätze aus der Literatur (insbesondere aus Hoover/Perry 1990, S. 286 - 290, und Liebl 1995, S. 201 - 203) vorgestellt und zum Teil um eigene Erweiterungen und zusätzliche Verfahren ergänzt.

7.3.2 Allgemeine Methoden des Programmtests

Das Software-Engineering stellt eine Vielzahl klassischer strukturierter und moderner objektorientierter Methoden zur Verfügung, mit denen sich die Qualität von Programmen im Vorfeld sicherstellen und im Nachhinein überprüft läßt. Da dies nicht Teil dieses Buchs sein kann, werden hier nur einige Ansätze genannt, die in der normalen Software-Entwicklung unüblich sind oder in der Simulation eine spezifische Ausprägung besitzen.

Simulationsprojekte werden in vielen Fällen von einem Team realisiert, bei dem es eine deutliche Aufgabenteilung gibt. Beim *Structured Walk-Through* (vgl. Yourdon 1978 und Law/Kelton 1991, S. 302) geht der Programmierer den von ihm erzeugten Programmcode Zeile für Zeile durch und erläutert ihn detailliert den anderen Teammitgliedern. Allein die Notwendigkeit, die Implementierung im einzelnen verbal zu rechtfertigen, kann helfen, Denkfehler aufzudecken. Zudem können die Anwendungsspezialisten überprüfen, ob ihre Vorstellungen korrekt in das Programm übernommen wurden.

An ein *Top-Down-Design* schließt sich oft ein *Bottom-Up-Test* an, der vielfach unter dem Begriff *Modultest* beschrieben wird. Bei dieser Vorgehensweise werden zunächst die elementaren Module, d.h. die Unterprogramme, in ihrer meist relativ einfachen Funktion isoliert getestet. Erst nach deren getrennter Verifikation wird ihr Zusammenspiel in immer größerem Rahmen untersucht, bis schließlich das Gesamtsystem als Ganzes untersucht wird. Im Rahmen dieses Tests ist es oft sinnvoll, die Module von einem speziellen Testmodul aus aufzurufen, um ganz bestimmte Konstellationen oder Ausnahmebedingungen zu prüfen. Bei stochastischen Simulationsmodellen werden dabei Eingangsgrößen mit bekannter Verteilung verwendet, auch wenn in der späteren Simulation Größen mit unbekannter Verteilung vorkommen können.

Ein wichtiger Test ist die Überprüfung des Verhaltens in Extrem- oder Fehlersituationen. Sofern der Simulator Benutzereingaben - direkt oder über eine Textdatei - erlaubt, sollte die Reaktion des Programms auf falsche, unsinnige oder fehlende Daten untersucht werden. Speziell für die Simulation selbst bietet sich die Untersuchung von Sonderfällen an, die im normalen Betrieb nicht oder extrem selten auftreten. Bei Lagerhaltungssystemen oder Zwischenpuffern in der Fertigung sollte geprüft werden, was bei einem Überschreiten der Kapazität passiert. Ebenso könnte man eine Fertigung durch das Ausbleiben von Aufträgen leeren und die Reaktion darauf testen. Ebenfalls sinnvoll ist es, die Reaktion auf das Ausbleiben von Ereignissen zu überprüfen, wozu sich auch extrem kurze Simulationsläufe anbieten. Gerade bei statistischen Auswertungen könnten dann Programmabstürze aufgrund einer Division durch Null vorkommen. Ein weiterer typischer Fehler ist das Überschreiten von Bereichsgrenzen, wie er z.B. bei einer Simulationsdauer von über 32.767 Zeitschritten bei der Verwendung einfacher Integer-Zahlen vorkommen kann.

Eine weitere, sehr simple Möglichkeit speziell bei stochastischen Simulationen besteht darin, die Simulation einfach eine extrem lange Zeit laufen zu lassen. Durch die Zufälligkeit können auf diese Art sehr viele Kombinationen durchgespielt werden, so daß auch Programmfehler, die sich nur in wenigen Fällen auswirken, aufgedeckt werden können. Um die Chancen auf solche Treffer zu steigern, kann man die Varianz der Eingangsgrößen verstärken oder durch geänderte Parameter kritische Ereignisse wahrscheinlicher machen. Auffällig können Programmfehler unter anderem dadurch werden, daß inkonsistente Zustände auftreten oder im Extremfall das Programm abstürzt. Um dann die Ursache zu finden, ist ein Mitschreiben der relevanten Systemzustände (*Tracing*) notwendig.

7.3.3 Tracing

Unter *Tracing* versteht man allgemein das fortlaufende Mitschreiben von Zuständen oder Änderungen während der Simulation. Bei einer zeitorientierten Simulation können wichtige Systemzustände für jeden einzelnen Zeitschritt in eine Datei geschrieben werden; bei der ereignisorientierten Simulation werden die auftretenden Ereignisse inkl. der dazugehörigen Zustandsänderungen protokolliert.

Kommerzielle Simulationssysteme und Simulationssprachen besitzen in der Regel mehr oder weniger umfangreiche Möglichkeiten des Tracings, die ohne weiteren Aufwand vom Anwender genutzt werden können. Bei Simulatoren, die mit konventionellen Programmiersprachen realisiert wurden, muß der Programmierer an den relevanten Stellen Ausgabeanweisungen einfügen. Sinnvollerweise wird deren Ausführung von dem Wert einer globalen Variablen oder Konstanten abhängig gemacht, so daß durch Ändern nur eines einzigen Wertes das Tracing ein- und ausgeschaltet werden kann. Da moderne Compiler mit Hilfe von Optimierungsverfahren den im ausgeschalteten Fall nicht erreichbaren Code ignorieren, kann er ohne Laufzeitnachteile auch nach der Testphase im Simulator verbleiben. Dies hat den Vorteil, daß bei späteren Änderungen jederzeit wieder auf diese Funktionalitäten zugegriffen werden kann.

Ein grundsätzliches Problem des Tracings sind die oft riesigen Datenmengen, die im Laufe einer umfangreichen Simulation anfallen. Eine Möglichkeit zur Bewältigung besteht in der Anwendung kleiner Hilfsprogramme, mit denen die Ausgabe nach Auffälligkeiten durchsucht wird. Ein anderer Ansatz besteht in einem intelligenten Tracing, das sich selbst erst beim Erkennen von Problemen aktiviert oder in einen detaillierteren Modus schaltet. Ein solches Umschalten kann auch in der Weise erfolgen, daß anstelle des Ein- und Ausschaltens mit einer Booleschen Variable ein Zahlenwert verwendet wird, der nur die Ausgabeanweisungen aktiviert, die diese oder eine höherer Priorität besitzen.

Eine spezielle Form des Tracings bei Programmen, die mit konventionellen Programmiersprachen realisiert wurden, kann mit sogenannten *Profilern* durchgeführt werden. Es handelt sich dabei um Hilfsprogramme der Software-Entwicklungsumgebung, mit denen die Häufigkeiten und die Laufzeiten aller Unterprogrammaufrufe erfaßt werden. Da in der Regel der größte Teil der Laufzeit durch nur wenige Unterprogramme oder Programmzeilen verursacht wird, kann man mit Kenntnis dieser Daten die Ausführungsgeschwindigkeit deutlich verbessern. Daneben können aber auch Unterprogramme identifiziert werden, die aufgrund von Fehlern zu selten oder zu oft angesprungen werden.

7.3.4 Vergleich mit analytischen Modellen

Für einige Klassen von Problemen existieren analytische Lösungen. Ein bekanntes Beispiel ist ein Warteschlangenproblem mit einer Schlange, einer Kasse und exponentialverteilten Zwischenankunfts- und Bedienzeiten. Diese Anordnung wird als *M/M/1-System* bezeichnet (vgl. Abschnitt 9.2). Auch wenn das konkrete Simulationsproblem nicht diesen sehr restriktiven Prämissen entspricht, kann es sinnvoll sein, zunächst eine Simulation mit solchen Vorgaben durchzuführen. Da hierfür eine exakte Lösung existiert und bekannt ist, muß der Simulator diesen Wert - im Rahmen der stochastischen Streuung - liefern. Ist das der Fall, besteht die begründete Hoffnung, daß zumindest alle hierbei verwendeten Programmteile weitgehend korrekt arbeiten.

7.3.5 Durchführen automatischer Konsistenzprüfungen

In jeder Simulation kommen Größen vor, die nur Werte aus einem bestimmten Wertebereich annehmen dürfen. So besteht in vielen Fällen die Nichtnegativitätsbedingung, z.B. bei Lagerbeständen oder der Länge einer Warteschlange. Ebenso sind viele Größen auch nach oben durch mehr oder weniger exakte absolute oder tatsächliche Grenzen beschränkt, z.B. die Maximalleistung einer Maschine oder das Alter von Menschen.

Zum Teil besitzen die verwendeten Simulations- oder Programmiersprachen geeignete Mittel, solche Restriktionen festzulegen und ihre Einhaltung während der Laufzeit zu überwachen. Anderenfalls ist es die Aufgabe des Programmierers, entsprechende Programmteile an geeigneter Stelle hinzuzufügen. Man sollte dabei allerdings beachten, daß solche Prüfungen zu einer nennenswerten Verlängerung der Simulationszeit führen können. Es kann deshalb sinnvoll sein, diese Teile bei Bedarf, z.B. in der getesteten Endversion, wieder zu deaktivieren.

Andere Arten von Fehlern in Datenstrukturen lassen sich mit Begriffen wie *referentielle Integrität* und *Konsistenz* umschreiben.

So kommt es bei dynamischen Datenstrukturen häufig vor, daß noch Zeiger auf bereits gelöschte Objekte existieren. Ähnliches gilt dann, wenn anstelle von Zeigern Werte vorhanden sind, die auf einen Schlüssel verweisen, der in der Zieltabelle nicht mehr existiert. Solche Fälle, bei denen die Referenzierung zwischen den einzelnen Datenstrukturen fehlerhaft ist, können in Anlehnung an die Datenbanktheorie als Verletzung der referentiellen Integrität bezeichnet werden.

Bei komplexeren Modellen werden teilweise Daten oder Zeiger in verschiedenen Objekten redundant gespeichert, um eine Unabhängigkeit bei der Modellierung oder eine höhere Effektivität bei der Ausführung zu erreichen. Zum Beispiel könnte ein Kunde in einem System mit mehreren Warteschlangen die Nr. seiner Schlange bzw. einen Zeiger auf das Objekt Schlange speichern. Zugleich könnte die Warteschlange selbst eine Liste von Zeigern auf die darin befindlichen Kunden besitzen. Aufgrund von Programmfehlern könnte es vorkommen, daß eine Schlange auf einen Kunden verweist, der seinerseits auf eine andere Schlange referenziert. Treten bei mehrfach vorhandenen Daten Widersprüche auf, so spricht man von Inkonsistenz.

Eine weitere Form des Zusammenhangs zweier Objekte kann in der Beschränkung des Wertebereichs eines Objektes durch den tatsächlichen Wert eines anderen Objektes bestehen. Werden z.B. Personen modelliert, so kann der Altersunterschied zwischen Kindern und Eltern normalerweise nicht geringer als etwa 15 Jahre sein. Doch dieses Beispiel zeigt auch eine Gefahr auf, die in einer ungenauen Begriffsdefinition begründet sein kann. Die genannte Grenze bezieht sich auf leibliche Eltern; eine Stiefmutter kann hingegen im Extremfall sogar jünger als ihr Stiefkind sein.

Prüfungen der gezeigten Art sind in der Regel nicht automatisch im System vorhanden, sofern kein hierfür geeignetes Datenbankmanagementsystem eingesetzt wird. Entsprechend müssen solche Teile selbst implementiert werden. Wegen der Komplexität und Vielfalt solcher Prüfungen ist es meist ratsam, sie programmtechnisch zu zentralisieren und - u.a. aus Effizienzgründen - nur nach dem Erreichen bestimmter Marken, z.B. einmal pro simulierter Periode, durchzuführen.

7.3.6 Verwendung grafischer Methoden

Die einfachste Form einer grafischen Visualisierung des Simulationsverlaufs oder -ergebnisses ist die Darstellung wichtiger Größen als Zeitreihe. Im Grunde handelt es sich dabei nur um eine Aufbereitung der Ergebnisse eines Tracings. Die grafische Ausgabe erlaubt es jedoch, in wesentlich kürzerer Zeit Zusammenhänge oder Ausnahmesituationen zu erfassen, als dies bei tabellarischen Darstellungen möglich wäre.

Eine andere Variante sind Echtzeitanimationen, die bei einigen Simulationssystemen integriert oder als Option erhältlich sind. Damit können die Werte wichtiger Größen - z.B. Schlangenlängen, Lagerbestände, Füllmengen - oder räumliche Bewegungen - z.B. von Transportsystemen - in Einzelschritten oder einer fortlaufenden Simulation wie in einem Trickfilm vor dem Anwender ablaufen. Besonders beeindruckend sind die Visualisierungen von Finite-Elemente-Simulationen, bei denen z.B. Crashtests in Zeitlupe ablaufen. Hierbei ist der Übergang zu Systemen wie Flug- oder Fahrsimulatoren fließend, die zu Trainingszwecken eingesetzt werden. Da diese Ergebnisdarstellung den Erfahrungen der Anwender des Systems sehr nahe kommt, können meist selbst kleine Abweichungen vom korrekten Systemverhalten erkannt werden. Bei diesen Methoden besteht oft ein Übergang zur Validierung, da nicht nur die formale, sondern fast automatisch auch die inhaltliche Korrektheit überprüft wird.

7.3.7 Interaktive Simulation

Manche Simulationssysteme erlauben es dem Benutzer, ständig oder zu bestimmten Haltepunkten in den Lauf der Simulation einzugreifen. So können Modellparameter geändert oder die Verteilung von Eingangsgrößen verändert werden. Die Reaktionen des Simulators können, müssen aber nicht grafisch dargestellt werden.

Diese Möglichkeit findet man heute bei vielen Systemen zur Produktionsplanung und -steuerung (PPS). Die Verantwortlichen sind dort in der Lage, die Wirkung ihrer Planungen zu testen, bevor sie tatsächlich real eingebucht werden. Eine zweite, weit verbreitete Art von Simulation, bei der diese Interaktion die Hauptanwendung ist, stellen Planspiele dar, die vor allem für betriebliche Entscheidungen bzw. ihrem Training eingesetzt werden.

Auch bei der interaktiven Simulation ist der Übergang zwischen Verifikation und Validierung fließend.

7.4 Validieren der Simulationsergebnisse

7.4.1 Allgemeines

Selbst Autoren, die vehement die umfassende Verifikation und Validierung fordern, bieten speziell bei der - für das Gesamtsystem entscheidenden - Validierung des Simulationsmodells vergleichsweise wenig konkrete Methoden an (vgl. Hoover/Perry 1990, S. 290 - 293). Ähnlich wie bei der Modellbildung gilt auch hier, daß die Besonderheiten des Systems berücksichtigt werden müssen und vor allem die Erfahrung der beteiligten Personen eine wichtige Rolle spielt. Die in den nachfolgenden Abschnitten vorgestellten Methoden können deshalb nur als Anregung und Überblick verstanden werden.

Zuvor sollen aber noch einige grundsätzliche Betrachtungen zur Validierung angestellt werden (vgl. Liebl 1995, S. 203 - 205):

Zunächst muß festgestellt werden, daß es nicht das absolute Modell eines Systems gibt, da jedes Modell nur Teilaspekte des realen Systems abbilden kann. Die Anforderungen an die Validität sind demnach an den Fragestellungen zu messen, für die das Modell entwickelt wurde. Soll berechnet werden, ob ein Billardball nach einer Karambolage in das vorgesehene Loch fällt, dürfte eine Genauigkeit des Winkels von etwas besser als 1% völlig ausreichen. Wird hingegen die Flugbahn einer Sonde auf dem Weg zu einem Mond des Neptuns bestimmt, muß die Genauigkeit um mehrere Zehnerpotenzen besser sein.

Die Anforderungen an die Genauigkeit des Modells hängen auch von den Eigenschaften des Systems ab. Bei einem weitgehend deterministischen System wie einer Automobilfertigung ist es bei einer Just-In-Time-Anlieferung notwendig, den Materialfluß auf die Minute genau vorauszuberechnen. Bei einem stochastischen Warteschlangensystem wie einer Supermarktkasse ist es jedoch unmöglich, die konkrete Anzahl der Kunden in einer bestimmten Minute vorherzusagen. Da es sich hierbei ohnehin nur um einen statistischen Erwartungswert mit einer relativ großen Standardabweichung handelt, sind Ungenauigkeiten im Prozentbereich akzeptabel.

Aus den beiden genannten Aspekten läßt sich unmittelbar ableiten, daß es bei der Validierung nicht um eine Entscheidung über richtig oder falsch geht. Ein Modell, das nicht validiert wurde und von der Realität deutlich abweichende Ergebnisse liefert, ist natürlich unbrauchbar. Umgekehrt ist es unsinnig, die Modellgenauigkeit mit hohem Aufwand über das benötigte Maß hinaus zu steigern. In der Realität dienen Simulationsmodelle oft dazu, die Qualität von Entscheidungen zu verbessern. Damit muß der Einsatz der Simulation anhand ihres Kosten/Nutzen-Verhältnisses bewertet werden. Eine Steigerung der Genauigkeit des Modells ist mit höheren Kosten verbunden, die nur dann gerechtfertigt sind, wenn der daraus resultierende Nutzen in Form einer besseren Entscheidung dies aufwiegt.

Wird eine Simulationsstudie nicht zum Zwecke der reinen Forschung, sondern im Auftrag eines Unternehmens oder einer ähnlichen Institution durchgeführt, so erhält sie - zumindest teilweise - den Charakter eines Produkts oder einer Dienstleistung. Schon aus den bereits genannten Gründen der Kosten/Nutzen-Abwägung erscheint es deshalb notwendig festzulegen, wann ein Modell als valide gilt, also vom Auftraggeber akzeptiert wird. Dabei lassen sich zwei Extremsituationen unterscheiden:

Zum einen könnte ein Auftraggeber sachlich nicht gerechtfertigte Maßstäbe anlegen, wodurch die Gefahr eines Gefälligkeitsgutachtens besteht. Sind diese Kriterien darüber hinaus objektiv falsch, kann dies zu Manipulation der Ergebnisse führen, um dennoch die Vorgaben einzuhalten.

Zum anderen könnten die Simulationsspezialisten aus ihrer Position als Experten Qualitätsmaßstäbe vorgeben, die für die Entscheidungsträger fachlich nicht nachvollziehbar sind. Damit wird aber einer der Hauptvorteile der Simulation gegenüber alternativen Ansätzen zur Problemlösung wie z.B. komplexen analytischen Methoden verspielt, nämlich die hohe Akzeptanz aufgrund der leichteren Verständlichkeit. Als Folge davon kann es passieren, daß die Auftraggeber letztlich auf der Grundlage anderer, einfacherer Methoden entscheiden, die sie besser als die Ergebnisse der Simulationsstudie bewerten können.

Sollen die Ergebnisse einer Simulationsstudie wirklich etwas bewirken, muß rechtzeitig mit den Adressaten ein Einvernehmen über das Vorgehen und die Qualiätsmaßstäbe erzielt werden.

Law/Kelton (1991, S. 299 ff.) widmen diesem Aspekt besonders große Aufmerksamkeit und stellen ihn unter der Bezeichnung *Establish Credibility* in eine Reihe mit Verifikation und Validierung. Ein unverzichtbare Aufgabe der Simulationsexperten besteht demnach darin, den Auftraggebern die Ergebnisse "zu verkaufen".

7.4.2 Ergebnisvergleich mit dem Realsystem

7.4.2.1 Allgemeines

Die mit Abstand wichtigste und in der Literatur am meisten beschriebene Methode der Validierung des Simulationssystems ist der Vergleich der Simulationsergebnisse mit dem Verhalten des realen Originalsystems. Dabei wird - insbesondere was die Methoden betrifft - der Übergang zur Anwendung des Systems und der dort stattfindenden Ergebnisbeurteilung fließend. Dennoch sollte man beide Schritte auseinanderhalten.

Bevor ein Simulationsmodell zur Beantwortung konkreter Fragen einsetzt wird, muß in ausreichendem Maße sichergestellt werden, daß die Antworten, die der Simulator gibt, im Rahmen der Anforderungen auch korrekt sind. Da es grundsätzlich keine absolute Sicherheit oder Korrektheit bei Modellen geben kann, ist im Rahmen der Validierung also die Glaubwürdigkeit des Modells zu überprüfen. Erst wenn das Modell diese Prüfung übersteht, kann man es wagen, zum nächsten Schritt, dem Einsatz, überzugehen.

Auch beim Einsatz des Simulationsmodells ist ständig zu überprüfen, ob die Ergebnisse korrekt sind bzw. sein können. Es muß also während des praktischen Einsatzes eines Simulationsmodells eine ständige Form der Validierung stattfinden.

Gemeinsam ist den Phasen der Validierung und der Ergebnisanalyse, daß die Ergebnisse der Simulation mit statistischen Mitteln untersucht und dem realen Systemverhalten gegenübergestellt werden müssen. Das Ergebnis jedes noch so guten Modells wird immer eine gewisse Differenz zum Verhalten des realen Systems aufweisen. Bei der Validierung werden die zur Verfügung stehenden Methoden verwendet, um zu überprüfen, ob die Abweichungen stochastischer Art sind bzw. sich im Rahmen der Abbildungsgenauigkeit befinden oder ob sie auf einem systematischen Fehler beruhen. In der Anwendungsphase dienen diese Methoden dazu, die Genauigkeit des Ergebnisses abzuschätzen.

Der Hauptunterschied beider Phasen liegt darin, daß bei der Validierung Fragen an den Simulator gestellt werden, deren Antworten bereits bekannt sind. Stimmen diese Ergebnisse hinreichend mit der Realität überein, geht man davon aus, daß auch Fragen, für die das Ergebnis nicht bekannt ist, richtig beantwortet werden.

7.4.2.2 Zeitbezug bei einmaligen Prozessen

In einigen Anwendungsbereichen kommt es häufig vor, daß Systeme modelliert werden, von denen als Verhalten nur eine einzige Zeitreihe vorliegt. Dies gilt z.B. für betriebliche Abläufe (Auftragslage in der Fertigung, Umsatzentwicklung usw.), die gesamtwirtschaftliche Entwicklung (Arbeitsmarkt, Export usw.) und viele andere längerfristige Zukunftsprognosen (Klimaentwicklung, Kontinentaldrift, Ausdehnung des Weltalls usw.).

All diesen Beispielen ist gemeinsam, daß keine Experimente am realen System möglich sind und nur vergleichsweise wenige Beobachtungswerten vorliegen. Aus diesen Vergangenheitsdaten soll auf das künftige Verhalten geschlossen werden.

Ohne auf die Einzelheiten solcher Modelle sowie ihrer Spezifikation und Schätzung einzugehen, werden hier einige grundsätzliche Überlegungen zu ihrer Verifikation angestellt.

Da die Modelle aufgrund einer endlichen Beobachtungsreihe geschätzt bzw. spezifiziert werden, kann man einen Zeitraum *inside sample*, aus dem die der Schätzung zugrundeliegenden Werte stammen, und einen Zeitraum *outside sample* unterscheiden. Da die Simulation in der Regel zukunftsbezogen ist, kann der Zeitraum vor den verwendeten Beobachtungswerten unberücksichtigt bleiben.

Davon zu unterscheiden sind die Begriffe *Vergangenheit* und *Zukunft*, die die *Ex-post-* und die *Ex-ante-Simulation* trennen und sich an dem Zeitpunkt orientieren, an dem die Simulation durchgeführt wird.

Der Zeitstrahl kann somit wie in folgender Abbildung unterteilt werden, wobei der Zeitraum vor der Datenerhebung nicht berücksichtigt wird:

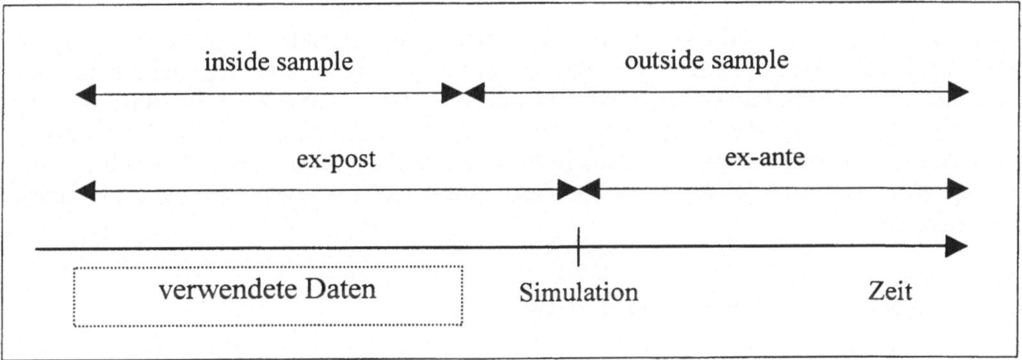

Bild 7-1 Aufteilung der betrachteten Zeit

Für die Simulation ergeben sich drei getrennte Abschnitte:

Die ersten Simulationsläufe sollten *ex-post* und *inside sample* durchgeführt werden. Da die Werte des realen Systems aus diesem Zeitraum der Modellspezifikation zugrunde liegen, sollte sich bei korrektem Vorgehen eine relativ große Übereinstimmung zwischen Realität und Modellverhalten ergeben. Dieser Abschnitt kann somit auch der Verifikation zugerechnet werden.

Die echte Validierung als Vergleich mit dem Realsystem findet im Zeitbereich *ex-post* und *outside sample* statt. Dieser Bereich kann sich dadurch ergeben, daß die für die Schätzung notwendigen detaillierten Daten oft erst mit einiger Verzögerung zur Verfügung stehen, während sich der Ergebnisvergleich anhand einiger gröberer Daten vornehmen läßt. Diese Lücke kann aber auch - zumindest zwischenzeitlich - bewußt zur besseren Modellüberprüfung gewählt werden. Dieser Zeitraum besitzt den Vorteil, daß es sich aus Sicht des Modells um eine Zukunftsprognose handelt, die realen Ergebnisse jedoch schon bekannt sind. Auf diese Art kann ermittelt werden, wie sich das Modell außerhalb des Schätzzeitraums verhält. Treten schon hier deutliche Abweichungen vom realen Verhalten auf, ist das Modell in der vorliegenden Form für eine Zukunftsprognose ungeeignet. Umgekehrt kann man bei einer guten Simulation dieses Zeitraums hoffen, daß auch für die nächsten Perioden geeignete Ergebnisse erzielt werden.

Die *Ex-ante-Simulation* stellt eine echte Prognose künftigen Verhaltens dar und kann entsprechend nicht durch Vergleich mit Daten des realen Systems überprüft werden. Es müssen deshalb Verfahren angewendet werden, wie sie in Abschnitt 7.4.3 beschrieben sind.

7.4.2.3 Verhalten in Extremsituationen

Das Verhalten in Extremsituationen wurde bereits in Abschnitt 7.3.2 bei der Verifikation der Implementierung angesprochen. Dort sollten vor allem Programmierfehler entdeckt werden. Im Rahmen der Validierung geht es jedoch um realistische Situationen, bei denen die Frage besteht, ob sie korrekt modelliert wurden oder eventuell bei der Modellbildung unberücksichtigt geblieben sind.

Ein gutes Beispiel in diesem Zusammenhang ist die Unterscheidung zwischen Verhaltens- und Strukturmodellen (siehe Abschnitt 5.4). Läuft z.B. bei einer Kuckucksuhr das Gewicht ab, müßte die Uhr stehenbleiben. Bei reinen Verhaltensmodellen ist es fraglich, ob dieser regelmäßig vorkommende Sonderfall richtig simuliert wird. Möglicherweise ist er bei der Modellspezifikation überhaupt nicht beachtet worden.

Andere Fälle von Extremverhalten müssen sich auch ohne besondere Berücksichtigung im Modell simulieren lassen. Ist z.B. in den Stoßzeiten vor Mittag nur eine Supermarktkasse geöffnet, muß die Schlange immer länger werden, bis eine weitere Kasse zur Entlastung geöffnet wird. Dann sollte - sofern die Bedienrate größer als die Ankunftsrate ist - die Zahl der wartenden Kunden wieder abgebaut werden. Andere Beispiele sind der Ausfall einer Maschine in der Fertigung, Krankheit oder Urlaub eines Sachbearbeiters oder Lieferverzögerungen bei einem Lagerhaltungssystem.

7.4.2.4 Kalibrieren des Simulationsmodells

Wird das Modell anhand eines Vergleichs seiner Ergebnisse mit den am Realsystem beobachteten Daten validiert, besteht oft die Neigung, das Modell so anzupassen, daß die historischen Daten möglichst gut getroffen werden. Dies wird als *Kalibrierung* oder auch *Fine-Tuning* bezeichnet.

Es ist aber die Frage zu stellen, ob eine solche Anpassung tatsächlich die Qualität des Modells verbessert (vgl. Abschnitt 5.6.3 und Law/Kelton 1991, S. 314). Es besteht nämlich die Gefahr, daß eine zu große Anpassung an einen bestimmten Datensatz, der nicht unbedingt repräsentativ sein muß, eher zu einer Verschlechterung bei anderen Daten führt. Um diesen Effekt zu überprüfen, sollten unbedingt einige Datensätze vorhanden sein, die nicht bei der Kalibrierung verwendet werden. Dieses Vorgehen entspricht weitgehend der Unterscheidung *inside sample / outside sample*, die in Abschnitt 7.4.2.2 beschrieben wurde.

7.4.2.5 Konkretes Vorgehen beim Ergebnisvergleich

Eine exakte Reproduktion der Ergebnisse des Realsystems ist - zumindest bei stochastischen Modellen - nicht möglich und eignet sich deshalb nicht als Maßstab für eine Validierung. Ebenso basiert die Anwendung von Testverfahren mit einer Hypothese der Art $\mu_{sim} = \mu_{real}$ auf falschen Voraussetzungen, da ein Modell nie eine 100%ige Abbildung des Originalsystems darstellen kann. Die Frage darf also nicht lauten, ob das Modell mit der Realität identische Ergebnisse liefert, sondern ob die Ergebnisse hinreichend gut mit ihr übereinstimmen.

In diesem Abschnitt werden Hinweise zum praktischen Vorgehen beim Ergebnisvergleich gegeben. Für eine ausführlichere Darstellung sei vor allem auf Law/Kelton (1991, S. 314 - 322) verwiesen. Grundsätzlich kritisch zu einer Validierung auf Basis des Vergleichs zwischen Modellergebnissen und Realsystem äußern sich Hoover/Perry (1990, S. 291) und nennen eine Vielzahl von Problemen.

Im einfachsten Fall stellt man einfach die Daten des realen Systems den Ergebnissen der Simulation gegenüber. Als Vergleichsgrößen bieten sich dazu besonders Mittelwerte an. Dieses Vorgehen hat jedoch den Nachteil, daß bei stochastischen Systemen die Daten - sowohl des Realsystems als auch des Modells - erheblichen Streuungen unterworfen sind, die eine verläßliche Analyse praktisch verhindern.

Für einen aussagekräftigen Vergleich muß man die Ursachen für die Abweichungen im Verhalten von Originalsystem und Modell betrachten. Diese basieren im wesentlichen auf drei Faktoren:

- Unterschiede zwischen Modell und modelliertem Realitätsausschnitt
- Unterschiede in den Strömen von Eingangsgrößen
- stochastische Streuung innerhalb des Prozesses

Untersucht werden soll in der Validierung nur der erste Punkt. Unterschiede, die auf den beiden anderen Faktoren beruhen, sollten bei der Analyse so weit wie möglich ausgeschaltet werden. Dazu bieten sich vor allem zwei Möglichkeiten an:

- Untersuchung einer statistisch ausreichend großen Menge von Vergleichsdaten
- Einsatz varianzreduzierender Verfahren

Ideal ist der Einsatz geeigneter statistischer Verfahren, wenn sowohl für das Originalsystem als auch für das Simulationsmodell jeweils eine möglichst große Zahl von unabhängigen Erhebungen (Stichproben) vorliegt. Bei vielen Systemen der Realität ist dies leider nicht gegeben. Z.B. steht für ein Unternehmen bzw. seine Teilbereiche wie Fertigung oder Lagerhaltung nur eine Zeitreihe als Datensatz zur Verfügung. Dabei können grundsätzlich nur Daten eines Zeitraums von einigen Monaten bis wenigen Jahren verwendet werden, da Unternehmen ständigen Veränderungen und Strukturbrüchen unterworfen sind, die den sinnvollen Einsatz älterer Daten ausschließen.

Im folgenden wird zunächst ein Verfahren vorgestellt, das sich auch für den Vergleich anhand lediglich jeweils einer Stichprobe eignet, jedoch nur eingeschränkt quantitative Aussagen erlaubt. Anschließend wird eine Methode beschrieben, die von einer großen Zahl vergleichbarer Daten ausgeht.

Um die auf stochastischen Streuungen basierenden Unterschiede im Ergebnis zwischen Originalsystem und Modell möglichst klein zu halten, sollten beide mit identischen Eingangsdaten arbeiten. Dies wird dadurch erreicht, daß man im Modell nicht Zufallszahlen mit derselben Verteilung wie die Eingangsdaten im realen System verwendet, sondern die exakten historischen Daten. Schematisch sieht dies so aus:

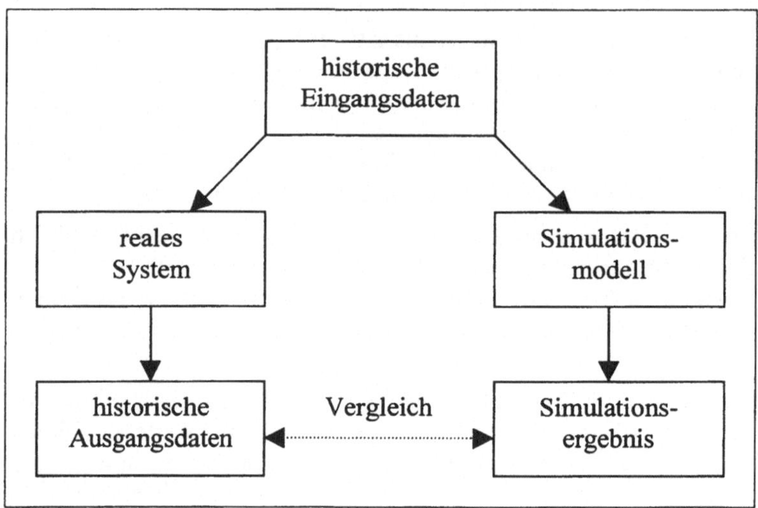

Bild 7-2 Datenfluß für Ergebnisvergleich

Damit läßt sich der Einfluß unterschiedlicher Eingangsgrößen, die durch Zufallsgeneratoren erzeugt werden, auf das Simulationsergebnis vermeiden. Die Abweichungen durch die stochastische Streuung innerhalb des Prozesses können auf diese Art ebenfalls reduziert oder sogar vermieden werden. Dazu werden - soweit möglich - für alle stochastischen Größen Daten am realen System erhoben und als Eingangsströme betrachtet. Bei einem Lagerhaltungssystem wären das z.B. nicht nur die Ströme von Aufträgen, d.h. den Abgängen, sondern auch die Streuung bei der Zulieferung. Man muß sich aber darüber im klaren sein, daß bei einer solchen Validierung die Modellierung der Eingangsgrößen und ihrer Verteilungen nicht getestet wird. Dies hat dann in weiteren Simulationsläufen zu erfolgen.

Dieses von Law/Kelton (1991, S. 316 - 319) als *correlated inspection approach* bezeichnete Verfahren nutzt die Tatsache aus, daß die Ausgangsgrößen von Originalsystem und Simulator bei diesem Vorgehen stark positiv korreliert sind und damit die Differenz zwischen beiden einer sehr kleinen Streuung unterliegt. Auch wenn sich nicht direkt ein Konfidenzintervall berechnen läßt, kann die Größe der Differenz doch als vergleichsweise verläßliches Maß angesehen werden.

Sofern vom Originalsystem eine große Zahl unabhängiger Stichproben vorliegt oder erhoben werden kann, sollte statt dessen ein auf Konfidenzintervallen basierender Ansatz verwendet werden (vgl. Law/Kelton 1991, S. 319 - 321). Dieser erlaubt dieselben Aussagen wie ein reines Testverfahren, bietet aber darüber hinaus auch die Möglichkeit quantitativer Aussagen über den Grad der Modellabweichung. Hier die praktische Vorgehensweise:

Es liegen je n Ergebnisse X_i des Originalsystems und Y_i des Simulationsmodells vor, die jeweils dem Mittelwert einer Ergebnisgröße für die i-te Stichprobe entsprechen. Dann stellt die

Differenz $D_i = X_i - Y_i$ ein Maß für die Abweichung zwischen Modell und Realität dar. Es gelte ferner: $\mu_X = E(X)$, $\mu_Y = E(Y)$ und $\xi = \mu_X - \mu_Y$. Der Vergleich wird auf Basis von ξ durchgeführt, wobei $\xi = 0$ eine exakte Übereinstimmung von Modell und Realität bedeuten würde.

Es gelte:

$$\overline{D} = \frac{1}{n}\sum_{i=1}^{n} D_i = \frac{1}{n}\sum_{i=1}^{n}(X_i - Y_i) = \overline{X} - \overline{Y}$$

Die Varianz der mittleren Abweichung $\overline{D}$ der n Stichproben wird geschätzt durch:

$$\hat{\sigma}^2_{\overline{D}} = \frac{\sum_{i=1}^{n}(D_i - \overline{D})^2}{n \cdot (n-1)} = \frac{1}{n-1} \cdot \left(\frac{1}{n} \cdot \sum_{i=1}^{n}(D_i^2) - \overline{D}^2 \right)$$

Das zweiseitige Konfidenzintervall für ξ bestimmt sich daraus nach:

$$\xi_{o,u} = \overline{D} \pm t_{n-1;1-\alpha/2} \cdot \hat{\sigma}_{\overline{D}}$$

Umschließt das Intervall nicht den Wert 0, ist die Abweichung zwischen Modell und Realität statistisch signifikant. Bei einem Test würde dies zur Ablehnung der Hypothese führen, daß μ_X und μ_Y gleich sind. Ob die Abweichung ξ so groß ist, daß damit das Modell als ungeeignet zurückgewiesen werden muß, hängt vom konkreten Fall ab. Ist z.B. $\xi = 1$, wird man dies bei $\mu_X = 1000$ als sehr guten Wert, bei $\mu_X = 1$ dagegen als sehr schlechten Wert interpretieren müssen.

Der hier vorgestellte *Paar-Vergleich mittels t-Test* (vgl. Rinne 1995, S. 397), der von Law/ Kelton (1991, S. 320 und S. 587 f.) als *Paired-t-Approach* bezeichnet wird, hat den Vorteil, daß auch korrelierte Paare von X und Y verwendet werden dürfen, was sich z.B. bei der Verwendung historischer Eingangsdaten für die Simulation zwangsläufig ergibt. Auf der anderen Seite können nur gleich große Ergebnismengen verglichen werden, so daß dies bei geringen Datenmengen aus dem realen System eine Einschränkung bedeutet. Zudem wird vorausgesetzt, daß die Varianzen von X und Y gleich sind, was in der Praxis eine eher unsichere Annahme darstellen dürfte.

7.4.3 Sonstige Methoden

7.4.3.1 Sensitivitätsanalyse

Die Sensitivitätsanalyse ist in erster Linie eine Methode der Ergebnisanalyse und dient dazu, die Reaktion des Modells bzw. Systems auf Änderungen der Eingangsbedingungen zu untersuchen. Sie wird in Abschnitt 8.1.5 ausführlicher behandelt.

Im Rahmen der Validierung des Simulationsmodells kann sie vor allem zur Beantwortung der Frage eingesetzt werden, ob das Modell stabil ist. Wenn nämlich schon kleinere Änderungen der Eingangsgrößen zu sehr großen Änderungen der Ergebnisse führen, stellt sich die Frage, ob die entsprechenden Größen genau genug modelliert worden sind oder sich überhaupt in der notwendigen Genauigkeit erfassen lassen. Dadurch können sich Rückwirkungen auf die Modellierungsphase ergeben:

- Größen, die bei der Sensitivitätsanalyse einen besonders kritischen Einfluß auf das Ergebnis zeigen, müssen besonders genau bzw. detailliert erfaßt und modelliert werden. Bei Bedarf sind hierzu Modellerweiterungen oder neue empirische Untersuchungen am realen System erforderlich.

- Zeigt das reale System deutlich geringere Reaktionen auf die Änderungen als das Simulationsmodell, könnten stabilisierende Rückkopplungen im Modell fehlen.
- Zeigt sich im Extremfall sowohl im Modell als auch im realen System chaotisches Verhalten, muß die ursprüngliche Aufgabenstellung oder sogar die Durchführbarkeit der Simulationsstudie in Frage gestellt werden. Gegebenenfalls ist der simulierte Zeithorizont so weit zu verringern, daß sich die Abweichungen in vertretbarem Rahmen bewegen.

7.4.3.2 Vergleich mit plausiblen Annahmen, Theorien und anderen Simulationen

Insbesondere dann, wenn das zu simulierende Realsystem nicht greifbar ist oder noch nicht bzw. nicht mehr existiert, muß das Simulationsergebnis mit Annahmen oder Theorien verglichen werden.

Typische Beispiele liefern die Astronomie und die Kernphysik. Z.B. gibt es über den Urknall eine Reihe von Hypothesen, die sich nur mit anderen gedanklichen Modellen oder Simulationsergebnissen vergleichen lassen, da adäquate Experimente offensichtlich unmöglich sind.

Ähnliches gilt auch für noch nicht existierende Systeme, z.B. geplante Fabriken oder neue Fertigungsverfahren, oder künftige Entwicklungen bestehender Systeme, die bisher ohne Vorbild sind, z.B. die "Klimakatastrophe". Hier wird es oft als Validierung angesehen, wenn zwei getrennte Gruppen auf unterschiedlichem Weg - z.B. Theorie vs. Simulation - zum selben Ergebnis kommen. Dieses Verfahren ähnelt der zum Teil in der Weltraumfahrt angewandten Methode, daß getrennte Gruppen von Programmierern auf unterschiedlicher Hardware mit verschiedenen Programmiersprachen das gleiche System realisieren sollen. Liefern solche Systeme im Betrieb dieselben Ergebnisse, gelten diese als korrekt.

Man sollte sich aber bewußt sein, daß damit eher eine Verifikation als eine Validierung durchgeführt wurde, weil das Simulationsmodell in der Regel auf der Basis bestehender Theorien entwickelt wird. Eine Übereinstimmung zwischen Theorie und Simulationsmodell deutet vor allem auf eine korrekte Implementierung eben dieser Theorie hin.

7.4.3.3 Vergleich mit analytischen Modellen

In der Literatur wird es teilweise als Methode zur Validierung angesehen, die Simulationsergebnisse mit der exakten Lösung eines analytischen Modells zu vergleichen. In gewisser Weise entspricht dieses Vorgehen dem im letzten Abschnitt beschriebenen und wird auch als *theoriebezogene Validierung* (Liebl 1995, S. 209) bezeichnet.

Nahezu alle analytisch lösbaren Modelle zeichnen sich durch sehr restriktive Prämissen aus und sind gegenüber der Realität stark vereinfacht. Sie weichen deshalb zwangsläufig relativ stark von einem realitätsnahen Modell ab, wie es einer Simulation zugrunde liegen sollte. Für den Vergleich gibt es zwei Möglichkeiten:

Zum einen kann das analytische Modell simuliert und sein Simulationsergebnis mit der berechneten Lösung verglichen werden. Damit wird jedoch gerade nicht das der späteren Simulation zugrundeliegende Modell simuliert, so daß es auch nicht validiert wird. Es handelt sich statt dessen um eine Verifikation des Simulators, die bereits in Abschnitt 7.3.4 beschrieben wurde.

Die zweite Möglichkeit besteht darin, die Ergebnisse des realitätsnahen Simulationsmodells mit dem mehr oder weniger stark von der Realität abweichenden analytischen Modell zu vergleichen. Wie die Simulationsergebnisse einer einfachen Warteschlange in Kapitel 9 zeigen, kann aber bereits eine geänderte Verteilung der stochastischen Eingangsgrößen - bei gleichem Erwartungswert - zu einer Differenz im Ergebnis um den Faktor 3 und mehr führen. Analytische Modelle beinhalten immer die Gefahr, absolut exakt etwas völlig anderes, d.h. falsches, zu berechnen. Ihre Eignung für die Validierung von Simulationsmodellen mit abweichenden Prämissen muß deshalb im Einzelfall sehr kritisch hinterfragt werden.

7.4.3.4 Vergleich mit Fremdsystemen

Insbesondere dann, wenn ein neues technisches oder betriebliches System, z.B. eine neue Fertigung, realisiert werden soll, wird es heute zunehmend vorab simuliert, um Fehlplanungen zu verhindern. Da zwar nicht das modellierte System, oft aber ähnliche, bereits existierende verfügbar sind, bietet sich ein Vergleich der Simulationsergebnisse mit deren Verhalten an.

Grundsätzlich gilt auch hier der Einwand, der beim Einsatz analytischer Modelle vorgebracht wurde, daß das Referenzsystem vom modellierten System abweicht. Anders als dort werden in diesem Fall jedoch keine realitätsfernen Prämissen verwendet. Wenn beide Systeme vergleichbar sind und sich in vergleichbaren Umweltbedingungen befinden, können die Ergebnisse übertragbar sein.

Wird z.B. ein Supermarkt in Köln gebaut, lassen sich Erfahrungen aus einem etwa gleich großen in Düsseldorf meist gut übertragen, wenn es um das Verhalten innerhalb des Geschäfts geht wie das Einkaufen, Anstellen an einer Warteschlange, Bedienzeiten usw. Der Zustrom von Kunden kann aber aufgrund der örtlichen Konkurrenz oder der Geschäftslage deutlich differieren.

Es ist also durchaus möglich, daß nur Teile eines Modells anhand eines existierenden Fremdsystems validiert werden können. Ebenso ist es denkbar, mehrere unterschiedliche Fremdsysteme zur Validierung einzusetzen, von denen jeweils nur Teilaspekte verwendet werden.

7.4.3.5 Einbeziehen von Anwendungsexperten

Dieses Vorgehen ähnelt dem Vergleich mit Theorien (siehe Abschnitt 7.4.3.2), bei denen es sich sozusagen um konzentriertes Expertenwissen handelt. Der Vorteil des direkten Einbeziehens von Experten des Anwendungsgebietes besteht darin, daß die besondere Situation, z.B. das Abweichen von bestimmten Prämissen, berücksichtigt werden kann.

Umgekehrt muß die Gefahr subjektiver Einstellungen bedacht werden. So könnten Simulationsergebnisse, die der Meinung der befragten Experten widersprechen, unterdrückt werden. Bei in der Praxis durchgeführten Simulationsstudien besteht zudem die Gefahr, daß Personen befragt werden, die von den Ergebnissen der Studien selbst betroffen sein könnten, z.B. Arbeitnehmer oder Geschäftspartner. Es ist dann nicht auszuschließen, daß eine Beeinflussung in eine den Experten angenehme Richtung stattfinden könnte.

Für das konkrete Vorgehen gibt es sehr unterschiedliche Methoden. An dieser Stelle werden zwei in Hoover/Perry (1990, S. 291 - 293) beschriebene kurz vorgestellt, die ihren Ursprung allerdings in anderen Anwendungen haben.

Bei der *Delphi-Methode* werden einer Gruppe von Experten Fragen gestellt, die diese unabhängig voneinander schriftlich zu beantworten haben. Auf Basis der erhaltenen Anworten werden gegebenenfalls neue Fragen formuliert und zusammen mit den gesammelten Anworten den Experten erneut zugesandt. Diese Schritte werden solange wiederholt, bis im Idealfall ein Konsens der Experten hergestellt wurde oder zumindest ausreichende Antworten vorliegen.

Eine interessante, jedoch innerhalb von Simulationsstudien praktisch kaum angewandte Methode ist eine Variante des *Turing-Tests*. Dieser wurde ursprünglich dafür entwickelt, künstliche Intelligenz zu beurteilen. Dabei sollten Personen mit einem Gegenüber innerhalb eines begrenzten Themengebiets kommunizieren. Wenn die Personen nach einiger Zeit nicht sicher sagen können, ob es sich beim Kommunikationspartner um einen Menschen oder eine Maschine handelt, muß man der Maschine eine gewisse Intelligenz bescheinigen. Analog dazu werden hier Experten mit dem Ergebnis einer Simulation sowie dem Verhalten des realen Systems konfrontiert. Können sie nicht entscheiden, welches simulierte und welches reale Werte sind, gilt der Simulator als glaubwürdig.

8 Analyse der Simulationsergebnisse

8.1 Grundlagen

8.1.1 Quantifizieren des stochastischen Fehlers

Da das Ergebnis einer stochastischen Simulation von Zufallszahlen abhängt, wird jeder Simulationslauf ein anderes Ergebnis liefern, sofern man nicht den Zufallsgenerator bewußt zur Reproduktion der Ergebnisse auf denselben Startwert initialisiert. Umgekehrt liefert ein einziger Durchlauf nur einen Wert innerhalb des möglichen Streubereichs und erlaubt keine sicheren Aussagen darüber, welches der Erwartungswert oder wie groß die Streuung ist. Um die Ergebnisse auswerten zu können, ist eine größere Zahl von Simulationsdurchläufen mit unterschiedlichen Zufallszahlen notwendig. Dennoch ist das Ergebnis - wie jede statistische Stichprobe - mit einem Zufallsfehler behaftet, der auch als Monte-Carlo-Fehler bezeichnet wird und zusätzlich zu den sonstigen Fehlern auftritt, z.B. bei der Datenerhebung oder Modellbildung.

Zu einer stochastischen Simulation sollte deshalb der Zufallsfehler abgeschätzt werden. Zunächst wird eine Definition dafür hergeleitet:

In vielen Fällen wird eine Streubreite in Höhe der zweifachen Standardabweichung angenommen (vgl. Hecheltjen 1980, S. 356). Bei einer normalverteilten Zufallsgröße sind die Ergebnisse der Simulation in ca. 95,5% der Fälle um nicht mehr als 2σ vom Erwartungswert entfernt. Unter Vorgabe dieser Grenze ergibt sich folgender relativer Fehler:

$$F = 2\sigma/\mu$$

Die meisten Simulationen sind Längsschnittbetrachtungen, bei denen der Systemzustand zu einer Zeit t stark vom Zustand in t-1 abhängt. Da die Größen dadurch stark autokorreliert sein können (siehe Abschnitt 8.1.3), ist eine Abschätzung des zu erwartenden Zufallsfehlers sehr schwierig. Um ein Gefühl für die Größenordnung dieses Fehlers zu vermitteln, wird deshalb hier als Beispiel die Simulation demographischer Effekte gezeigt, wie sie im Rahmen der sogenannten Mikrosimulation untersucht werden. Dabei handelt es sich um eine Querschnittssimulation, bei der eine große Zahl von Mikroobjekten, z.B. Personen oder Haushalte, weitgehend unabhängig voneinander fortgeschrieben werden. Am Beispiel der Gebärwahrscheinlichkeiten von Frauen läßt sich zeigen, daß selbst vermeintlich große Stichproben zu erheblichen Streuungen führen können:

Als Datenbasis wird das Sozioökonomische Panel (SOEP) des Deutschen Instituts für Wirtschaftsforschung (DIW) mit ca. 6.000 Haushalten verwendet, das jeweils für ein Jahr fortgeschrieben wird. In dieser Datenbasis befinden sich ca. 3.000 Frauen (n) im gebärfähigen Alter (15 - 45 Jahre). Die Gebärwahrscheinlichkeit wird für alle mit p = 0,05 angenommen. Wie leicht erkennbar ist, ergibt sich für Anzahl der Geburten eine Binomialverteilung, für die folgendes gilt:

$$\sigma^2 = n \cdot p \cdot (1 - p) \qquad \mu = n \cdot p$$

Für den Fehler F ergibt sich somit allgemein für eine Binomialverteilung:

$$F = 2\sigma/\mu = 2 \cdot (n \cdot p)^{-1/2} \cdot (1 - p)^{1/2}$$

Für n = 3.000 und p = 0,05 gilt konkret:

$F = 15{,}91\%$

Wie aus der Formel für die Binomialverteilung zu erkennen ist, hängt der Fehler hauptsächlich von der Anzahl $\mu = n \cdot p$ der auftretenden Ereignisse ab. Als Näherung gilt, daß eine Halbierung des Fehlers eine Vervierfachung der Anzahl simulierter Ereignisse erfordert. Da die Wahrscheinlichkeit p meist vom realen System gegeben ist, kann nur die Zahl der simulierten Objekte erhöht werden.

Bereits bei einer vermeintlich großen Datenmengen von 6.000 Haushalten liegt der Fehler für das recht häufige Ereignis der Geburt bei fast 16%. Bei gleicher Datenbasis ergibt sich für die Anzahl der Scheidungen bereits ein Fehler von fast 40%; betrachtet man Subpopulationen wie z.B. weibliche Beamte, steigt der Zufallsfehler drastisch an. Neben der - in der Regel nicht möglichen - Vergrößerung der Datenbasis hilft nur, die Simulation sehr oft durchzuführen und die Ergebnisse aller Läufe zu mitteln.

8.1.2 Einschwingvorgänge

Spätestens bei der Validierung des Simulators ist zu prüfen, ob es sich um ein stationäres oder nichtstationäres System handelt und mit welchen Einschwingvorgängen innerhalb der Simulation zu rechnen ist.

Die Problematik wird nachfolgend anhand zweier typischer Beispiele aufgezeigt:

Angenommen, die Warteschlange an einer Supermarktkasse soll simuliert werden. Da die Geschäfte in Deutschland nicht durchgehend geöffnet haben, ist die Warteschlange jeden Morgen, wenn das Geschäft geöffnet wird, leer. Ebenso ist sichergestellt, daß sich die Schlange am Ende eines Tages wieder leert. Dazwischen befindet sich das System in einem mehr oder weniger gleichmäßigen Lastzustand.

Bei diesem nichtstationären System ist für die Simulation ein Startwert für alle Zustandsgrößen zu definieren. Es ist also festzulegen, ob mit einer leeren Schlange gestartet oder eine bestimmte Länge als Anfangszustand definiert wird. Bei der Simulation einer Supermarktkasse ist der Start mit der leeren Schlange nicht nur am einfachsten, sondern entspricht auch der Realität.

Betrachtet man hingegen eine Auftragsfertigung mit mittleren oder längeren Lieferzeiten, so bilden die eingehenden Aufträge eine Warteschlange, die kontinuierlich von der Fertigung abgearbeitet wird. Sieht man von wirtschaftlichen Problemen des Unternehmens ab, sollte die Warteschlange niemals leer sein. Anders als beim Supermarkt wird die Schlange nicht am Ende eines Tages zwangsläufig geleert und beginnt den nachfolgenden Tag in diesem Zustand. Betriebliche Stillstandszeiten wie Nacht oder Wochenende sind dabei nicht relevant, da das System am nächsten Morgen praktisch unverändert mit dem Zustand fortfährt, mit dem es am Abend angehalten wurde.

Bei diesem Beispiel, das ein stationäres System beschreibt, ist im laufenden Betrieb eine Situation ohne jede Auftragsvorlage - abgesehen kurz vor dem Konkurs - kaum denkbar. Um einen zeitlichen Ausschnitt aus der Realität zu simulieren, müßte deshalb entweder der echte Auftragszustand zum Beginn dieses Zeitraums in der Simulation vorgegeben werden oder es sind künstliche, aber realistische Aufträge zu generieren. Bei einer einfachen Warteschlange könnte eine Durchschnittslänge als einzelne Zahl vorgegeben werden, obwohl auch deren Bestimmung problematisch sein kann. Bei komplexen Objekten wie Aufträgen mit Art- und Mengenangaben wird die Festlegung schwieriger.

Für die folgenden Überlegungen wird von einem Einschwingvorgang bei einer stationären Simulation ausgegangen, wie er in Bild 8-1 gezeigt ist:

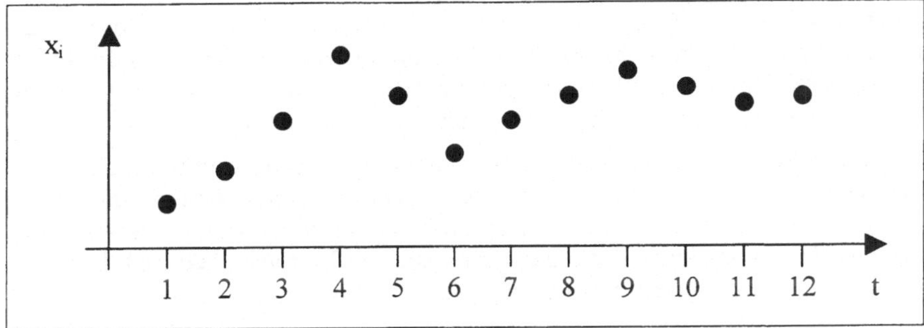

Bild 8-1 Einschwingvorgang

Es wird davon ausgegangen, daß die Simulation von einem Zustand aus startet, der nicht dem eingeschwungenen Zustand entspricht. Der Anfangszustand muß dabei nicht der Wert Null sein, sondern kann grundsätzlich beliebig gewählt werden.

Sollen Größen wie Mittelwert oder Standardabweichung der betreffenden Größe ermittelt werden, so führt ein Einbeziehen der Einschwingphase zu einer Verzerrung. Im gezeigten Beispiel mit einem Startwert Null würde die gesuchte Größe systematisch unterschätzt. Zur Lösung dieser Probleme schlägt Mertens (1982, S. 37 f.) mehrere Alternativen vor:

- Der Simulationslauf ist zeitlich so groß zu wählen, daß die untypischen Anfangszustände bei der Auswertung nicht mehr ins Gewicht fallen. Dies ist insbesondere dann sinnvoll, wenn der Gleichgewichtszustand relativ schnell erreicht wird.
- Die Simulation beginnt mit dem Zustand, der sich am Ende einer vorangegangenen Simulation eingestellt hat.
- Als Variante davon wird der erste Teil einer Simulation als Vorlauf betrachtet und bei der Auswertung nicht berücksichtigt.
- Man setzt das Simulationssystem manuell auf einen Anfangszustand, der aufgrund der Systemkenntnis als typisch angesehen wird oder in Vorversuchen ermittelt wurde.

Das Problem der ersten drei Ansätze besteht darin, daß festgelegt werden muß, ab wann der eingeschwungene Zustand (*steady-state*) erreicht ist. Nachfolgend werden einige der in der Literatur beschriebenen Ansätze kurz vorgestellt (vgl. Liebl 1995, S. 159 - 166). Dazu wird von einer - oft aus mehreren Variablen aggregierten - Größe ausgegangen, für die Werte x_i vorliegen, wobei i den Zeitfortschritt innerhalb der Simulation angibt.

- Der stabile Zustand beginnt mit dem ersten Wert, der weder das Maximum noch das Minimum der nachfolgenden Zeitreihe darstellt (in Bild 8-1 der dritte Wert). Bei Überschwingern zu Beginn der Simulation wird damit in der Regel ein Wert vor der ersten Schwingung gewählt. Zudem muß erst die gesamte Zeitreihe, d.h. das vollständige Simulationsergebnis, vorliegen, bevor das Ende der Einschwingphase erkannt werden kann. Dadurch erfordert die Bestimmung bei umfangreichen Läufen mit oft Tausenden von Werten einen erheblichen Aufwand bezüglich Speicherplatz und Rechenzeit.
- Es wird der erste Wert als Beginn des eingeschwungenen Zustands gewählt, der weder Maximum noch Minimum der davor liegenden Werte ist (in Bild 8-1 der fünfte Wert). Es wird also die erste Umkehr der Richtung als Kriterium verwendet.

- Zu jedem Zeitpunkt seit dem Start wird jeweils der Mittelwert aller bis dorthin vorgekommenen Werte berechnet. Anschließend wird bestimmt, wie oft die Zeitreihe bisher diesen Mittelwert gekreuzt hat. Nach einer vorgegebenen Anzahl von meist 3 - 5 Kreuzungen geht man davon aus, daß ein eingeschwungener Zustand vorliegt.
- Es werden mehrere unabhängig initialisierte Läufe der Simulation durchgeführt. Für jeden Zeitpunkt i wird dann über alle Simulationsläufe ein Querschnittsmittelwert gebildet. Über die so entstandene Zeitreihe wird der kumulierte Durchschnitt vom ersten bis jeweils i-ten Zeitpunkt gebildet. Die entstandene Zeitreihe wird visuell auf Trendfreiheit und damit auf Vorliegen eines eingeschwungenen Zustands geprüft.

Auf die Darstellung komplizierterer Verfahren wird an dieser Stelle verzichtet. Statt dessen soll die Problematik speziell für die ersten beiden Ansätze anhand eines typischen Einschwingvorgangs in der Elektrotechnik wie in Bild 8-2 (vgl. Hilberg/Piloty 1981, S. 28) gezeigt werden:

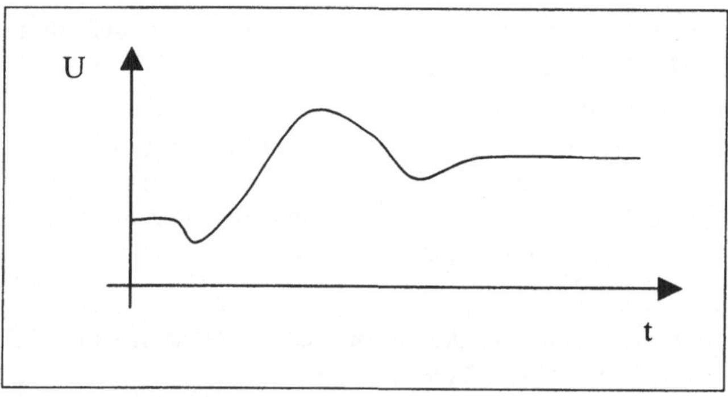

Bild 8-2 Allgemeiner Übergang in der digitalen Elektrotechnik

Nach der ersten Regel gibt es überhaupt keine Einschwingphase, da bereits der erste Wert kein Maximum oder Minimum der nachfolgenden Zeitreihe darstellt. Nach der zweiten Variante ist der eingeschwungene Zustand spätestens nach dem Durchlaufen des absoluten Minimums erreicht, obwohl man damit weiter als zu Beginn vom Endwert der betrachteten Größe entfernt ist.

Auch die aufwendigeren Verfahren scheinen in der Praxis nicht immer gute Lösungen zu liefern und erfordern zum Teil einen unverhältnismäßig hohen Aufwand zur Festlegung geeigneter Parameter (vgl. Liebl 1995, S. 164 - 166). Es erscheint deshalb sinnvoll, einfache, pragmatische Verfahren vorzuziehen:

- Bei vielen Warteschlangensystemen wird regelmäßig immer wieder die Schlangenlänge 0 erreicht. In der Literatur geht man davon aus, daß der stationäre Zustand nach drei- bis viermaligem Durchlaufen eines solchen wiederkehrenden Zustands erreicht ist (Gehring 1998, S. 34).
- Die zu erwartende Einschwingzeit bei einer Simulation sollte nicht länger sein als die Zeit, die ein reales System zum Erreichen des aktuellen Zustands benötigt hat. Werden die Abläufe einer Fertigung in Tagesschritten simuliert, erscheint z.B. ein Vorlauf von maximal 1000 Schritten, also etwa vier Arbeitsjahren, mehr als ausreichend.
- Bevor Simulationsläufe für die eigentlichen Auswertungen eingesetzt werden, sollten Vorversuche durchgeführt werden. Damit kann in der Regel schon durch visuelle Kon-

trolle der relevanten Zeitreihen besser als durch schematisierte Verfahren abgeschätzt werden, wann der eingeschwungene Zustand erreicht wird.

- Da die Rechenzeit moderner Computer bei den meisten Simulationen keinen relevanten Entscheidungsfaktor mehr darstellt, kann - je nach Modell - eine Einschwingzeit von mehreren 1.000 oder gar 10.000 Zeitschritten vorgesehen werden. Wird die Einschwingphase bei der Berechnung des Gesamtergebnisses einbezogen, sind Simulationsläufe mit oft 100.000 oder mehr Schritten ratsam.

Die ersten beiden Vorschläge zeigen die Möglichkeit, für spezielle Klassen von Simulationsaufgaben sinnvolle Werte bzw. Regeln zu ermitteln. Ähnliche Ansätze lassen sich oft auch für andere Anwendungen finden.

Die beiden letzten Varianten wirken auf den ersten Blick etwas simpel, sind jedoch sehr einfach und universell anwendbar. Zur statistischen Absicherung im Einzelfall können Tests eingesetzt werden, mit denen z.B. geprüft wird, ob sich durch eine Verlängerung der Einschwingzeit eine signifikante Änderung des Ergebnisses ergibt.

Bisher wurde zwar viel vom eingeschwungenen Zustand und seinem Erreichen geschrieben, wie dieser Zustand bei einer stochastischen Simulation konkret aussieht, wurde dagegen noch nicht beschrieben. Die Darstellung in Bild 8-2 zeigt einen Einschwingvorgang, wie man ihn von deterministischen Systemen her kennt und wie er auch implizit einigen der genannten Verfahren zum Erkennen des eingeschwungenen Zustands zugrunde liegt. Bei stochastischen Systemen findet jedoch grundsätzlich keine Konvergenz im üblichen mathematischen Sinne statt. Dies sei anhand von Bild 8-3 verdeutlicht:

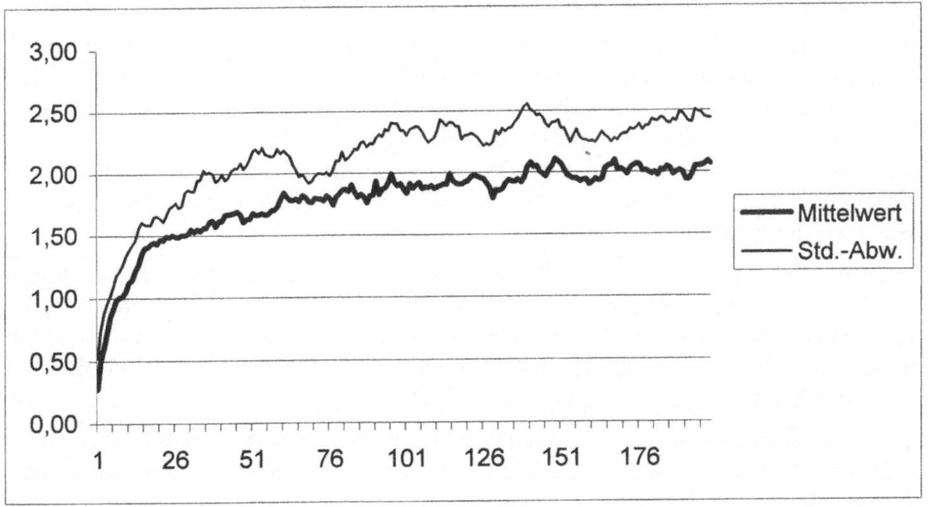

Bild 8-3 Einschwingvorgang der Schlangenlänge bei einem Warteschlangensystem

Es handelt sich um ein Warteschlangensystem, das mit einer leeren Schlange startet. Die Simulation wurde 500mal mit immer anderen Startwerten des Zufallsgenerators durchgeführt. Für jeden Simulationslauf wurde minutenweise die aktuelle Schlangenlänge bestimmt. Die dick gezeichnete Reihe zeigt die mittlere Schlangenlänge über alle 500 Läufe für jede Minute, ist also eine Querschnittserhebung. Die dünnere Reihe gibt die Standardabweichung für diese jeweils 500 Werte an. Die Simulation wurde für eine mittlere Zwischenankunftszeit von drei und eine mittlere Bediendauer von zwei Minuten bei exponentieller Verteilung durchgeführt.

Bild 8-3 zeigt, daß die durchschnittliche Schlangenlänge zu Beginn der Simulation deutlich unterhalb der im eingeschwungenen Zustand zu erwartenden 2,0 Personen liegt und erst nach etwa zweieinhalb Stunden um diesen Wert schwankt. Die Zeitspanne hängt bei Warteschlangensystemen insbesondere vom Verhältnis der mittleren Zwischenankunfts- und Bedienzeit ab und steigt mit der Annäherung dieser Werte drastisch an (vgl. Hoover/Perry 1990, S. 322). Im eingeschwungenen Zustand ist der Erwartungswert der Schlangenlänge konstant, weist also keinen Trend mehr auf. Diese Betrachtungsweise wurde bereits oben in diesem Abschnitt bei einem Verfahren zum Erkennen des eingeschwungenen Zustandes beschrieben, wobei dort zusätzlich die kumulativen Mittelwerte gebildet wurden.

Besonders interessant ist in Bild 8-3 die Darstellung der Standardabweichung. Entgegen einer weit verbreiteten Meinung liegen die einzelnen Simulationswerte nämlich im eingeschwungenen Zustand nicht dicht um den Erwartungswert, sondern streuen im Gegenteil sogar besonders weit. Am Beispiel eines Warteschlangensystems wird dies leicht plausibel. So kann eine leere Schlange nicht nur in der Anfangsphase, sondern immer wieder zu jedem möglichen Zeitpunkt im Laufe der Simulation vorkommen. Umgekehrt ist es praktisch ausgeschlossen, daß sich - von einer leeren Schlange ausgehend - bereits nach wenigen Minuten eine Schlangenlänge von 15 oder 20 Personen bildet, während solche Zustände später durchaus möglich sind. Entsprechend steigt die Standardabweichung in der Einschwingphase an und erreicht im eingeschwungenen Zustand ihr konstantes Maximum, das im Beispiel bei etwa 2,45 (= $6^{1/2}$) liegt.

8.1.3 Statistische Unabhängigkeit von Simulationsergebnissen

Angenommen, es wird die Warteschlange einer Supermarktkasse simuliert, wobei sich eine durchschnittliche Wartezeit der Kunden von 14,58 Minuten ergibt. Da es sich nur um ein einziges Ergebnis einer stochastischen Simulation handelt, die bei jedem Lauf andere Ergebnisse liefern kann, stellt sich die Frage nach der Genauigkeit bzw. der Größe des Monte-Carlo-Fehlers, wie er schon in Abschnitt 8.1.1 behandelt wurde. Die Art und der Zusammenhang der einzelnen Werte, die betrachtet werden, unterscheiden sich hier jedoch gegenüber der dort beschriebenen Querschnittsimulation erheblich:

Im Beispiel von Abschnitt 8.1.1 wurden Ereignisse innerhalb einer Simulationsperiode untersucht, die parallel und statistisch unabhängig voneinander eintreten. Untersucht man dagegen die Wartezeiten der einzelnen Kunden in einer Warteschlange als Zufallswerte, sind diese nicht mehr als unabhängig zu betrachten. Betritt ein Kunde die Warteschlange, wird er eine Wartezeit haben, die weitgehend der seines Vorgängers entspricht.

Die Wartezeiten eng aufeinanderfolgender Kunden ist also relativ ähnlich, so daß Autokorrelation besteht. Damit ist aber eine der wesentlichen Voraussetzungen für die Anwendung der üblichen Schätzverfahren nicht gegeben.

Konkret wirkt sich dies so aus, daß die Standardabweichung autokorrelierter Werte deutlich kleiner ist, als dies bei Unabhängigkeit der Fall wäre. Wird auf dieser Basis der Streufehler des Simulationsergebnisses abgeschätzt, so kommt es zu einer erheblichen Unterschätzung; die Simulation erscheint also zu genau.

Es wurden spezielle Verfahren für die Auswertung korrelierter Simulationsergebnisse entwickelt (vgl. Siegert 1991, S. 175 - 183), auf deren Darstellung an dieser Stelle verzichtet wird. Um statt dessen die bekannten Verfahren der induktiven Statistik einsetzen zu können, müssen unabhängige Werte vorliegen. Hierzu werden vor allem drei Ansätze verwendet:

- Es wird eine große Zahl - in der Regel mindestens 30 - einzelner Simulationsläufe mit unterschiedlichen Startwerten des Zufallsgenerators durchgeführt. Die Mittelwerte dieser Läufe sind dann unabhängig voneinander und werden bei der anschließenden Auswertung wie Einzelwerte behandelt.
- Ein einzelner langer Simulationslauf wird für die statistische Auswertung in gleich lange Teilabschnitte (sog. *Batches*) zerlegt, für die getrennte Mittelwerte berechnet werden. Sind diese Abschnitte lang genug, können ihre Mittelwerte als unabhängig gelten. Die konkret notwendige Länge läßt sich nicht allgemeingültig angeben; sie sollte jedoch deutlich über der Einschwingdauer (vgl. Abschnitt 8.1.2) liegen.
- Bei manchen Simulationssystemen gibt es Zustände, die sich immer wieder einstellen (sog. *Regenerationspunkte*). Ein einfaches Beispiel sind Warteschlangen, die zwischenzeitig immer wieder leer sind. Betrachtet man die Abschnitte zwischen je zwei Regenerationspunkten, so sind deren Mittelwerte unabhängig voneinander.

Allen Methoden ist gemeinsam, daß einzelne, statistisch unabhängige Simulationsabschnitte betrachtet werden, für die jeweils getrennt die Mittelwerte der interessierenden Größen zu berechnen sind. Diese Mittelwerte werden in der anschließenden Analyse anstelle der sonst üblichen Einzelwerte verwendet.

Hier die wichtigsten Vor- und Nachteile der drei genannten Ansätze:

Die Verwendung unabhängiger Simulationsläufe hat den Vorteil, daß keinerlei zusätzliche programmtechnische Maßnahmen erforderlich sind. Die Ergebnisse werden wie bei unabhängigen Einzelläufen ermittelt und anschließend ausgewertet. Der Nachteil besteht darin, daß man die Ergebnisse dann von Hand in ein Auswertesystem eingeben muß, sofern nicht doch eine entsprechende Funktionalität implementiert wurde oder das System ohnehin darüber verfügt. Die Simulationsläufe müssen lang genug gewählt werden, um dem Problem der Verzerrung durch die Einschwingphase zu begegnen.

Die zweite Variante eignet sich am besten für die automatische Auswertung, da einfach nach jeweils einer bestimmten Zahl von Simulationsschritten ein Zwischenergebnis gebildet und geeignet abgespeichert wird. Je nach Implementierung (siehe dazu die Abschnitte 6.3.2.3 und 9.3.2.7) kann nach einem Simulationslauf direkt das Ergebnis und dessen Genauigkeit ausgegeben werden. Ein weiterer Vorteil liegt darin, daß die Einschwingphase nur den ersten Abschnitt betrifft, der gegebenenfalls einfach unberücksichtigt bleibt. Es muß jedoch sichergestellt werden, daß die Länge der einzelnen Abschnitte so groß gewählt wird, daß keine signifikante Autokorrelation mehr auftritt.

Die dritte Methode ähnelt insoweit der zweiten, als auch dort ein einziger langer Simulationslauf in einzelne Abschnitte zerlegt wird. Hier sind diese Abschnitte dagegen unterschiedlich groß, was bei der statistischen Auswertung durch Gewichtungsfaktoren zu berücksichtigen ist. Ein weiteres Problem besteht darin, daß Regenerationspunkte in komplexen Systemen - wenn überhaupt - meist schwer zu identifizieren sind.

Für die Analyse der stationären Phase eines Systems ist die als *Batching* bezeichnete Methode der Zerlegung eines Simulationslaufs in unabhängige Teilstücke in der Regel am geeignetsten. Sie ist leicht zu implementieren und löst das Problem der Einschwingphase am einfachsten.

Die Analyse einer Vielzahl getrennter Simulationsläufe ist dann sinnvoll, wenn das Batching daran scheitert, daß keine Eingriffe in das Simulationssystem möglich oder gewünscht sind. Gegebenenfalls läßt sich in diesem Fall die manuelle Datensammlung durch nachgeschaltete Hilfsprogramme oder Makros im Auswerteprogramm erleichtern. Diese Methode ist zudem die einzige Möglichkeit, wenn auch nichtstationäre Phasen untersucht werden sollen.

Die Methode der Regenerationspunkte ist vergleichsweise aufwendig und dürfte bei vielen komplexen Systemen daran scheitern, diese Systemzustände überhaupt zu identifizieren. Zudem läßt sich im voraus schwer abschätzen, wie viele solcher Punkte im Laufe einer Simulation erreicht werden.

Bei der Beschreibung der statistischen Auswertemethoden im nächsten Abschnitt werden die ersten beiden Varianten als gleichwertig angesehen und - da die statischen Verfahren dieselben sind - nicht weiter unterschieden. Die dritte Methode wird in der Folge nicht betrachtet.

8.1.4 Bestimmen von Konfidenzintervallen

Jedes Simulationsergebnis wird zwangsläufig mehr oder weniger weit von den tatsächlichen Werten der Realität entfernt liegen. Dies liegt zum einen in systematischen Fehlern oder Vereinfachungen im Rahmen der Modellierung begründet, zum anderen tritt bei stochastischen Simulationen immer auch der Monte-Carlo-Fehler auf. In Abschnitt 8.1.1 wurde er für einen sehr einfachen Fall theoretisch berechnet. In der Regel ist dies jedoch nicht möglich, so daß seine Abschätzung anhand der durchgeführten Simulationen vorgenommen werden muß. Es lassen sich insbesondere folgende zwei Fälle unterscheiden:

- Wird eine Abweichung zwischen Simulationsergebnis und realen Werten festgestellt, ist zu überprüfen, ob dies auf einem systematischen Fehler des Modells oder der unvermeidlichen Streuung der stochastischen Simulation beruht. Letzeres wurde bereits in Abschnitt 7.4.2.5 behandelt.
- Wird das Simulationsmodell für eine Prognose eingesetzt, wird in der Regel der Mittelwert mehrerer Simulationsläufe als Schätzwert für das zu erwartende Systemverhalten verwendet. Dabei ist es unerläßlich, eine Aussage über die Genauigkeit der Ergebnisse machen zu können. Dazu wird normalerweise ein Bereich angegeben, in dem sich der gesuchte Wert mit einer vorgegebenen Wahrscheinlichkeit befindet.

Die dafür notwendigen Methoden stammen aus der Schätztheorie, einem Teil der induktiven Statistik. Die Grundlagen dazu sind zusammen mit den benötigten Tabellen in komprimierter Form in Anhang A.1 zu finden. In diesem Abschnitt wird ihr praktischer Einsatz im Rahmen der Auswertung von Simulationsergebnissen beschrieben. Es wird von der Untersuchung des eingeschwungenen Zustands ausgegangen, so daß für jede betrachtete Größe nur ein zeitinvarianter Wert relevant ist. Weiterhin wird zunächst von metrischen Werten ausgegangen.

Jede statistische Betrachtung setzt voraus, daß möglichst viele, zumindest aber mehrere Beobachtungswerte vorliegen. Von speziellen Verfahren (vgl. Siegert 1991, S. 175 - 183, und Hoover/Perry 1990, S. 329 - 331) abgesehen wird für die üblichen Methoden gefordert, daß die Beobachtungswerte unabhängig voneinander sind. Bei den Werten eines Simulationslaufs ist dies aufgrund der im letzten Abschnitt beschriebenen Autokorrelation in der Regel nicht gegeben, so daß der Simulationsfehler deutlich unterschätzt würde (zur Quantifizierung vgl. Siegert 1991, S. 171 f., und Grams 1992, S. 103 f.). Als unabhängige Werte werden deshalb die Mittelwerte der untersuchten Größe entweder mehrerer unabhängiger Simulationsläufe oder von hinreichend großen Batches innerhalb eines einzigen Simulationslaufs verwendet.

Der Mittelwert des j-ten Laufs oder Batches sei gegeben durch:

$$\overline{X}_j = \frac{1}{n} \cdot \sum_{i=1}^{n} x_{i,j}$$

Die $x_{i,j}$ sind dabei die n Einzelwerte innerhalb eines Laufs bzw. Batches.

Der Erwartungswert dieser Mittelwerte entspricht dem Erwartungswert μ der betrachteten Größe, also dem gesuchten Ergebnis. Die einzelnen Simulationsergebnisse streuen um diesen unbekannten Wert und können als Stichprobe aus der unendlich großen Grundgesamtheit möglicher Simulationsergebnisse aufgefaßt werden. Da der gesuchte Erwartungswert nicht exakt bestimmt werden kann, ist es das Ziel, eine Aussage der folgenden Art zu machen: Mit einer Wahrscheinlichkeit von x% liegt der gesuchte Wert zwischen a und b.

Die Wahrscheinlichkeit x - auch als *Konfidenzniveau* bezeichnet - wird meist in Form ihrer Gegenwahrscheinlichkeit α vorgegeben, die der *Irrtumswahrscheinlichkeit* entspricht, mit der der gesuchte Wert außerhalb des berechneten *Konfidenzintervalls* [a; b] liegt. Übliche Werte für α sind 10%, 5% und 1%. Da man t- bzw. Normalverteilung der Mittelwerte unterstellen kann, lassen sich die Grenzen des Konfidenzintervalls aus dem arithmetischen Mittel der Mittelwerte (dem *Gesamtmittel* oder *Grand Mean*) und ihrer Streuung bestimmen.

Das Gesamtmittel aus m Läufen berechnet sich wie folgt:

$$\overline{\overline{X}} = \frac{1}{m} \cdot \sum_{j=1}^{m} \overline{X}_j$$

Die Streuung der Mittelwerte wird aus der Streuung der beobachteten Werte abgeschätzt. Für ihre Varianz wird folgende Schätzung verwendet:

$$\sigma_{\overline{X}}^2 = \frac{1}{m-1} \cdot \sum_{j=1}^{m} (\overline{X}_j - \overline{\overline{X}})^2$$

Für die Standardabweichung des Gesamtmittels gilt:

$$\sigma_{\overline{\overline{X}}} = \frac{\sigma_{\overline{X}}}{\sqrt{m}}$$

Für das gesuchte Ergebnis kann das zweiseitige Konfidenzintervall in folgender Form angegeben werden:

$$\mu_{o,u} = \overline{\overline{X}} \pm t_{m-1;1-\alpha/2} \cdot \sigma_{\overline{\overline{X}}}$$

Anstelle eines festen Wertes für μ wird also ein symmetrisches Intervall um das Gesamtmittel mit den Grenzen μ_o und μ_u berechnet. Die Werte für $t_{m-1;1-\alpha/2}$ können für eine gegebene Zahl m von Simulationsläufen und ein Konfidenzniveau $1-\alpha$ aus der Tabelle in Anhang A.2 entnommen werden. Für $m>30$ kann die t-Verteilung durch die Standardnormalverteilung approximiert werden. Für ein bestimmtes Konfidenzniveau wird damit unabhängig von der konkreten Zahl der Läufe nur ein fester Wert $z_{1-\alpha/2}$ benötigt, der ebenfalls dem Anhang zu entnehmen ist. Dies erleichtert die Implementierung einer automatischen Auswertung erheblich. Für die Programmierung ist zudem die obengenannte Formel für die Varianz der Mittelwerte, die sich an der Definitionsgleichung orientiert, nicht besonders geeignet, da zur Berechnung die Mittelwerte sämtlicher Läufe für die abschließende Berechnung abgespeichert werden müßten. Alternativ kann für μ folgende äquivalente Formel verwendet werden (siehe auch Anhang A.1):

$$\mu_{o,u} = \frac{1}{m} \cdot \sum_{j=1}^{m} \overline{X}_j \pm z_{1-\alpha/2} \cdot \sqrt{\frac{1}{m-1} \cdot \left[\frac{1}{m} \cdot \sum_{j=1}^{m} \overline{X}_j^2 - \left(\frac{1}{m} \cdot \sum_{j=1}^{m} \overline{X}_j \right)^2 \right]}$$

Neben der von der Simulationssteuerung ohnehin benötigten Anzahl m der Läufe bzw. Batches werden nur zwei Variablen für die Summe der einzelnen Mittelwerte sowie deren Quadrate benötigt. Ein gewisser Nachteil kann ein höherer numerischer Fehler sein, der aus der Differenz zwei sehr großer Zahlen resultiert. Eine Lösung hierzu bietet Siegert (1991, S. 166) an.

Vor einer gelegentlich anzutreffenden Fehlinterpretation des so berechneten Konfidenzintervalls sei übrigens gewarnt:

Wird z.B. zum Konfidenzniveau 90% eine mittlere Wartezeit von 5,0 ± 0,5 in einem Warteschlangensystem berechnet, bedeutet dies nicht, daß 90% der Kunden zwischen 4,5 und 5,5 Minuten warten müssen. Das ergibt sich schon daraus, daß mit zunehmender Zahl m der Simulationsläufe das Intervall kleiner wird, während die Wartezeit der einzelnen Kunden davon natürlich nicht beeinflußt wird. Die genannten Werte besagen statt dessen, daß die echte, aber unbekannte mittlere Wartezeit mit 90%iger Wahrscheinlichkeit zwischen 4,5 und 5,5 Minuten liegt. Die individuellen Wartezeiten der einzelnen Kunden streuen dagegen erheblich stärker.

Zum Teil werden anstelle von metrischen Merkmalen dichotome verwendet, also solche mit nur zwei möglichen Ausprägungen. Innerhalb einer stochastischen Simulation kann es sich dabei auch um Wahrscheinlichkeiten handeln, bei denen die beide Ausprägungen dem Eintritt bzw. Nichteintritt eines Ereignisses entsprechen. Anstelle des Mittelwertes ist dann der entsprechende Anteilswert p_j innerhalb eines Batches zu verwenden. Der Punktschätzer für den Anteilswert berechnet sich dann wie folgt:

$$\hat{\Theta} = \frac{1}{m} \cdot \sum_{j=1}^{m} p_j$$

Für das Konfidenzintervall gilt folgende Näherungsformel (vgl. Anhang A.1):

$$\Theta_{o,u} = \hat{\Theta} \pm z_{1-\alpha/2} \cdot \sqrt{\frac{\hat{\Theta} \cdot (\hat{\Theta} - 1)}{n - 1}}$$

8.1.5 Sensitivitätsanalyse

Die Sensitivitätsanalyse ist vor allem aus dem Bereich des Operations Research bekannt und wird dort oft auch als Sensibilitätsanalyse bezeichnet. Sie dient dort vor allem dazu, den Bereich der exogenen Ausgangsdaten zu bestimmen, für den eine als optimal ermittelte Lösung diese Eigenschaft besitzt (vgl. Müller-Merbach 1985, S. 150). Im Rahmen von Simulationen versteht man unter der Sensitivitätsanalyse dagegen das Durchführen von Simulationsläufen mit kontrolliert veränderten Parametern bzw. Eingangsgrößen, um die Reaktion der Ergebnisse darauf zu untersuchen.

Diese Methode wurde in Abschnitt 7.4.3.1 schon als Mittel zur Validierung beschrieben. Innerhalb der Ergebnisanalyse soll die Sensitivitätsanalyse dagegen - bei nahezu identischer Vorgehensweise wie bei der Validierung - dazu verwendet werden, die Resultate abzusichern und die Streubreite möglicher Szenarien aufzuzeigen (vgl. Liebl 1995, S. 214 f.).

Eine gewisse Form der Variation von Größen ist in jeder stochastischen Simulation inhärent enthalten und drückt sich in Form von Konfidenzintervallen für die Ergebnisse aus. Diese Bandbreite ist jedoch relativ gering und bewegt sich nur innerhalb eines Szenarios, d.h. eines Satzes von Parametern. In der Sensitivitätsanalyse sind hingegen die Parameter so zu variieren, daß insbesondere kritische Kombinationen untersucht werden, z.B. verminderte Zwischenankunftszeiten bei gleichzeitig erhöhter durchschnittlicher Bediendauer. Als Parametervariation kommen verschiedene Formen in Betracht:

- Verändern der meist stetigen Verteilungsparameter von Eingangsgrößen (z.B. Mittelwert der Zwischenankunftszeiten)

- Variation fester Eingangsgrößen (z.B. Rohstoffpreise)
- Ändern diskreter Vorgaben (z.B. Anzahl der geöffneten Kassen eines Supermarktes)
- Hinein- bzw. Herausnehmen von Teilen des modellierten Verhaltens (z.B. Berücksichtigen des Wechsels der Warteschlangen durch Kunden)
- Ändern von Prämissen bzw. Rahmenbedingungen (z.B. Einstellen einer Produktlinie)

Bei einer sehr großen Variation ergibt sich ein fließender Übergang zur Simulation von Alternativmodellen bzw. -systemen.

Insbesondere bei der zeitlichen Vorhersage von Entwicklungen ist es üblich, neben dem Normalfall auch den *best case* und *worst case* zu simulieren und aus diesen Ergebnissen einen möglichen Korridor der interessierenden Größen zu ermitteln. Dabei ist gerade der *worst case* oft sehr schwer zu bestimmen. Bei Simulatoren für elektronische Digitalschaltungen wird in der Benutzeroberfläche z.T. eine Option namens *worst case* angeboten, hinter der sich in Wirklichkeit nur das Durchrechnen der Schaltung mit maximalen Verzögerungszeiten für alle Bauteile verbirgt. In der Regel besteht der ungünstigste Fall in dieser Anwendung jedoch in einem kritischen Zusammentreffen von schnellen und langsamen Bauteilen bzw. Verzögerungen. Welche Kombinationen besonders kritisch sind, läßt sich - wie auch in den meisten anderen Einsatzgebieten - normalerweise nur durch umfangreiche Kenntnis des modellierten Systems ermitteln. Ein Durchprobieren im Sinne einer vollständigen Enumeration ist angesichts der riesigen Zahl möglicher Kombinationen meist ausgeschlossen.

Als Ergebnisse einer Sensitivitätsanalyse können - neben den in Abschnitt 7.4.3.1 beschriebenen Rückwirkungen auf die Modellierung - exemplarisch genannt werden:

- Finden einer Kombination der dispositiven Größen, die zwar nicht immer das Optimum darstellt, aber über einen möglichst großen Bereich der exogenen Größen in dessen Nähe liegt.
- Feststellen der Rahmenbedingungen, die erfüllt sein müssen, damit eine gewählte Lösung den Anforderungen entspricht.
- Bestimmen von Grenzen, bei deren Über- bzw. Unterschreiten die dispositiven Größen verändert werden sollten.

8.1.6 Nicht modellierte Ausnahmen innerhalb des realen Verhaltens

Es wurde schon wiederholt betont, daß jedes Modell lediglich eine mehr oder weniger gute Annäherung an die Wirklichkeit darstellen kann. Oft werden bei der Modellbildung Ausnahmen des Systemverhaltens nicht abgebildet, z.B. Reparaturzeiten von Maschinen oder krankheitsbedingte Fehlzeiten des Personals bei einer Fertigung. Solche Ereignisse lassen sich nur unzureichend in ein Modell einbeziehen, da sie unvorhersehbar und in der Regel eher selten auftreten. Trotzdem dürfen sie bei einer - insbesondere längerfristigen - Planung nicht außer acht gelassen werden. Z.B. entsprechen die Krankheitstage rund 4% der Arbeitszeit und können in Einzelfällen einen noch erheblich höheren Umfang erreichen. Ähnliches gilt für viele andere nicht modellierte Ausnahmesituationen, die je nach System in ganz unterschiedlicher Weise und Menge vorkommen können.

Für die Analyse der Simulationsergebnisse hat dies vor allem zwei Auswirkungen:

- Vergleicht man das Ergebnis einer Simulation mit der Realität, müssen die im realen System aufgetretenen Ausnahmesituationen berücksichtigt werden. Dazu sind die realen Werte gewissermaßen um die nicht modellierten Aspekte zu bereinigen, um die Abbildungsqualität des Modells im Hinblick auf die modellierten Teile zu bewerten. Anschließend ist zu klären, ob das Modell nicht doch um die bisher ausgegrenzten Teile erweitert werden sollte.

- Wird das Simulationsmodell für Prognosezwecke eingesetzt, ist sicherzustellen, daß die ausgeklammerten Teile des Systemverhaltens auf andere Art quantifiziert werden und in die Überlegungen mit einfließen. Z.B. könnte die in der Simulation berechnete Produktionskapazität um die aus Vergangenheitsdaten gewonnenen Ausfälle von 10% reduziert werden, um eine möglichst realitätsnahe Abschätzung zu erreichen. Je nach Zweck des Modells können auch andere Methoden sinnvoll sein, z.B. Worst-Case-Szenarien.

Es ist zu beachten, daß diese Art von Fehler im Gegensatz zu den bisher behandelten nicht stochastischer, sondern systematischer Natur ist. Trotzdem unterliegt die festgestellte Differenz zwischen Simulation und Realität natürlich zufälligen Schwankungen, die aus dem realen Prozeß stammen. Anders als beim Monte-Carlo-Fehler ist der Erwartungswert dieser Differenz aber von Null verschieden.

8.2 Analyse eines Systems

8.2.1 Allgemeines

Für die Ergebnisanalyse werden in der Literatur überwiegend zwei Dimensionen betrachtet, die Einfluß auf die Durchführung und Auswertung der Simulation haben:

- Bei der Gegenüberstellung von *terminierenden* und *nichtterminierenden* Systemen geht es um den betrachteten Zeithorizont des realen Systems.
- Die Unterscheidung zwischen *stationären* und *nichtstationären* Systemen bzw. Simulationsmodellen bezieht sich darauf, daß manche Systeme nach einer Einschwingphase einem stabilen Endzustand entgegenstreben und diesen nicht mehr verlassen.

Diese Einteilung wird in der Literatur jedoch nicht immer eindeutig und zum Teil sogar widersprüchlich vorgenommen:

Die Simulation terminierender Systeme wird öfters automatisch mit der nichtstationären Simulation assoziiert, d.h., daß für terminierende Systeme grundsätzlich keine stationäre Simulation durchgeführt wird (vgl. Liebl 1995, S. 147). Terminierende Systeme können sich jedoch durchaus den größten Teil der Zeit in einem stationären Zustand befinden (vgl. Hoover/Perry 1990, S. 309). Daß dieser Zustand dann abrupt beendet wird, ändert daran nichts.

Umgekehrt wird bei nichtterminierenden Systemen zum Teil fast automatisch stationäres Verhalten unterstellt, obwohl dies in der Realität bei praktisch keinem System der Fall ist. Dennoch wird hier meist stationäres Verhalten des Modells angenommen, da die Veränderungen des Originalsystems über die Zeit bei der Modellierung nicht berücksichtigt werden (vgl. Law/Kelton 1991, S. 530).

Im folgenden wird - anstelle der öfters benutzten Einteilung in terminierend und nichtterminierend - die Unterscheidung nach den Hauptkriterien stationär und nichtstationär vorgenommen. Der Grund liegt darin, daß die verwendeten Methoden und ihre Ergebnisse vor allem davon abhängen.

Die gelegentlich zusätzlich verwendete Aufteilung nach absoluter und relativer Messung entspricht hier der Einteilung nach der Analyse eines Systems und der Analyse von Systemalternativen, die in Abschnitt 8.3 behandelt wird.

Der Rahmen dieses Buchs erlaubt es nicht, die vielfältigen Methoden der Ergebnisanalyse detailliert darzustellen und statistisch herzuleiten. In den folgenden Abschnitten werden deshalb vor allem die Grundprinzipien beschrieben und die wichtigsten Verfahren, die zum Teil schon in anderen Abschnitten behandelt wurden, kurz vorgestellt. Für eine ausführliche Darstellung sei insbesondere auf Fishman (1995, S. 493 - 586), Law/Kelton (1991, S. 522 - 611), Hoover/Perry (1990, S. 297 - 389) und Bratley/Fox/Schrage (1983, S. 73 - 113) verwiesen.

8.2.2 Analyse stationärer Prozesse

Die Analyse stationärer Prozesse tritt vor allem dort auf, wo Systeme über einen theoretisch unbegrenzten Zeithorizont betrachtet werden, ihre Eingangsgrößen stabil sind und die Systemcharakteristika keinen Veränderungen unterliegen. Die Untersuchung stationärer Prozesse ist jedoch auch für alle terminierenden Systeme interessant, die gegen einen stationären Zustand konvergieren; ob dieser innerhalb des begrenzten Zeithorizonts erreicht wird oder nicht, ist dabei eher von untergeordneter Bedeutung, da die Annäherung an den Grenzwert auch die gesamte Einschwingphase prägt.

Bei der Untersuchung stationärer Prozesse wird in der Regel vor allem oder sogar ausschließlich der Endzustand betrachtet. Von der Einschwingphase interessiert meist nur, wann sie beendet ist bzw. wann vom stationären Fall ausgegangen werden kann.

Wie schon in Abschnitt 8.1.2 dargelegt wurde, bedeutet Stationarität keinesfalls, daß die betrachteten Größen stabil einen bestimmten Wert angenommen haben. Bei stochastischen - insbesondere diskreten - Simulationen ist vielmehr die Wahrscheinlichkeitsverteilung dieser Größen konstant. Von besonderem Interesse ist deshalb der Erwartungswert der Größen, der auf Basis der Simulationsergebnisse mittels Verfahren der induktiven Statistik zu schätzen ist. Für eine Punktschätzung reicht es dazu prinzipiell aus, eine möglichst große Zahl von Einzelwerten zu erheben, also möglichst umfangreiche Simulationen durchzuführen. Zusätzlich ist es aber wichtig, auch die Genauigkeit des Ergebnisses zu kennen, wozu Konfidenzintervalle berechnet werden. Das Problem dabei ist die hohe Autokorrelation nahezu aller Simulationsergebnisse (vgl. Abschnitt 8.1.3).

Zusätzliche Schwierigkeiten bereitet zudem die Einschwingphase, deren verzerrender Einfluß auf das Ergebnis vermieden oder zumindest gering gehalten werden muß.

In der Praxis werden vor allem folgende, z.T. schon beschriebene Verfahren eingesetzt, die hier kurz im Überblick dargestellt werden:

- Es werden nacheinander viele Simulationsläufe durchgeführt, die immer vom selben Initialisierungszustand ausgehen und mit unabhängigen Startwerten des Zufallsgenerators gestartet werden müssen. Die Läufe müssen jeweils so lang sein, daß die Einschwingphase sicher beendet ist und ein ausreichend großer Zeitraum in der stationären Phase simuliert wird. Zur Berechnung des Erwartungswerts und des Konfidenzintervalls der interessierenden Größen werden die Mittelwerte der einzelnen Läufe verwendet, wobei jeweils die Einschwingphase unberücksichtigt bleiben muß. Dieses Vorgehen wird auch als *Replikationsmethode* (*method of replication*) bezeichnet.
- Es wird ein einziger, sehr langer Simulationslauf durchgeführt, der in einzelne Abschnitte (Batches) zerlegt wird. Deren Größe ist so zu wählen, daß die Mittelwerte der betrachteten Größen als weitgehend unkorreliert angesehen werden können. Mit zunehmender Simulationsdauer nimmt der Einfluß der Einschwingphase auf das Gesamtergebnis ab. Zusätzlich kann diese Phase, also z.B. der erste Batch, von der Auswertung ausgenommen werden. Aus den Mittelwerten der Batches werden die Erwartungswerte und die Konfidenzintervalle der interessierenden Größen bestimmt. Bei diesem Vorgehen spricht man auch von

Batching (oder *method of batch means*). Die praktische Realisierung ist ausführlich in den Abschnitten 6.2.2.3 und 9.3.2.7 beschrieben.

- Während bei der letzten Methode ein Zerlegen des Simulationslaufs angewandt wurde, um Autokorrelation zu vermeiden, wird bei der *Autokorrelationsmethode* dieser Effekt bewußt in Kauf genommen und mathematisch verarbeitet. Das Problem autokorrelierter Werte besteht darin, daß bei Anwendung der üblichen statistischen Methoden eine zu geringe Varianz bestimmt wird, die über ein zu kleines Konfidenzintervall eine nicht vorhandene Genauigkeit vorspiegeln würde. Mit Hilfe geeigneter Verfahren (vgl. Hoover/ Perry 1990, S. 329 - 331, und Siegert 1991, S. 175 - 183) ist es jedoch möglich, eine korrekte Abschätzung der Ergebnisgenauigkeit zu erreichen.
- In manchen Systemen können Zustände identifiziert werden, die sich öfters einstellen und bei denen das künftige Verhalten unabhängig vom bisherigen Verhalten des Systems ist. Bei Warteschlangensystemen ist ein solcher Zustand üblicherweise die leere Schlange, bei einem Aufzug könnte es der Halt des leeren Aufzugs im Erdgeschoß sein, wenn aktuell keine weitere Anforderung vorliegt. Solche Zustände werden als *Regenerationspunkte* (*regeneration points* oder auch *renewal points*) bezeichnet. Das Prinzip der Regenerationsmethode besteht darin, einen langen Simulationslauf in Abschnitte zu zerlegen, die durch Regenerationspunkte voneinander getrennt sind. Die Mittelwerte dieser Abschnitte sind unabhängig voneinander und eignen sich damit unmittelbar für die Berechnung. Der Hauptvorteil dieser Methode besteht darin, daß mit dem Start der Simulation in diesem Zustand kein verzerrender Einfluß durch eine Einschwingphase besteht. Dem stehen jedoch einige Nachteile gegenüber. So läßt sich nicht für jedes System ein Regenerationspunkt finden. Die Länge der Abschnitte zwischen diesen Punkten schwankt stark und kann in der Praxis nur sehr schwer abgeschätzt werden. Entsprechend ist im voraus kaum zu bestimmen, wie oft ein solcher Punkt innerhalb einer Simulation erreicht wird; es ist sogar ungewiß, ob er überhaupt vorkommt. Zusätzlich ist zu berücksichtigen, daß die Schätzer für Mittelwert und Varianz der untersuchten Größen verzerrt sind. Ein ausführliche Darstellung zu dieser Methode findet sich bei Hoover/Perry (1990, S. 331 - 336) und Bratley/Fox/Schrage (1983, S. 89 - 94).

Die Methode des Batching dürfte in den meisten Fällen die unkritischste sein und kann auch von unerfahrenen Anwendern relativ problemlos eingesetzt und verstanden werden. Sie stellt weder hohe Anforderungen an die Kenntnis des Systems (z.B. Identifizieren von Regenerationspunkten), noch werden komplizierte statistische Verfahren eingesetzt. Auch das Problem der Einschwingphase stellt sich aufgrund der sehr großen Simulationslänge als wesentlich weniger kritisch als bei der mehrfachen Laufwiederholung dar. Die optimale Anzahl bzw. Größe der Batches wird in der Literatur zwar öfters thematisiert, jedoch scheint eine Anzahl von ca. 30 - 40 in den meisten Fällen ein für die Praxis guter Wert zu sein (vgl. Liebl 1995, S. 174 f.).

8.2.3 Analyse nichtstationärer Prozesse

Eine Analyse nichtstationärer Prozesse wird in folgenden Fällen vorgenommen:

- Es liegt grundsätzlich kein stationärer Zustand vor, z.B. bei einem System mit dauerhaftem Trend oder ständig wechselnden Eingangsgrößen oder Systemparametern.
- Es sollen speziell die Einschwingphase oder Übergangsprozesse zwischen zwei stationären Zuständen untersucht werden. Z.B. ist es ein oft überraschender Effekt, daß eine neue, optimierte Bestellpolitik bei einem Lagerhaltungssystem (vgl. Kapitel 11) zunächst zu höheren Kosten führt, bis sich der neue stationäre Zustand mit einem niedrigeren Kostenniveau eingestellt hat.

- Es liegt ein terminierendes System vor, dessen Verhalten innerhalb der begrenzten Systemzeit untersucht werden soll.

Allen genannten Beispielen ist gemeinsam, daß die Systeme nur über einen begrenzten Zeithorizont untersucht werden sollen bzw. können. In der Literatur wird deshalb auch oft anstelle von nichtstationären von terminierenden Systemen gesprochen. Die beiden ersten der genannten Fälle zeigen jedoch, daß diese Einteilung nicht unbedingt geeignet ist, eine korrekte Zuordnung vorzunehmen.

Die Methoden, die für die Untersuchung nichtstationärer Prozesse verwendet werden können, unterscheiden sich deutlich von denen im letzten Abschnitt für stationäre Prozesse beschriebenen:

Zum einen darf die Einschwingphase bei der Analyse nicht eliminiert werden, sondern stellt gerade den Untersuchungsgegenstand dar. Zum anderen lassen sich das Batching und die Regenerationsmethode grundsätzlich nicht einsetzen. Ebensowenig kann die Genauigkeit durch die Verlängerung der Simulation erhöht werden.

Weiterhin ist ein einziger Lauf einer stochastischen Simulation gerade bei nichtstationären Prozessen nicht geeignet, allgemeine Aussagen über das Systemverhalten zu gewinnen. Es ist deshalb unbedingt notwendig, eine Vielzahl von Simulationsläufen durchzuführen.

Auch die Festlegung des Initialisierungszustandes stellt andere Anforderungen als bei der Untersuchung des stationären Falls. Dort war man bestrebt, die Einschwingphase möglichst kurz zu halten, wozu ein Initialisierungszustand beitragen konnte, der möglichst nahe am zu erwartenden stationären Zustand lag. Demgegenüber ist es bei der Untersuchung nichtstationärer Effekte unabdingbar, einen realen oder zumindest realistischen Startwert für die Simulation zu wählen.

Einen weiteren Unterschied gibt es bei der Art des gewünschten Ergebnisses. Bei der stationären Simulation wird nur ein einziger Wert gesucht, in der Regel der Erwartungswert der untersuchten Größe in der stationären Phase. Dagegen gibt es bei der Untersuchung nichtstationärer Prozesse zwei Ergebnisarten, die meist gemeinsam von Interesse sind:

- Über den begrenzten Zeitraum der Simulation wird ein Wert ermittelt, der insbesondere auch die Einschwingphase beinhaltet. Oft handelt es sich um Durchschnittswerte über den Zeitverlauf, z.B. die Auslastung eines Systems. Zum Teil ist aber auch die Dauer des Vorgangs selbst von Bedeutung, z.B. nach welcher Zeit ein Datenaustausch zwischen Computern abgeschlossen ist.
- Neben Durchschnittswerten soll oft der Verlauf einer Größe über die Zeit dargestellt werden. Damit kann z.B. abgeschätzt werden, ab wann eine bestimmte Auslastung erreicht wird oder welches Überschwingen beim Übergang von einem zu einem anderen stabilen Zustand zu erwarten ist. Diese Art von Ergebnis ist graphisch über der Zeit aufzutragen, wobei neben dem Wert der Größe selbst z.T. auch die Streuung - entweder getrennt oder als Bandbreite - eingezeichnet wird.

Die erste Variante ist sehr einfach zu realisieren und entspricht weitgehend der Replikationsmethode im stationären Fall; hier werden jedoch alle Ergebnisse inkl. der Einschwingphase berücksichtigt.

Der zweite Fall ist deutlich aufwendiger, da hier anstelle eines einzelnen Wertes eine ganze Zeitreihe aufgenommen und über viele Simulationsläufe gemittelt werden muß. In der Implementierung muß dazu für jede Größe ein Feld angelegt werden, das die Querschnittssummen der Werte der Größe zu jedem gewünschten Zeitpunkt aufnimmt. Diese Zeitpunkte müssen äquidistant und für alle Simulationsläufe identisch sein. Bei der zeitorientierten Simulation wird dazu einfach die gewählte Zeiteinheit oder ein Vielfaches davon verwendet. Bei der ereignisorientierten Simulation ist zu berücksichtigen, daß sich diese äquidistanten Zeitpunkte in der Regel nicht automatisch einstellen, sondern im normalen Simulationsablauf übersprungen werden. Die einfachste Möglichkeit, die Erfassung zu diesen Zeitpunkten sicherzustellen, besteht darin, hierfür periodische Pseudoereignisse einzufügen. Soll nicht nur der Mittelwert der Größe, sondern auch ihre Varianz bzw. Standardabweichung über die Zeit bestimmt werden, ist zusätzlich ein Feld für die Summen der Quadrate der untersuchten Werte zu verwenden. Das Ergebnis kann anschließend wie in Bild 8-3 dargestellt werden.

8.3 Vergleich von Systemalternativen

Wurden im letzten Abschnitt absolute Werte für die einzelnen Systemgrößen bestimmt, so geht es beim Vergleich konkurrierender Systemalternativen vor allem um die Frage, welches System für einen bestimmten Einsatz geeigneter ist. Unabhängig vom absoluten Niveau wird also die relative Differenz der Ergebnisse als Entscheidungskriterium verwendet. Von Trivialfällen abgesehen stellt sich dabei allerdings die Frage, welche Größe für den Vergleich verwendet werden soll, wenn es mehrere, oft entgegengesetzte Ziele gibt. Z.B. bestehen in einer Fertigung die Ziele Minimierung der Durchlaufzeiten und Maximierung der Kapazitätsauslastung, die sich tendenziell widersprechen. Gelegentlich kann ein dominierendes Merkmal ermittelt werden, ansonsten ist anzustreben, eine vereinheitlichende Kenngröße zu bilden. Bei der Bewertung innerhalb von Unternehmen wird diese Größe meist in Form eines Geldbetrags ausgedrückt.

Im folgenden wird davon ausgegangen, daß eine einzige Größe für den Vergleich verwendet wird. Weiterhin wird zunächst der Fall betrachtet, daß lediglich zwei Alternativen verglichen werden sollen.

Um zu überprüfen, ob eines von zwei Systemen besser ist, bietet sich zunächst ein Test mit der Nullhypothese an, daß kein Unterschied zwischen beiden Systemen besteht. Äquivalent, im Ergebnis aber insgesamt aussagekräftiger ist es, ein Konfidenzintervall für den Abstand der Erwartungswerte beider Systeme zu bestimmen. Liegt der Wert 0 nicht innerhalb des Intervalls, so ist dies identisch mit der Ablehnung der Hypothese, da ein signifikanter Unterschied zwischen beiden Alternativen festgestellt werden konnte. In diesem Fall ist eines der beiden Systeme als signifikant besser einzustufen. Im Gegensatz zum normalen Testverfahren erlaubt die Bestimmung des Konfidenzintervalls nicht nur eine Aussage darüber, ob ein signifikanter Unterschied vorhanden ist, sondern auch, in welcher Größenordnung er liegt. Dies ist in der Praxis schon deshalb von Bedeutung, da oft ein geplantes mit einem bestehenden System verglichen wird, so daß beide Alternativen nicht als gleichberechtigt anzusehen sind. Ist nämlich das geplante System zwar signifikant, aber nicht wesentlich besser als das bestehende, lohnt sich oft der Umstellungsaufwand nicht.

Bei der Untersuchung geht man konkret so vor, daß für beide Varianten eine möglichst große Zahl (≥ 30) von Simulationsläufen durchgeführt wird. Für jeden Lauf wird der Mittelwert der Vergleichsgröße bestimmt, so daß zwei Mengen von Werten für den Vergleich vorliegen. Auf Grundlage dieser Daten wird dann das Konfidenzintervall für die Differenz der Mittelwerte geschätzt.

Als Schätzmethode kann der in Abschnitt 7.4.2.5 beschriebene Paar-Vergleich mittels t-Test verwendet werden. Er hat den Vorteil, sich auch für korrelierte Daten zu eignen, so daß der varianzreduzierende Effekt bei Verwendung gleicher Eingangsdaten bzw. gleicher Ströme von Zufallszahlen genutzt werden kann. Nachteilig ist die Notwendigkeit, eine identische Anzahl von Werten in beiden Systemen zu erheben.

Ist sichergestellt, daß die Simulationsergebnisse der zu vergleichenden Systeme nicht korrelieren, lassen sich auch andere Verfahren einsetzen, bei denen die Anzahl der erhobenen Werte unterschiedlich sein kann. Zudem müssen dabei auch nicht alle Einzelwerte X_i bzw. Y_i vorliegen, sondern es werden lediglich Mittelwert, Varianz und Anzahl der Werte benötigt, was insbesondere den Vergleich mehrerer Systeme deutlich vereinfacht. Teilweise wird der doppelte t-Test als Schätzmethode vorgeschlagen (vgl. z.B. Liebl 1995, S. 187 - 190, und Hoover/Perry 1990, S. 343 - 350). Dieser setzt jedoch voraus, daß die Varianzen der verglichenen Systeme identisch sind. Da dies bei unterschiedlichen Systemen sehr unsicher ist, wird empfohlen, auf diesen Test vollständig zu verzichten und ausschließlich den etwas aufwendigeren Ansatz von Welch zu verwenden, der auch bei ungleichen Varianzen korrekte Ergebnisse liefert (vgl. Law/Kelton 1991, S. 588 f.).

Zunächst wird für beide Systeme unabhängig voneinander die Varianz geschätzt:

$$\hat{\sigma}_X^2 = \frac{1}{m_X - 1} \sum_{i=1}^{m_X} (X_i - \overline{X})^2$$

$$\hat{\sigma}_Y^2 = \frac{1}{m_Y - 1} \sum_{i=1}^{m_Y} (Y_i - \overline{Y})^2$$

Dabei sind X_i und Y_i z.B. die Mittelwerte der untersuchten Größe im i-ten Simulationslauf, m_X und m_Y geben die Anzahl der Läufe für das System X bzw. Y an.

Die Besonderheit dieses Ansatzes besteht darin, daß die Anzahl der Freiheitsgrade für die t-Verteilung durch folgende Formel geschätzt wird:

$$\hat{f} = \frac{(\hat{\sigma}_X^2 / m_X + \hat{\sigma}_Y^2 / m_Y)^2}{\frac{(\hat{\sigma}_X^2 / m_X)^2}{m_X - 1} + \frac{(\hat{\sigma}_Y^2 / m_Y)^2}{m_Y - 1}}$$

Das Konfidenzintervall für die Differenz $\xi = \mu_X - \mu_Y$ der beiden Systeme (vgl. Abschnitt 7.4.2.5) bestimmt sich dann wie folgt:

$$\xi_{o,u} = \overline{X} - \overline{Y} \pm t_{\hat{f};1-\alpha/2} \cdot \sqrt{\frac{\hat{\sigma}_X^2}{m_X} + \frac{\hat{\sigma}_Y^2}{m_Y}}$$

Sollen nicht nur zwei, sondern mehrere Systeme miteinander verglichen werden, so ergeben sich zwei Probleme:

- Wird jedes System mit jedem anderen direkt verglichen, steigt der Aufwand dafür stark an. Bei N Systemen sind N·(N-1)/2 Vergleiche notwendig.
- Das gewählte Konfidenzniveau - und auch umgekehrt die Irrtumswahrscheinlichkeit - gilt jeweils nur für einen einzelnen Vergleich. Werden mehrere Vergleiche durchgeführt, steigt die Gefahr eines Irrtums stark an, so daß das Konfidenzniveau des Gesamtvergleichs deutlich absinkt. Liegt z.B. das Konfidenzniveau der Einzelvergleiche bei 0,9, so beträgt die Wahrscheinlichkeit dafür, daß beide von zwei Vergleichen zu einer richtigen Aussage führen, nur noch $0{,}9^2 = 0{,}81$. Um bei zehn Systemen ein Konfidenzniveau von 0,95 zu erhalten, muß das Konfidenzniveau der einzelnen Vergleiche auf 0,995 angehoben werden. Damit werden jedoch die Konfidenzintervalle so groß, daß sie kaum noch eine Aussage daüber erlauben, welches System signifikant besser als das andere ist.

In der Praxis wird man in vielen Fällen von einem - meist bestehenden - Referenzsystem ausgehen, mit dem alle Alternativen verglichen werden. Damit reduziert sich die Zahl der notwendigen Vergleiche schon deutlich, auch wenn noch keine Reihenfolge über alle Systeme hinweg gebildet werden kann. Nach einer solchen ersten Sichtung bleiben meist nur wenige Systeme übrig, die dann individuell miteinander verglichen werden können. Zu weiteren Einzelheiten sei auf Hoover/Perry (1990, S. 350 - 354) und insbesondere auf Law/Kelton (1991, S. 591 - 604) verwiesen.

8.4 Optimierungsstrategien

Simulationsmodelle haben per se lediglich beschreibenden Charakter, indem sie berechnen, wie sich ein System unter festgelegten Randbedingungen verhält bzw. entwickelt. Sie sind damit nicht in der Lage, optimale Werte für dispositive Größen zu ermitteln.

Ein erster Ansatz zur Lösung besteht darin, mögliche Ausprägungen der Entscheidungsvariablen zu Systemalternativen zu kombinieren, die - wie im vorigen Abschnitt beschrieben - miteinander verglichen werden. Doch selbst wenn man nur eine relativ geringe Zahl diskreter Variablen mit einer sehr begrenzten Anzahl möglicher Zustände annimmt, wächst die Zahl der zu vergleichenden Systeme schnell über alle praktisch verarbeitbaren Grenzen.

Deshalb sind Optimierungsmethoden zu verwenden, wie sie innerhalb des Operations Research zur Verfügung stehen. Diese setzen jedoch in der Regel eine Funktion voraus, für die ein Optimalpunkt - Maximum oder Minimum - gefunden werden soll. Anstelle einer solchen Funktion steht jedoch nur ein Simulationsmodell zur Verfügung, das für eine bestimmte Kombination der unabhängigen Größen ein stochastischen Schwankungen unterliegendes Simulationsergebnis anstelle eines exakten, reproduzierbaren Funktionswertes zurückgibt.

Übliche Verfahren zur Suche nach einem Optimum im Zusammenhang mit Simulationsmodellen laufen so ab, daß man von einem Startpunkt aus, also einer festen Kombination der dispositiven Variablen, versucht, einen besseren Punkt zu erreichen. Dazu werden benachbarte Punkte daraufhin untersucht, ob sie ein besseres Ergebnis liefern. Für jeden dieser Punkte ist also eine Simulation durchzuführen und deren Ergebnis mit dem des aktuellen Punktes zu vergleichen. Zum Teil wird dabei nur jeweils ein Faktor variiert, was bei einigen Konstellationen Probleme bereitet. Besser, aber aufwendiger ist es, die Nachbarpunkte so zu wählen, daß auch mehrere Faktoren gleichzeitig verändert werden. In der Regel wird nach Prüfung aller berechneten Punkte in Richtung des größten Zuwachses der zu maximierenden Größe fortgeschritten. Dies wird auch als Methode des steilsten Anstiegs oder Gradientenmethode bezeichnet. Für Minimierungsprobleme gilt das Gesagte analog. Der Suchprozeß bricht ab, wenn in der Nachbarschaft kein besserer Punkt mehr gefunden werden kann. Dabei besteht natürlich die Gefahr, in einem lokalen Optimum hängenzubleiben.

Gegenüber dem normalen Fall der Optimierung mit einer festen Funktion hat dieses Vorgehen im Zusammenhang mit Simulationsmodellen nicht nur den Nachteil der extrem hohen Rechenzeiten für jeden Einzelschritt. Aufgrund der stochastischen Streuung der Simulationsergebnisse kann auch ein Optimum wieder verlassen werden, wenn sich zufällig für einen Nachbarpunkt ein besserer Wert ergibt. Es ist deshalb der Einsatz varianzreduzierender Verfahren dringend zu empfehlen, z.B. identische Initialisierung und gleiche Ströme von Zufallszahlen.

In der Simulationsliteratur wird das Thema Optimierung vergleichsweise selten behandelt. Als Quellen zu nennen sind z.B. Hoover/Perry (1990, S. 354 - 386) und Mertens (1982, S. 19 - 38).

9 Warteschlangensysteme

9.1 Einführung

Warteschlangen sind aus der alltäglichen Erfahrung bekannt, z.B. an der Kasse eines Supermarktes. Hieran läßt sich das Grundprinzip zeigen, das allen Warteschlangen zugrunde liegt:

> Es gibt eine Bedienstation - z.B. eine Kasse mit Bedienung -, zu der in unregelmäßigen Abständen Kunden kommen, die bedient werden wollen. Ist die Bedienstation nicht frei, d.h., es wird bereits ein Kunde bedient, stellt sich der neu angekommene Kunde in einer Warteschlange an und wartet dort ab, bis er an der Reihe ist. Ist er bedient worden, verläßt er das System. Die Bedienreihenfolge ergibt sich nach der Reihenfolge der Ankunft, d.h. nach dem sogenannten FIFO-Prinzip (*first in - first out*) - innerhalb von Warteschlangen meist als FCFS (*first come - first served*) bezeichnet (vgl. Spaniol/Hoff 1995, S. 53).

Das Warteschlangensystem besteht also aus drei Elementen:

1. ein Bediensystem, das eine zufällige Zeit benötigt, um einen Kunden zu bedienen,
2. Kunden, die in zufälligen Zeitabständen kommen und bedient werden möchten, und
3. eine Warteschlange, in der Kunden nach ihrer Ankunft warten, bis sie bedient werden.

Dies ist in Bild 9-1 grafisch verdeutlicht:

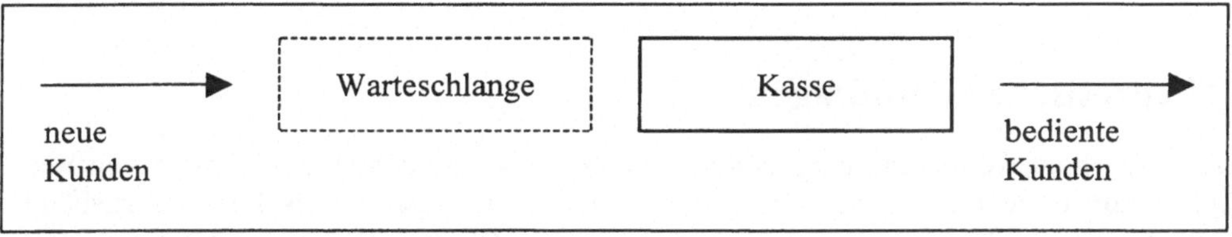

Bild 9-1 Grundprinzip einer Warteschlange

In der Praxis findet man solche Systeme an vielen Stellen, wobei die Warteschlange nicht immer - wie im Falle der Supermarktkasse - physisch als eine Reihe wartender Kunden existieren muß. Auch die Anrufer bei der Telefonauskunft befinden sich, wenn sie nicht sofort bedient werden, in einer Warteschlange. Gleiches gilt für diejenigen, die auf den Reparaturdienst für ihre defekte Waschmaschine warten. Die Warteschlange wird dann durch die Arbeitsplanung im Reparaturbetrieb realisiert.

Tabelle 9-1 zeigt die Vielfalt von Warteschlangen anhand einiger Beispiele (vgl. Kistner 1989, S. 39).

Gegenüber dem simplen Schema, das oben anhand einer Kasse und der davor wartenden Kunden beschrieben wurde, ergeben sich bereits bei einfachen praktischen Fällen deutliche Erweiterungen (vgl. auch Abschnitt 5.8).

In einem größeren Supermarkt sind meist mehrere Kassen besetzt, und die Kunden wählen selbst eine Kasse bzw. Warteschlange aus, i.d.R. die kürzeste. Stockt die Bedienung an einer Kasse, wechseln Kunden z.T. zu einer anderen Kasse mit einer inzwischen kürzeren Schlange.

Tabelle 9-1 Beispiele für Warteschlangensysteme

Kunden	**Bedienung**	**Warteschlange**
Flugzeuge	Rollbahn	kreisende Flugzeuge
Käufer	Waren	Bestellungen
Halbfertigprodukt	Maschinen	Zwischenlager
Patienten	Arzt	Wartezimmer
Leser	Bücher	Warteliste
Maschinen	Reparaturdienst	defekte Maschinen

Zudem werden z.T. weitere Kassen geöffnet, wenn die Schlangen an den bereits geöffneten zu lang sind.

Bei Kundendiensten wird die Abarbeitungsreihenfolge vielfach nach zusätzlichen Gesichtspunkten zum reinen FIFO-Prinzip bestimmt. Allgemein werden Kunden mit Wartungsvertrag bevorzugt bedient. Ebenso wird oft nach der Schwere der Störung gewichtet. Weiterhin ist bei längeren Anfahrwegen ein Zusammenfassen von Aufträgen nach geographischen Gesichtspunkten sinnvoll.

Es leuchtet ein, daß sich Systeme, die solchen Regeln und Einflüssen unterliegen, kaum analytisch lösen lassen. Dann ist die Simulation in vielen Fällen die einzige Methode, um quantitative Aussagen über das System zu erlangen.

9.2 Theoretische Grundlagen

In diesem Abschnitt werden in kurzgefaßter Form einige wesentliche Eigenschaften von Warteschlangen sowie die analytische Lösung einfacher Modelle beschrieben. Für weitergehende Informationen sei auf die einschlägige Literatur verwiesen (Kistner 1989, Meyer/Hansen 1985, S. 233 - 302).

Eine besonders wichtige Klasse von Wartesystemen ist durch folgende Eigenschaften gekennzeichnet:

1. Es steht ein unbegrenztes Reservoir von Kunden zur Verfügung, wobei die *Zwischenankunftszeit*, d.h. die Zeit zwischen zwei ankommenden Kunden, die Verteilung A besitzt.
2. Es existiert ein unbegrenzter Warteraum, in dem alle Kunden warten, bis sie in der Reihenfolge ihres Eintreffens bedient werden.
3. Es existieren m Bedieneinheiten, deren *Bediendauer* (auch *Abfertigungszeit* genannt) durch die Verteilung B charakterisiert ist.

Allgemein wird ein solches System mit der Kurzschreibweise A/B/m gekennzeichnet. Für die verschiedenen Verteilungen werden folgende Kennzeichen verwendet:

M Exponentialverteilung (*Markov-Prozeß*)

D deterministisch

G allgemeine Verteilung (*general*)

Der wichtigste Spezialfall, für den sich relativ leicht analytische Lösungen ermitteln lassen, ist das *M/M/1-Wartesystem.* Auch wenn dieser Fall in der Praxis oft nicht gegeben ist, können damit zumindest erste Abschätzungen der zu erwartenden Ergebnisse vorgenommen werden. Zudem kann ein Simulator zunächst mit einem solchen bekannten Modell getestet werden. Liefert er dort die vorausberechneten Ergebnisse, hat er einen wichtigen Test bestanden, obwohl dies noch keine Garantie für seine Fehlerfreiheit ist.

Für die Exponentialverteilung gilt allgemein folgende *Verteilungsfunktion*:

$$F_X(x) = P(X \leq x) = 1 - e^{-\lambda x}$$

Für die *Dichtefunktion* gilt:

$$f_X(x) = \lambda e^{-\lambda x}$$

Der *Erwartungswert* beträgt:

$$E(X) = 1 / \lambda$$

Für X sind im M/M/1-Wartesystem die Zwischenankunftszeit A bzw. die Bedienzeit B sowie für λ die dazugehörigen Parameter α bzw. β einzusetzen. Die Intensität α wird als *Ankunftsrate* bezeichnet, β als *Bedienrate* (auch *Abfertigungsrate*).

Interessant ist bei den Betrachtungen vor allem der stationäre Zustand, d.h. der Zustand, der sich nach einer längeren Zeit nach Eröffnung des Bediensystems einstellt. Folgende Größen sind bei der Analyse von besonderer Bedeutung (vgl. Meyer/Hansen 1985, S. 233 ff., Kistner 1989, S. 7 ff., und Grams 1992, S. 142 ff.):

Die *mittlere Auslastung des Bedienkanals* (auch *Verkehrsdichte*) ergibt sich leicht ersichtlich zu

$$\rho = \frac{E(B)}{E(A)}.$$

Dieser Zusammenhang gilt - im Gegensatz zu den nachfolgend hergeleiteten Größen - unabhängig von der konkreten Verteilung von A und B. Speziell für die oben definierte Exponentialverteilung gilt:

$$\rho = \frac{1/\beta}{1/\alpha} = \frac{\alpha}{\beta}$$

Umgekehrt ist die Wahrscheinlichkeit für einen Kunden, bei seiner Ankunft einen freien Schalter vorzufinden,

$$P_0 = 1 - \rho = 1 - \frac{\alpha}{\beta}.$$

Allgemein gilt für eine Länge n der Warteschlange - einschließlich des gerade bedienten Kunden - eine Wahrscheinlichkeit von

$$P_n = \rho^n (1 - \rho).$$

Der Erwartungswert für n, also die *mittlere Schlangenlänge*, ergibt sich dann zu

$$E(n) = \frac{\rho}{1 - \rho} = \frac{\alpha}{\beta - \alpha}.$$

Die Varianz der Schlangenlänge ist durch folgende Formel gegeben:

$$\mathrm{VAR}(n) = \frac{\rho}{(1-\rho)^2} = \frac{\alpha \cdot \beta}{(\beta-\alpha)^2}.$$

Die Aufenthaltsdauer T eines Kunden, d.h. die Zeit, die von seiner Ankunft bis zum Ende seiner Bedienung verstreicht, ist eine exponentialverteilte Zufallsgröße mit $\lambda = \beta - \alpha$. Die *mittlere Aufenthaltsdauer* (auch *Verweildauer*) ist demnach

$$E(T) = \frac{1}{\beta-\alpha}.$$

Indem die mittlere Bediendauer davon abgezogen wird, ergibt sich die *mittlere Wartezeit*:

$$E(W) = E(T) - E(B) = \frac{\alpha}{\beta \cdot (\beta-\alpha)}.$$

Bezüglich Erweiterungen auf mehrere Bedienkanäle inkl. der Optimierung ihrer Anzahl sowie Ansätzen bei Annahme diskret verteilter Zwischenankunfts- und Bedienzeiten sei auf die bereits zitierte Literatur verwiesen.

Wie schon im letzten Abschnitt angesprochen, sind reale Bediensysteme meist durch Bedingungen gekennzeichnet, die erheblich von den hier gemachten, sehr restriktiven Annahmen abweichen. Insbesondere wenn Regeln in praxisnaher Form gegeben sind, versagen analytische Lösung praktisch immer. Ein Beispiel wäre die Anweisung, eine zweite Kasse zu öffnen, wenn mehr als fünf Kunden an der ersten Kasse stehen.

Es bleibt dann nur die Simulation, um das Verhalten solcher Systeme unter verschiedenen Bedingungen zu untersuchen und die Auswirkungen bestimmter Regeln abschätzen zu können. Dies wird im nächsten Abschnitt behandelt.

9.3 Simulation

9.3.1 Modell

Als Ausgangspunkt des Modells wird folgender Sachverhalt angenommen:

> Es sind die Wartezeiten an der einzigen Kasse eines kleinen Lebensmittelladens zu untersuchen. Die Kunden kommen in unregelmäßigen, zufälligen Zeitabständen zwischen einer und fünf Minuten. Da der Simulator zunächst mit einer Auflösung von einer Minute arbeiten soll, werden für die Abstände nur ganze Zahlen zwischen 1 und 5 betrachtet, die gleich wahrscheinlich seien. Die Bedienung an der Kasse solle - inklusive Übergang von einem Kunden zum nächsten - zwischen einer und vier Minuten dauern, wobei ebenfalls gleichverteilte, ganze Zahlen angenommen werden.

Bereits an dieser Stelle - lange vor der Implementierung oder Simulation des Modells - sollte bereits eine erste Plausibilitätsprüfung erfolgen:

Sowohl die Abstände zwischen zwei Kunden als auch die Bearbeitungszeit sind realistisch. Wichtig ist weiterhin der Vergleich beider Zeiten. Der mittlere Abstand zweier Kunden beträgt 3,0 Minuten, während die Bedienung im Schnitt 2,5 Minuten dauert. Damit ist sichergestellt, daß die Schlange an der Kasse nicht dauerhaft wächst. Hätte man statt dessen einen Abstand der Kunden zwischen ein und drei Minuten angenommen, läge der mittlere Abstand zwischen zwei Kunden mit 2,0 Minuten unterhalb der durchschnittlichen Bedienzeit. In diesem Fall würde die Schlange zwangsläufig während der Öffnungszeit des Ladens kontinuierlich größer, was sicherlich nicht der Realität entspräche.

Da ein Modell immer eine Zielsetzung benötigt, sind weiterhin die interessierenden Ergebnisgrößen festzulegen. Um die Auswertung einfach zu halten, werden nur folgende Werte betrachtet:

- mittlere Aufenthaltsdauer pro Kunde
- mittlere Schlangenlänge
- durchschnittliche Auslastung der Bedienperson

Der praktische Hintergrund dieser Simulationsstudie könnte im vorliegenden Fall die Frage sein, ob eine Kasse ausreicht, um den Kunden eine zumutbare Wartezeit zu garantieren.

Zum Vergleich wird zusätzlich eine Implementierung mit exponentialverteilten Zwischenankunfts- und Bedienzeiten realisiert. Dabei werden die Parameter so gewählt, daß sich die gleichen Erwartungswerte für beide Größen wie im Modell oben ergeben.

9.3.2 Implementierung

9.3.2.1 Übersicht

In den nachfolgenden Abschnitten werden verschiedene Implementierungen des beschriebenen Modells vorgestellt, ohne daß dabei Vollständigkeit angestrebt wird. Damit sollen einerseits die mögliche Bandbreite gleichwertiger Realisierungen, andererseits deren jeweilige Vor- und Nachteile deutlich gemacht werden.

Die Implementierungen lassen sich nach zwei Kriterien kategorisieren:

Es werden drei unterschiedliche *Methoden des Zeitfortschritts* vorgestellt. Neben den in den Abschnitten 4.3 und 6.3.2 ausführlich behandelten Verfahren der Zeit- und der Ereignisorientierung kommt hier eine Variante hinzu, die man im konkreten Fall als *Kundenorientierung* bezeichnen kann. Dabei stellen eher die ankommenden Kunden als die Zeitfortschreibung ein Maß für den Simulationsfortschritt dar. Dieser Ansatz eignet sich besonders für die schnelle Realisierung kleiner Probleme mit einem Tabellenkalkulations-Programm wie Excel.

Die zweite Kategorie bildet *das für die Implementierung verwendete Werkzeug* bzw. das dahinterstehende Paradigma. Bei der Realisierung mittels einer Programmiersprache wurden mit C und C++ die heute - zumindest nach Verbreitungsgrad - führenden Vertreter des klassischen prozeduralen und des heute modernen objektorientierten Paradigmas gewählt. Diese Auswahl hat zudem den Vorteil, daß die C-Programme ohne Änderung auch unter C++ lauffähig sind, während umgekehrt wenigstens Teile des Codes übernommen werden können. Als Compiler für die Entwicklung wurden die weitverbreiteten Systeme Turbo C 2.0 und Turbo C++ für Windows 3.1 eingesetzt; die Programme sollten aber auch direkt mit anderen Compilern lauffähig sein.

Eine gewisse Sonderstellung nimmt das Tabellenkalkulations-Programm Excel ein. Es handelt sich dabei um keine Programmiersprache, sofern weder Makros noch Visual-Basic-Konstrukte genutzt werden, und in der einschlägigen Literatur werden solche Werkzeuge meist nicht einmal als Alternative zu universellen Programmiersprachen oder speziellen Simulationssprachen erwähnt. Für ein Buch, das sich den nachvollziehbaren Einstieg in die Simulation zur Aufgabe macht, ist die Nutzung eines solchen allgemein verfügbaren Systems jedoch sinnvoll. Die Implementierungen verwenden dabei ausschließlich die normalen Tabellenfunktionen, so daß eine Übertragung auf andere Programme problemlos möglich sein sollte. Getestet wurden die Beispiele mit Excel 5.0 und Excel 97.

9.3.2.2 Kundenorientierte Implementierung in Excel

Im ersten Ansatz wird eine Tabelle erzeugt, die für jeden Kunden eine eigene Zeile enthält (vgl. Gehring 1998, S. 7 - 10). Dieses Vorgehen läßt sich zwar nicht in das Schema der vorgestellten Formen der Zeitfortschreibung einfügen, erlaubt aber in diesem Fall eine besonders einfache Realisierung, die inhaltlich identische Ergebnisse liefert. Da die Tabelle nur Ereignisse und keine Leerzeiten enthält, entspricht dieser Ansatz am ehesten dem ereignisorientierten. Der wesentliche Unterschied besteht darin, daß der Zeitfortschritt sowohl in den Spalten t_i und e_i als auch innerhalb einer Zeile aufgetragen ist. Damit kann in der Tabelle nicht die aktuelle Länge der Warteschlange als Spalte ergänzt werden.

Tabelle 9-2 Kundenorientierte Warteschlangensimulation in Excel

i	a_i	t_i	b_i	e_i	w_i	ad_i
1	4	4	4	8	0	4
2	3	7	3	11	1	4
3	2	9	2	13	2	4
4	5	14	2	16	0	2
5	5	19	2	21	0	2
6	4	23	2	25	0	2
...						
34	1	99	4	111	8	12
35	5	104	3	114	7	10
36	3	107	4	118	7	11
37	5	112	3	121	6	9
38	1	113	1	122	8	9
39	3	116	1	123	6	7
40	3	119	3	126	4	7

Die Spaltenbezeichnungen haben folgende Bedeutung:

- i: Nr. des Kunden
- a_i: Abstand zwischen Kunde i-1 und i (Zwischenankunftszeit)
- t_i: Zeitpunkt der Ankunft des i-ten Kunden
- b_i: Bediendauer des i-ten Kunden
- e_i: Zeitpunkt des Endes der Bedienung des i-ten Kunden
- w_i: Wartezeit des i-ten Kunden (ohne eigene Bedienung)
- ad_i: Aufenthaltsdauer des i-ten Kunden (mit eigener Bedienung)

Das Modell ist als Formeln, die die Abhängigkeiten der Größen voneinander beschreiben, in den einzelnen Spalten bzw. Zellen enthalten. Es wurden folgende Formeln verwendet:

a_i = GANZZAHL(ZUFALLSZAHL()*5 + 1)

$t_i = t_{i-1} + a_i$

b_i = GANZZAHL(ZUFALLSZAHL()*4 + 1)

$e_i = \text{MAX}(e_{i-1}; t_i) + b_i$

$w_i = e_i - b_i - t_i$

$ad_i = w_i + b_i$

Die Zwischenankunftszeit und die Bedienzeit werden durch einen Zufallszahlengenerator bestimmt, der bei jedem Neuberechnen der Tabelle andere Werte liefert. Insoweit ist die oben abgebildete Tabelle nur eine von vielen möglichen Ausprägungen einer einfachen stochastischen Simulation.

Bei der Auswertung ergaben sich für eine konkrete Berechnung der Tabelle mit n = 40 Kunden folgende Kennwerte[13]:

mittlere Zwischenankunftszeit ($\Sigma a_i/n$):	3,0 Min.
mittlere Bediendauer ($\Sigma b_i/n$):	2,3 Min.
mittlere Wartedauer ($\Sigma w_i/n$):	1,2 Min.
mittlere Aufenthaltsdauer ($\Sigma ad_i/n$):	3,5 Min.
Auslastung ($\Sigma b_i/e_n$):	81,8 %
mittlere Schlangenlänge ($\Sigma ad_i/e_n$):	1,8

Wie die Ausführungen weiter unten zeigen, liegen diese Ergebnisse - trotz der großen Streuung bei einer so kurzen Simulation - durchaus im Rahmen der zu erwartenden Werte. Etwas nachteilig ist die Tatsache, daß das augenfälligste Merkmal der Realität, nämlich die aktuelle Länge der Warteschlange zu jedem Zeitpunkt, nicht aus der Tabelle hervorgeht.

9.3.2.3 Zeitorientierte Implementierung in Excel

Die zweite Tabelle entspricht einer zeitorientierten Implementierung. Die relativ große Anzahl von Spalten ist deshalb notwendig, weil auf diese Art die Variablen einer normalen Programmiersprache nachgebildet werden. Für einen Simulationslauf über 40 Minuten ergab sich das auszugsweise in Tabelle 9-3 dargestellte Ergebnis.

Die Spalten haben folgende Bedeutung:

t:	aktuelle Zeit in Minuten
RA_t:	verbleibende Zeit bis zur Ankunft des nächsten Kunden (Rest-Ankunftszeit)
n_t:	Nr. des letzten Kunden
neu_t:	Nr. des Kunden, der in dieser Minute ankommt (sonst 0)
l_t:	aktuelle Länge der Warteschlange
bed_t:	Nr. des Kunden, der gerade bedient wird (sonst 0)
RB_t:	verbleibende Zeit bis zum Bedienungsende des aktuellen Kunden (Rest-Bedienzeit)
a_t:	Zwischenankunftszeit bis zum nächsten Kunden
b_t:	Bediendauer des aktuellen Kunden

---

[13] Zu den Formeln vgl. Gehring (1998, S. 9). Die mittlere Schlangenlänge wird hier jedoch inklusive der gerade bedienten Person angegeben.

Tabelle 9-3 Zeitorientierte Warteschlangensimulation in Excel

t	RA_t	n_t	neu_t	l_t	bed_t	RB_t	a_t	b_t
0	4						4	
1	3	0	0	0	0	0	0	0
2	2	0	0	0	0	0	0	0
3	1	0	0	0	0	0	0	0
4	1	1	1	1	1	4	1	4
5	2	2	2	2	1	3	2	0
6	1	2	0	2	1	2	0	0
7	4	3	3	3	1	1	4	0
8	3	3	0	2	2	3	0	3
...								
36	5	12	12	1	12	1	5	1
37	4	12	0	0	0	0	0	0
38	3	12	0	0	0	0	0	0
39	2	12	0	0	0	0	0	0
40	1	12	0	0	0	0	0	0

Die Formeln, die etwas aufwendiger als im letzten Beispiel sind, lauten:

RA_t = WENN (RA_{t-1}>1; RA_{t-1}-1; GANZZAHL(ZUFALLSZAHL()*5 + 1))

n_t = WENN (RA_{t-1}=1; n_{t-1}+1; n_{t-1})

neu_t = WENN (n_t<>n_{t-1}; n_t; 0)

l_t = l_{t-1} + WENN (neu_t>0; 1; 0) - WENN (RB_{t-1}=1; 1; 0)

bed_t = WENN (RB_{t-1}>1; bed_{t-1}; WENN (l_t>0; n_t-l_t+1; 0))

RB_t = WENN (bed_t>bed_{t-1}; GANZZAHL(ZUFALLSZAHL()*4 + 1);
WENN (RB_{t-1}>0; Rb_{t-1}-1; 0))

a_0 = RA_0

a_t = WENN (RA_{t-1}=1; RA_t; 0)

b_t = WENN (ODER(RB_{t-1}=1;RB_t>RB_{t-1}); RB_t; 0)

Die beiden letzten Spalten dienen nur als Hilfsgrößen, um die (vorgegebenen) Erwartungswerte der Zufallszahlen für Zwischenankunftszeit und Bedienzeit zu überwachen und die Auslastung zu berechnen. Im Rahmen der eigentlichen Simulation werden sie nicht verwendet.

Die Kenngrößen für einen Beispiellauf der Simulation sind:

mittlere Zwischenankunftszeit (Σa_i/Anzahl(a_i>0)):	3,2 Min.
mittlere Bediendauer (Σb_i/Anzahl(b_i>0)):	2,4 Min.
mittlere Aufenthaltsdauer ($\Sigma l_i/n_{max}$):	4,7 Min.
Auslastung (Anzahl(bed_i>0)/t_{max}):	77,5 %
mittlere Schlangenlänge ($\Sigma l_i/t_{max}$):	1,4

9.3.2.4 Zeitorientierte Implementierung in C

Um das Problem überschaubar zu halten, wird aus der Vielzahl von möglichen Implementierungen eine gewählt, die einfach zu realisieren und zu verstehen ist. Entsprechend wird keinerlei Trennung zwischen Simulationssystem und Modell vorgenommen. Die im Modell vorgenommene Einschränkung, daß nur ein Kunde innerhalb einer Minute ankommen kann, erleichtert die Implementierung zusätzlich. Der Abstand zwischen zwei Kunden beträgt somit mindestens eine Minute. Der Ausgabeteil des Simulators beschränkt sich auf wenige *printf*-Anweisungen.

Der Fortgang der Simulation wird in Minutenschritten durchgeführt, was durch eine entsprechende äußere Schleife realisiert wird. Da der Abstand zwischen zwei Kunden und die Bearbeitungsdauer für jeden Kunden direkt als Verteilung vorgegeben sind, werden diese Größen zum jeweils relevanten Zeitpunkt berechnet:

Mit der Ankunft eines Kunden wird sofort die Zeit bis zur Ankunft des nächsten Kunden, also die Zwischenankunftszeit, bestimmt und in der Variablen *Rest_Ankunft* abgelegt. In jedem Folgedurchlauf, d.h. für jede Minute, wird dieser Wert um eins verringert, bis 0 erreicht ist. In diesem Fall wird ein neuer Kunde in die Warteschlange eingefügt und erneut die Restzeit bis zum nächsten Kunden per Zufallszahl ermittelt.

Ähnlich wird die Bedienung der Kunden realisiert. Mit Beginn der Bedienung eines Kunden wird festgelegt, wie lange der Vorgang dauert. Dieser Wert wird in der Variablen *Rest_Bedienung* abgelegt und ebenfalls bei jedem Durchlauf um eins dekrementiert. Ist dieser Wert null, verläßt der Kunde die Schlange. Sofern noch weitere Kunden vorhanden sind, wird sofort für den nächsten die Bediendauer ermittelt und mit der Bedienung begonnen.

Zusätzlich benötigte Variablen sind durch Kommentare innerhalb des Quellcodes erläutert. Alle Variablen sind Ganzzahlen. Für Variablen, die bei umfangreicheren Simulationsläufen Werte von über ca. 30.000 annehmen können, wurde anstelle des Typs *int* der erweiterte Typ *long* verwendet.

Bei dieser Implementierung wurde darauf verzichtet, einen eigenen Zufallszahlengenerator zu programmieren. Statt dessen wurde die in C verfügbare Funktion *random()* genutzt, die mit *randomize()* auf einen zufälligen Startwert gesetzt wird.

Nachfolgend das vollständige C-Programm:

```
/* Datei: schlange.c                            */
/* zeitorientierte Warteschlangensimulation */

# include <stdio.h>
# include <stdlib.h>
# include <time.h>

/* System-Variablen */
long Zeit;              /* aktuelle Simulationszeit                       */
long max_Zeit;          /* Anzahl der zu simulierenden Zeitschritte */

/* Modell-Variablen */
int  Rest_Ankunft;      /* Restdauer bis Ankunft naechster Kunde      */
int  Rest_Bedienung;    /* Restdauer bis Ende Bedienung               */
long neuer_Kunde;       /* Nr. des Kunden, der in dieser Minute kam */
long letzter_Kunde;     /* Nr. des letzten Kunden                     */
long bedienter_Kunde;   /* Nr. des gerade bedienten Kunden            */
int  Schlangenlaenge;   /* aktuelle Schlangenlaenge                   */
```

```
/* Auswerte-Variablen */
long Summe_Bedienung;        /* Summe der Minuten mit Bedienung    */
long Summe_Schlangenlaenge; /* Summe aller Schlangenlaengen        */

void initialisierung ()
  {
    randomize ();

    Schlangenlaenge = 0;
    letzter_Kunde   = 0;
    bedienter_Kunde = 0;
    Rest_Bedienung  = 0;
    Rest_Ankunft    = 2;
    Summe_Bedienung       = 0;
    Summe_Schlangenlaenge = 0;

    printf ("\n\n");
    printf ("        neuer bedienter   Laenge\n");
    printf ("Minute  Kunde     Kunde Schlange\n");
    printf ("------ ------ --------- --------\n");
  }

void berechnung ()
  {
    /* Ankunft naechster Kunde? */
    Rest_Ankunft = Rest_Ankunft - 1;
    if (Rest_Ankunft == 0)
        { /* neuer Kunde kommt an */
          letzter_Kunde   = letzter_Kunde + 1;
          neuer_Kunde     = letzter_Kunde;
          Schlangenlaenge = Schlangenlaenge + 1;
          Rest_Ankunft    = 1 + random(5); /* = 1..5 */
        }
      else
        neuer_Kunde = 0;

    /* aktuelle Kunden weiter bedienen sofern vorhanden */
    if (bedienter_Kunde > 0)
      {
        Rest_Bedienung = Rest_Bedienung - 1;
        if (Rest_Bedienung == 0)
          { /* Bedienung beendet; Kunde verlaesst Schlange */
            bedienter_Kunde = 0;
            Schlangenlaenge = Schlangenlaenge - 1;
          }
      }

    /* naechsten Kunden bedienen? */
    if ((bedienter_Kunde == 0) && (Schlangenlaenge > 0))
      { /* ersten Kunden der Schlange bedienen */
        bedienter_Kunde = letzter_Kunde - Schlangenlaenge + 1;
        Rest_Bedienung  = 1 + random(4); /* = 1..4 */
      }

    /* Summen fuer statistische Auswertung */
    if (bedienter_Kunde > 0)
      Summe_Bedienung = Summe_Bedienung + 1;
```

```
      Summe_Schlangenlaenge = Summe_Schlangenlaenge + Schlangenlaenge;

      /* Ausgabe des aktuellen Status */
      printf ("%6ld %6ld %9ld %8d\n", Zeit, neuer_Kunde,
                                 bedienter_Kunde, Schlangenlaenge);
    }

  void ergebnis_ausgabe ()
    {
      printf ("\n");
      printf ("Zeitdauer:  %d Min.\n", Zeit);
      printf ("Kundenzahl: %d\n", letzter_Kunde);
      printf ("\n");
      printf ("Auslastung Bedienperson:    %.1f\n",
                (Summe_Bedienung*100.0/Zeit));
      printf ("mittlere Schlangenlaenge:  %.1f\n",
                (Summe_Schlangenlaenge*1.0/Zeit));
      printf ("mittlere Aufenthaltsdauer: %.1f\n",
                (Summe_Schlangenlaenge*1.0/letzter_Kunde));
    }

  void main ()
    {
      printf ("Anzahl Minuten: ");
      scanf ("%ld", &max_Zeit);

      initialisierung ();

      Zeit = 0;
      do
        {
          Zeit = Zeit + 1;
          berechnung ();
        }
      while (Zeit < max_Zeit);

      ergebnis_ausgabe ();
    }
```

Das Ergebnis eines Simulationslaufs über einen ganzen Geschäftstag von 600 Minuten sieht z.B. so aus:

```
        neuer bedienter   Laenge
Minute  Kunde       Kunde Schlange
------ ------ --------- --------
     1      0         0        0
     2      1         1        1
     3      2         2        1
     4      0         2        1
     5      0         2        1
     6      0         2        1
     7      3         3        1
...
   599      0         0        0
   600    194       194        1
```

```
Zeitdauer:  600 Min.
Kundenzahl: 194

Auslastung Bedienperson:    81.7
mittlere Schlangenlaenge:   1.7
mittlere Aufenthaltsdauer:  5.2
```

Um die statistische Streuung zu verringern und somit zu genaueren Ergebnissen zu kommen, kann die Simulationsdauer problemlos auf 1.000.000 Minuten oder mehr ausgedehnt werden. Sofern die Ausgabe in eine Datei umgelenkt oder im Programm auskommentiert wird, liegt die Laufzeit auf einem Pentium-PC auch dann deutlich unter einer Minute.

9.3.2.5 Ereignisorientierte Implementierung in Excel

Die ereignisorientierte Version der Excel-Implementierung unterscheidet sich optisch von der zeitorientierten nur dadurch, daß die Zeit in der ersten Spalte nicht in Schritten von einer Minute fortgeschrieben wird, sondern von Ereignis zu Ereignis springt. Das Ergebnis ist in Tabelle 9-4 dargestellt.

Tabelle 9-4 Ereignisorientierte Warteschlangen-Simulation in Excel

t	RA_t	n_t	neu_t	l_t	bed_t	RB_t	a_t	b_t
0	2						2	
2	2	1	1	1	1	2	2	2
4	5	2	2	1	2	4	5	4
8	1	2	0	0	0	0	0	0
9	3	3	3	1	3	1	3	1
10	2	3	0	0	0	0	0	0
12	4	4	4	1	4	2	4	2
...								
69	5	23	23	3	21	2	5	0
71	3	23	0	2	22	3	0	3
74	4	24	24	2	23	4	4	4
78	3	25	25	2	24	4	3	4
81	2	26	26	3	24	1	2	0

Die Spalten haben dieselbe Bedeutung wie in Abschnitt 9.3.2.3, die meisten Formeln sind jedoch anders:

t_t = WENN (RB_{t-1}=0; t_{t-1}+ RA_{t-1}; t_{t-1}+MIN(RA_{t-1}; RB_{t-1}))

RA_0 = GANZZAHL(ZUFALLSZAHL()*5+1)

RA_t = WENN(t_t-t_{t-1}=RA_{t-1}; GANZZAHL(ZUFALLSZAHL()*5+1); RA_{t-1}-(t_t-t_{t-1}))

n_t = WENN(t_t-t_{t-1}=RA_{t-1}; n_{t-1}+1; n_{t-1})

neu_t = WENN (n_t<>n_{t-1}; n_t; 0)

l_t = l_{t-1} + WENN (neu_t>0; 1; 0) - WENN (RB_{t-1}-(t_t-t_{t-1})=0; 1; 0)

bed_t = WENN (RB_{t-1}-(t_t-t_{t-1})>0; bed_{t-1}; WENN (l_t>0; n_t-l_t+1; 0))

RB_t = WENN (bed_t>bed_{t-1}; GANZZAHL(ZUFALLSZAHL()*4 + 1); MAX(RB_{t-1}-(t_t-t_{t-1});0))

a_0 = RA_0

a_t = WENN (neu_t>0; RA_t; 0)

b_t = WENN (bed_t> bed_{t-1}; RB_t; 0)

Auch einige der Auswerteformeln sind deutlich komplizierter als im zeitorientieren Fall, da die Schlangenlängen der Tabelle mit den Zeitabständen zu gewichten sind. Zur Vereinfachung wird hierfür die Hilfsgröße SL eingeführt, die über eine Matrix-Formel (hier mit Originalbezügen aus Excel angegeben) zu berechnen ist:

SL = {SUMME(E4:E43*(A4:A43-A3:A42))}
mittlere Aufenthaltsdauer = SL/n_{max}
Auslastung = (Σb_i-MAX(RB_{tmax}-1;0))/t_{max}
mittlere Schlangenlänge = SL/t_{max}

9.3.2.6 Ereignisorientierte Implementierung in C++

Gerade für die ereignisorientierte Simulation bietet sich eine objektorientierte Realisierung an. Ein grundsätzlicher Vorteil ist die wirklichkeitsnahe Abbildung der Realität in Form von Objekten. Zusätzlich bietet das Prinzip des Austauschens von Botschaften, die z.B. Ereignissen entsprechen, zwischen den Objekten besondere günstige Voraussetzungen für eine ereignisorientierte Implementierung.

Wie schon in Abschnitt 4.3.3 beschrieben, basiert die ereignisorientierte Simulation darauf, daß Ereignisse erzeugt werden, auf die betroffene Objekte reagieren. Dieses Reaktion, die ohne Zeitverbrauch abläuft, kann unter anderem wiederum im Erzeugen von Folgeereignissen bestehen. Eine direkte Kommunikation der Objekte des Modells ist oft nicht gegeben, sondern findet auf dem Umweg über die Ereignissteuerung statt. So fügt in der unten beschriebenen Realisierung der Kundengenerator die erzeugten Kunden nicht direkt in die Warteschlange ein, sondern plaziert nur das entsprechende Ereignis in der Ereignisliste. Dieses wiederum veranlaßt bei seinem Eintritt die Warteschlange, die dazugehörige Aktion selbst durchzuführen.

Verwaltet werden die Ereignisse in einer Ereignisliste, in der auf sie in der Reihenfolge des Ereigniseintritts zugegriffen wird. Grundlegende Objekte jeder ereignisorientierten Simulation sind somit eine unbegrenzte Anzahl von Ereignissen und genau eine Ereignisliste. Während die Funktion der Ereignisliste weitgehend festliegt, ist bei den Ereignissen für jedes Modell individuell festzulegen, welche Ereignisarten es überhaupt gibt und welche zusätzlichen Informationen über die Ereigniszeit hinaus benötigt werden. Im ersten Schritt könnten die Ereignisse *Ankunft Kunde*, *Beginn Bedienung* und *Ende Bedienung* definiert werden.

Als Objekte des Modells könnten im Fall des oben beschriebenen Wartesystems in einem ersten Ansatz die Objekte *Kunde*, *Warteschlange* und *Kasse* identifiziert werden. Ferner wird ein Mechanismus benötigt, der dafür sorgt, daß - gemäß der vorgegebenen Verteilung - in zufälligen Abständen neue Kunden ankommen. Hierfür wird ein Objekt *Kundengenerator* eingesetzt. Um die Realisierung möglichst einfach zu halten, werden anstelle von Kunden als eigenständige Objekte innerhalb der Warteschlange lediglich laufende Nummern zur Unterscheidung

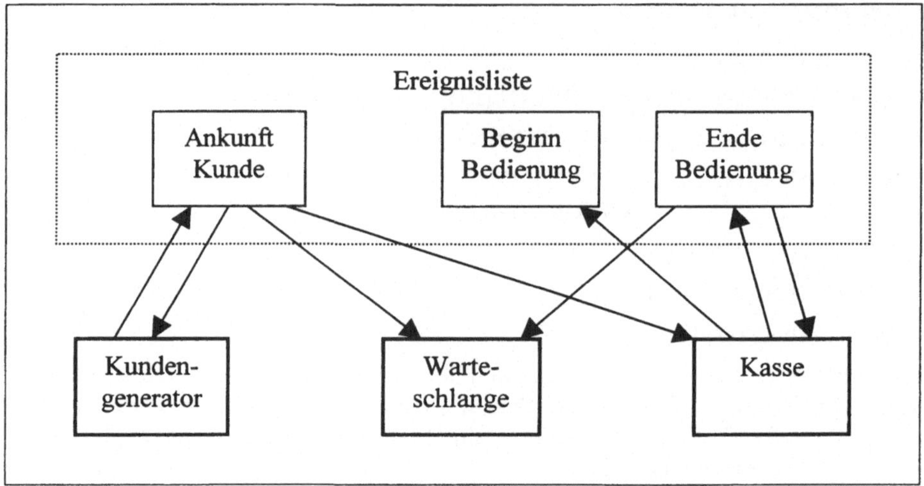

Bild 9-2 Erster Ansatz für eine ereignisorientierte Realisierung eines Wartesystems

verwendet. Entsprechend entfällt in den Ereignissen der sonst sinnvolle Zeiger auf den betroffenen Kunden.

Diese Überlegungen sind in Bild 9-2 dargestellt. Dort wird das Zusammenspiel der Objekte grafisch verdeutlicht.

Die Simulation läuft nach folgendem Schema ab:

Der Kundengenerator erzeugt für einen zukünftigen Zeitpunkt das Ereignis *Ankunft Kunde*. Wenn dieser Zeitpunkt erreicht ist, wird allen Objekten der Eintritt des Ereignisses mitgeteilt. Der Kundengenerator reagiert darauf, indem er ein neues Ereignis für die Ankunft des nächsten Kunden erzeugt. Die Warteschlange vergibt dem Kunden eine Nummer und reiht ihn am Ende der Schlange ein. Die Kasse muß auf dieses Ereignis genau dann reagieren, wenn sie frei ist. In diesem Fall wird der Kunde sofort bedient, und das Ereignis *Beginn Bedienung* wird erzeugt. Gleichzeitig wird das zukünftige Ereignis *Ende Bedienung* generiert, bei dessen Eintritt die Kasse wieder frei und der betreffende Kunde aus der Warteschlange entfernt wird. Zum Ende der Bedienung wird geprüft, ob sich noch Kunden in der Warteschlange befinden. Ist dies der Fall, wird sofort mit der Bedienung des nächsten begonnen.

Sowohl in der Abbildung als auch in der Beschreibung fällt auf, daß das Ereignis *Beginn Bedienung* auf kein Objekt wirkt. Das liegt daran, daß es keinen zusätzlichen Zeitpunkt markiert, sondern ohne Verzögerung aus einer der Kombinationen *Ankunft Kunde* und *Kasse frei* oder *Ende Bedienung* und *Schlange nicht leer* folgt. Dieses Ereignis wird deshalb bei der Implementierung nicht berücksichtigt.

Die zweite Vereinfachung, die für die konkrete Realisierung vorgenommen wird, ist das Zusammenfassen von Warteschlange und Kasse zu einem Objekt *Bediensystem*. Das vereinfacht einerseits die Programmierung und vermeidet andererseits einen kleinen Schönheitsfehler:

Bei der ereignisorientierten Simulation ist aufgrund der impliziten Simultanität aller Aktionen nicht nur die Abarbeitungsreihenfolge von Ereignissen mit gleicher Eintrittszeit undefiniert; auch die Reaktion der Objekte auf ein einzelnes Ereignis kann grundsätzlich in beliebiger Reihenfolge bestimmt werden. Beim Eintritt eines neuen Kunden in eine leere Warteschlange müßte erst der Kunde von der Warteschlange aufgenommen werden, bevor er von der Kasse

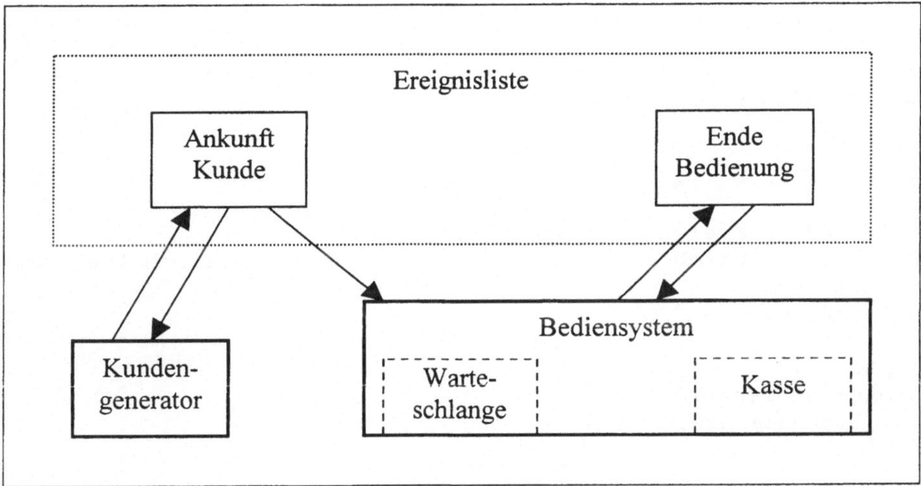

Bild 9-3 Verwendeter Ansatz für eine ereignisorientierte Realisierung eines Wartesystems

bedient werden könnte. Dies ließe sich zwar programmtechnisch sehr einfach lösen, stellt jedoch eine gewisse Unsauberkeit dar.

Nach den genannten Veränderungen sieht das Schema für die Implementierung wie in Bild 9-3 aus.

Zusammen mit den Hilfsobjekten für die Simulationssteuerung ergeben sich folgende Objektklassen:

Kundengenerator

Bediensystem

Ereignis

Ereignisliste

Zufallsgenerator (aus Datei zgen.cpp; vgl. Abschnitt 6.3.3)

Der resultierende Programmcode sieht so aus:

```
// Datei: schlang1.cpp
// ereignisorientierte Warteschlangensimulation

# include <stdio.h>
# include "e:\compiler\tcwin\prog\zgen.cpp"


//***** Klassen-Deklarationen *****

class Ereignis
  {
    public:
      Ereignis ();
      Ereignis (const double z, const int a);

      double Zeit;
```

```
        int    Aktion;
    };

  class Ereignisliste
    {
      public:
        Ereignisliste ();

        void addiereEreignis (Ereignis e);
        Ereignis gibNaechstesEreignis (); // loescht zugleich Ereignis
        void leeren ();
        int istLeer ();

      private:
        Ereignis Liste[100];
        int Listenlaenge;
    };

  class Kundengenerator
    {
      public:
        void reagiereAufEreignis (Ereignis e);

      private:
        void generiereNaechstenKunden ();
    };

  class Bediensystem
    {
      public:
        Bediensystem();

        void RuecksetzenSchlange ();
        void RuecksetzenStatistik (double start);
        void reagiereAufEreignis (Ereignis e);

        double mittlere_Schlangenlaenge ();
        double mittlere_Aufenthaltsdauer ();
        double mittlere_Auslastung ();
        long   Gesamtzahl_Kunden ();
        long   aktueller_Kunde ();
        long   letzter_Kunde ();
        long   aktuelle_Schlangenlaenge ();

      private:
        void AnkunftKunde ();
        void BeginnBedienung ();
        void EndeBedienung ();
        void StatistikMitschreiben ();

        // Variablen Systemstatus
        long letzte_KundenNr;          // Nr. letzten angekom. Kunden
        long bedienter_Kunde;          // Nr. des Ersten der Schlange

        // Variablen Statistik
        double ZeitLetztesEreignis;    // Zeitpunkt letztes Ereignis
        long   Kundenzahl;             // Anzahl der erfassten Kunden
```

```
      double Dauer;                   // Zeitdauer fuer Statistik
      double Summe_Bedienung;         // Gesamtdauer Bedienung
      double Summe_Schlangenlaenge; // Summe aller Schlangenlaengen
  };


//***** globale Variablen *****
double Zeit;                   // aktuelle Simulationszeit
Ereignisliste EventQueue;      // zentrale Ereignisliste
Zufallsgenerator z_gen;        // zentraler Zufallsgenerator

//***** Ereignis-Konstanten *****
const Ereignis_Ankunft_Kunde  = 1;
const Ereignis_Ende_Bedienung = 2;
const Pseudo_Ereignis         = 3;


//***** Klassen-Implementierungen *****
//+++++ Klasse Ereignis +++++
Ereignis::Ereignis ()
// Default-Konstruktor
  {
    Zeit   = 0.0;
    Aktion = 0;
  }

Ereignis::Ereignis (const double z, const int a)
// Konstruktor mit Parametern
  {
    Zeit   = z;
    Aktion = a;
  }


//+++++ Klasse Ereignisliste +++++
Ereignisliste::Ereignisliste ()
// Konstruktor
  {Listenlaenge = 0;}

void Ereignisliste::leeren ()
// Ereignisliste leeren
  {Listenlaenge = 0;}

void Ereignisliste::addiereEreignis (Ereignis e)
// Ereignis an das Ende der Liste anhaengen
  {
    Listenlaenge = Listenlaenge + 1;
    Liste[Listenlaenge] = e;
  }

Ereignis Ereignisliste::gibNaechstesEreignis ()
// zeitlich naechstes Ereignis durch sequentielle Suche bestimmen
// gefundenes Ereignis aus Liste loeschen und zurueckgeben
  {
    Ereignis e;
    double min;
    double i, pos_min;
```

```
    // naechstes Ereignis suchen
    min = Liste[1].Zeit;
    pos_min = 1;
    for (i=2; i<=Listenlaenge; i=i+1)
      if (Liste[i].Zeit < min)
        {
          min = Liste[i].Zeit;
          pos_min = i;
        }
    e = Liste[pos_min];

    // Ereignis aus Liste entfernen
    Liste[pos_min] = Liste[Listenlaenge];
    Listenlaenge = Listenlaenge - 1;

    return (e);
  }

int Ereignisliste::istLeer ()
// gibt TRUE zurueck, wenn Ereignisliste leer ist
  {return (Listenlaenge == 0);}


//+++++ Klasse Kundengenerator +++++
void Kundengenerator::reagiereAufEreignis (Ereignis e)
// reagiert auf passendes Ereignis durch Unterprogrammaufruf
  {
    if (e.Aktion == Ereignis_Ankunft_Kunde)
      generiereNaechstenKunden ();
  }

void Kundengenerator::generiereNaechstenKunden ()
// erzeugt das Ereignis Ankunft naechster Kunde
  {
    double z = Zeit + z_gen.exponentialverteilt(1.0/3.0);
    EventQueue.addiereEreignis(Ereignis(z, Ereignis_Ankunft_Kunde));
  }


//+++++ Klasse Bediensystem +++++
void Bediensystem::RuecksetzenSchlange ()
// definiert die Schlange als leer
  {
    letzte_KundenNr = 0;
    bedienter_Kunde = 0;
  }

void Bediensystem::RuecksetzenStatistik (double start = 0.0)
// initialisiert die Variablen fuer die statistische Auswertung
  {
    ZeitLetztesEreignis    = start;
    Kundenzahl             = 0;
    Dauer                  = 0.0;
    Summe_Bedienung        = 0.0;
    Summe_Schlangenlaenge  = 0.0;
  }
```

```
Bediensystem::Bediensystem ()
// Konstruktor
  {
    RuecksetzenSchlange ();
    RuecksetzenStatistik ();
  }

void Bediensystem::reagiereAufEreignis (Ereignis e)
// reagiert auf passendes Ereignis durch Unterprogrammaufruf
  {
    StatistikMitschreiben ();

    switch (e.Aktion)
      {
        case Ereignis_Ankunft_Kunde : AnkunftKunde();  break;
        case Ereignis_Ende_Bedienung: EndeBedienung(); break;
      }
  }

void Bediensystem::AnkunftKunde ()
// verarbeitet das Ereignis Ankunft Kunde
  {
    Kundenzahl = Kundenzahl + 1;
    letzte_KundenNr = letzte_KundenNr + 1;

    if (bedienter_Kunde == 0)
      {
        bedienter_Kunde = letzte_KundenNr;
        BeginnBedienung();
      }
  }

void Bediensystem::BeginnBedienung ()
// bearbeitet den Beginn einer Bedienung
  {
    double z = Zeit + z_gen.exponentialverteilt(1.0/2.5);
    EventQueue.addiereEreignis(Ereignis(z,Ereignis_Ende_Bedienung));
  }

void Bediensystem::EndeBedienung ()
// verarbeitet das Ereignis Ende Bedienung
  {
    if (bedienter_Kunde == letzte_KundenNr)
        bedienter_Kunde = 0;
      else
        {
          bedienter_Kunde = bedienter_Kunde + 1;
          BeginnBedienung();
        }
  }

void Bediensystem::StatistikMitschreiben ()
// aktualisiert die Variablen fuer die statistische Auswertung
  {
    double delta = Zeit - ZeitLetztesEreignis;
```

```
      Dauer = Dauer + delta;
      if (bedienter_Kunde > 0)
        Summe_Bedienung = Summe_Bedienung + delta;
      Summe_Schlangenlaenge = Summe_Schlangenlaenge +
                                aktuelle_Schlangenlaenge() * delta;
      ZeitLetztesEreignis = Zeit;
    }

long Bediensystem::aktuelle_Schlangenlaenge ()
// berechnet die aktuelle Schlangenlaenge und gibt sie zurueck
    {
      if (bedienter_Kunde == 0)
          return (0);
        else
          return (letzte_KundenNr - bedienter_Kunde + 1);
    }

long Bediensystem::aktueller_Kunde ()
// gibt die Nr. des aktuell bedienten Kunden zurueck (sonst 0)
    {return(bedienter_Kunde);}

long Bediensystem::letzter_Kunde ()
// gibt die Nr. des letzten Kunden zurueck
    {return(letzte_KundenNr);}

double Bediensystem::mittlere_Schlangenlaenge ()
// gibt die mittl. Schlangenlaenge fuer die lfd. Auswertung zurueck
    {return (Summe_Schlangenlaenge/Dauer);}

double Bediensystem::mittlere_Aufenthaltsdauer ()
// gibt die mittl. Aufenthaltsdauer fuer die lfd. Auswertung zurueck
    {return (Summe_Schlangenlaenge/Kundenzahl);}

double Bediensystem::mittlere_Auslastung ()
// gibt die mittl. Schlangenlaenge fuer die lfd. Auswertung zurueck
    {return (Summe_Bedienung*100.0/Dauer);}

long Bediensystem::Gesamtzahl_Kunden ()
// gibt die Kundenzahl fuer die lfd. Auswertung zurueck
    {return (Kundenzahl);}


//***** Hauptprogramm *****
void main ()
    {
      // Variablen-Definition
      FILE              *fp;          // Zeiger auf Ausgabedatei
      double            max_Zeit;     // Simulationsdauer (Zeitschritte)
      long              neuer_Kunde;  // Kunden-Nr. bei Ankunft Kunde
      Kundengenerator   k_gen;
      Bediensystem      b_sys;
      Ereignis          aktuelles_Ereignis;


      printf ("Anzahl Minuten: ");
      scanf ("%lf", &max_Zeit);
```

```
    fp = fopen ("sim_out.txt", "w");

    // Tabellenkopf fuer Ausgabe-Datei
    fprintf (fp, "          neuer bedienter   Laenge\n");
    fprintf (fp, "  Minute  Kunde     Kunde Schlange\n");
    fprintf (fp, "--------- ------ --------- --------\n");

    Zeit = 0.0;

    // generiere Start-Ereignis
    k_gen.reagiereAufEreignis (Ereignis(0,Ereignis_Ankunft_Kunde));

    // addiere Pseudo-Ereignis fuer Simulations-Ende
    EventQueue.addiereEreignis (Ereignis(max_Zeit,Pseudo_Ereignis));

    do
      {
        aktuelles_Ereignis = EventQueue.gibNaechstesEreignis ();
        Zeit = aktuelles_Ereignis.Zeit;

        if (Zeit <= max_Zeit)
          {
            // Objekten Ereignis mitteilen
            k_gen.reagiereAufEreignis (aktuelles_Ereignis);
            b_sys.reagiereAufEreignis (aktuelles_Ereignis);

            // aktuellen Status in Datei ausgeben
            if (aktuelles_Ereignis.Aktion == Ereignis_Ankunft_Kunde)
                neuer_Kunde = b_sys.letzter_Kunde();
              else
                neuer_Kunde = 0;

            fprintf (fp, "%9.1lf %6ld %9ld %8ld\n",
                         Zeit, neuer_Kunde,
                         b_sys.aktueller_Kunde(),
                         b_sys.aktuelle_Schlangenlaenge());
          }
      }
    while ((Zeit < max_Zeit) && !(EventQueue.istLeer()));

    // Statistik fuer Lauf anzeigen
    printf ("\n\n");
    printf ("Zeitdauer:  %.1lf Min.\n", Zeit);
    printf ("Kundenzahl: %ld\n", b_sys.Gesamtzahl_Kunden());
    printf ("\n");
    printf ("Auslastung Bedienperson:   %6.2f %\n",
            b_sys.mittlere_Auslastung());
    printf ("mittlere Schlangenlaenge:  %6.2f Personen\n",
            b_sys.mittlere_Schlangenlaenge());
    printf ("mittlere Aufenthaltsdauer: %6.2f Min.\n",
            b_sys.mittlere_Aufenthaltsdauer());

    fclose (fp);
  }
```

Das Programm enthält Teile, die für diese Simulation nicht unbedingt notwendig sind, z.B. die Funktion *Ereignisliste::leeren*. Damit sind aber alle Voraussetzungen vorhanden, um auch automatische Auswertungen über mehrere Läufe oder Batches durchzuführen. Die im nächsten Abschnitt vorgestellte Programmversion, die solche Möglichkeiten aufzeigt, benötigt deshalb nur eine neue Funktion *main*; der Rest kann unverändert übernommen werden.

Ein - neben der anderen Simulationsmethode - wichtiger Unterschied zur C-Version besteht darin, daß die Simulationsausgabe nicht direkt auf den Bildschirm, sondern in eine Datei erfolgt. Lediglich das Gesamtergebnis, also die durchschnittliche Wartezeit usw., wird - ebenso wie der Dialog zur Eingabe der Simulationszeit - auf dem Bildschirm angezeigt.

Ein weiterer Unterschied ist die Verwendung exponentialverteilter Zufallszahlen mit demselben Erwartungswert wie bei der bisherigen Gleichverteilung. Dies wurde dadurch möglich, daß bei der ereignisorientierten - im Gegensatz zur zeitorientierten - Simulation problemlos mit beliebiger Genauigkeit gearbeitet werden kann, wie sie für eine stetige Verteilung notwendig ist. Um auch hier gleichverteilte Zufallszahlen zu verwenden, ist nur je eine Zeile in den beiden Funktionen *Bediensystem::BeginnBedienung* und *Kundengenerator::generiereNaechstenKunden* zu ändern.

9.3.2.7 Implementierung mit automatischer Auswertung

In Kapitel 8 wurde beschrieben, daß bei stochastischer Simulation ein einzelner Simulationslauf keine verwertbare Aussage über das simulierte System erlaubt. Gesucht ist letztlich eine Aussage darüber, welche Durchschnittswerte für Schlangenlänge, Wartezeit usw. auftreten. Aus dem Ergebnis eines einzelnen Laufs kann jedoch nicht abgeschätzt werden, wie weit man von den gesuchten Erwartungswerten entfernt ist und welche Streuung die Simulationsläufe aufweisen.

Dazu wird das ereignisorientierte C++-Programm aus dem letzten Abschnitt mit einer Simulationssteuerung zur automatischen Auswertung mit Hilfe mehrerer Batches versehen. Die Grundlagen der Implementierung dazu wurden bereits in Abschnitt 6.3.2.3 beschrieben. Gegenüber dem Programm aus Abschnitt 9.3.2.6 muß nur die Funktion *main* durch folgende ersetzt werden:

```
void main ()
  {
    // Variablen-Definition
    Kundengenerator k_gen;
    Bediensystem    b_sys;
    Ereignis        aktuelles_Ereignis;
    long            Anzahl_Batches = 100;
    double          Batch_Laenge = 5000.0;
    double          Summe_Schlangenlaengen    = 0.0;
    double          QSumme_Schlangenlaengen   = 0.0;
    double          Summe_Aufenthaltsdauern   = 0.0;
    double          QSumme_Aufenthaltsdauern  = 0.0;
    double          Summe_Auslastungen        = 0.0;
    double          QSumme_Auslastungen       = 0.0;
    long            Batch_Nr;
    double          Batch_Ende;
    double          X_quer, S2, delta;


    Zeit = 0.0;

    // generiere Start-Ereignis
    k_gen.reagiereAufEreignis (Ereignis(0,Ereignis_Ankunft_Kunde));
```

```
for (Batch_Nr=1; Batch_Nr<=Anzahl_Batches; Batch_Nr=Batch_Nr+1)
 {
  Batch_Ende = Zeit + Batch_Laenge;
  b_sys.RuecksetzenStatistik(Zeit);
  // addiere Pseudo-Ereignis fuer Batch-Ende
  EventQueue.addiereEreignis (Ereignis(Batch_Ende,
                                      Pseudo_Ereignis));

  do
   {
    aktuelles_Ereignis = EventQueue.gibNaechstesEreignis ();
    Zeit = aktuelles_Ereignis.Zeit;

    if (Zeit <= Batch_Ende)
      {
        // Objekten Ereignis mitteilen
        k_gen.reagiereAufEreignis (aktuelles_Ereignis);
        b_sys.reagiereAufEreignis (aktuelles_Ereignis);
      }
   }
  while ((Zeit < Batch_Ende) && !(EventQueue.istLeer()));

  Summe_Schlangenlaengen   = Summe_Schlangenlaengen +
                             b_sys.mittlere_Schlangenlaenge();
  QSumme_Schlangenlaengen  = QSumme_Schlangenlaengen +
                             b_sys.mittlere_Schlangenlaenge() *
                             b_sys.mittlere_Schlangenlaenge();
  Summe_Aufenthaltsdauern  = Summe_Aufenthaltsdauern +
                             b_sys.mittlere_Aufenthaltsdauer();
  QSumme_Aufenthaltsdauern = QSumme_Aufenthaltsdauern +
                             b_sys.mittlere_Aufenthaltsdauer() *
                             b_sys.mittlere_Aufenthaltsdauer();
  Summe_Auslastungen       = Summe_Auslastungen +
                             b_sys.mittlere_Auslastung();
  QSumme_Auslastungen      = QSumme_Auslastungen +
                             b_sys.mittlere_Auslastung() *
                             b_sys.mittlere_Auslastung();
 }

// Statistik ueber alle Laeufe anzeigen
X_quer = Summe_Schlangenlaengen / Anzahl_Batches;
S2     = QSumme_Schlangenlaengen/Anzahl_Batches-X_quer*X_quer;
delta  = 1.96 * sqrt(S2 / (Anzahl_Batches - 1));
printf ("mittlere Schlangenlaenge:  %6.2f (+/- %.2f)\n",
        X_quer, delta);

X_quer = Summe_Aufenthaltsdauern / Anzahl_Batches;
S2     = QSumme_Aufenthaltsdauern/Anzahl_Batches-X_quer*X_quer;
delta  = 1.96 * sqrt(S2 / (Anzahl_Batches - 1));
printf ("mittlere Aufenthaltsdauer: %6.2f (+/- %.2f)\n",
        X_quer, delta);

X_quer = Summe_Auslastungen / Anzahl_Batches;
S2     = QSumme_Auslastungen/Anzahl_Batches - X_quer*X_quer;
delta  = 1.96 * sqrt(S2 / (Anzahl_Batches - 1));
printf ("mittlere Auslastung:       %6.2f (+/- %.2f)\n",
```

```
                X_quer, delta);
    }
```

Die Werte der interessierenden Größen werden für jeden Batch getrennt ermittelt. Für die Zusammenfassung muß je eine Variable für die Summe dieser Werte sowie für die Summe der quadrierten Werte vorhanden sein. Für die statistische Auswertung wird zusätzlich noch die Anzahl der aufsummierten Werte benötigt, die für alle Größen gleich ist und der Anzahl der Batches entspricht.

Auf die Ausgabe eines Traces wurde in dieser Programmversion verzichtet. Als Ergebnis werden die Konfidenzintervalle der untersuchten Größen in folgender Form dargestellt:

```
mittlere Schlangenlaenge:     4.89 (+/- 0.24)
mittlere Aufenthaltsdauer:   14.68 (+/- 0.68)
mittlere Auslastung:         83.07 (+/- 0.60)
```

Zur Vereinfachung wurden die Anzahl und Länge der Batches fest kodiert. Gleiches gilt für das Konfidenzniveau, das mit 95% vorgegeben wurde, womit der z-Wert, der eine Approximation des t-Wertes darstellt, auf 1,96 festgelegt werden konnte. Eine Flexibilisierung ist leicht möglich, muß jedoch einen an das gewählte Konfidenzniveau angepaßten z- oder t-Wert beinhalten.

Wie in Abschnitt 9.3.3 gezeigt wird, liegt der theoretische Erwartungswert jeweils gut innerhalb des berechneten Intervalls.

Die vorgestellte statistische Auswertung kann mit der normalen Simulation inkl. Trace für die grafische Darstellung kombiniert werden. Dies ist schon deshalb auf jeden Fall zu empfehlen, weil der Anwender somit ohne jeden Zusatzaufwand entscheidende Informationen über die Streuung erhält. Insbesondere bei Zeitmangel besteht sonst die Gefahr, daß auf eine ausreichend große Anzahl von Simulationsläufen verzichtet und die Streuung der einzelnen Simulationsläufe unterschätzt wird. Praktisch könnte die Implementierung so aussehen, daß vom Benutzer lediglich die Eingabe der gewünschten Gesamtsimulationsdauer eingegeben wird. Die Festlegung der Anzahl der Batches oder alternativ ihrer Länge kann vom Programm automatisch festgelegt werden. Z.B. könnten immer 40 Batches gewählt werden, um eine statistisch ausreichende Anzahl von Werten zu haben und die Approximation über die Normalverteilung zu erlauben.

9.3.2.8 Vergleichende Bewertung der Implementierungen

Die in den letzten Abschnitten vorgestellten Implementierungen desselben Grundmodells haben gezeigt, welche Bandbreite nach Aufwand, aber auch Leistungsfähigkeit existiert. Da ein einziges Beispiel jedoch keine exakte Vergleichbarkeit erlaubt, werden nachfolgend die wichtigsten Erkenntnisse lediglich in verallgemeinerter Form dargestellt:

- Die Realisierung mit einem Tabellenkalkulations-Programm ist bei kleinen Modellen sicherlich der schnellste und einfachste Weg, zu einem lauffähigen Simulationsmodell zu gelangen. Es wurden jedoch schon hier einige der Grenzen erkennbar. So ist die Anzahl der untersuchten Zeitschritte oder Ereignisse begrenzt. Obwohl in Excel 97 inzwischen über 65.000 Zeilen möglich sind, ist deren vollständige Nutzung doch sehr umständlich; und für eine umfassende statistische Validierung ist auch das zu wenig. Noch deutlicher wird die Beschränkung in der Breite, da für jede einzelne über die Zeit veränderliche Größe eine eigene Spalte angelegt werden muß.

- C und C++ eignen sich gleichermaßen für umfangreichere Simulationsprojekte und besitzen beide ein sehr gutes Laufzeitverhalten. Die objektorientierte Programmierung in C++ erfordert zwar einen etwas höheren Grundaufwand gegenüber der prozeduralen Vorgehensweise bei C, jedoch steht dem eine flexiblere Realisierung gegenüber, die sich schon bei der hier vorgestellten ereignisorientierten Variante zeigt. Insbesondere bei größeren Modellen, bei denen sich aus der realen Aufgabenstellung eine Vielzahl von Objekten ergibt - z.B. mehrere Kassen und Kunden mit unterschiedlichen Eigenschaften -, ist die Objektorientierung von C++ eindeutig im Vorteil. Zudem können einmal definierte Klassen bei Folgeprojekten wiederverwendet werden.
- Ein Ansatz, wie er der ersten, kundenorientierten Excel-Realisierung zugrunde liegt, eignet sich eher für solch kleine Projekte. Nachteilig daran ist die etwas unsaubere Zeitfortschreibung, die zudem eine direkte Analyse wichtiger Größen wie der Schlangenlänge praktisch unmöglich macht.
- Die zeitorientierte Simulation ist in der Regel einfacher zu realisieren als eine ereignisorientierte Variante. Sie ist deshalb zu bevorzugen, wenn alle Ereignisse in einem festen zeitlichen Raster stattfinden. Beispiele sind tageweise erfaßte Größen in der betrieblichen Praxis oder getaktete Systeme. Ein Nachteil ist die Beschränkung der Genauigkeit auf das feste Zeitraster. Eine Verbesserung der Genauigkeit durch eine Verringerung des Zeitrasters führt zu einer erheblichen Erhöhung der Laufzeit der Simulation. Dies gilt insbesondere dann, wenn zwischen den Ereignissen große Lücken auftreten, in denen keine Zustandsänderungen vorkommen.
- Die ereignisorientierte Simulation ist sicherlich die mächtigste Variante der vorgestellten Realisierungen. Sie erlaubt ohne Erhöhung der Laufzeit eine lediglich durch die Programmiersprache begrenzte zeitliche Auflösung und ist damit für viele praktisch wichtige Probleme die effizienteste Form der Implementierung. Demgegenüber erscheint der Grundaufwand für die Ereignisverwaltung nur bei sehr kleinen Problemen wie dem hier betrachteten als verhältnismäßig hoch. Sobald eine Koordination vieler Objekte erforderlich wird, verringert deren Entkopplung durch die Ereignisliste auch den Programmieraufwand merklich.

Die optimale Realisierung richtet sich immer nach dem konkreten Problem und nicht zuletzt nach den Erfahrungen und Möglichkeiten der Person, die die Simulation durchführt. Um mit geringem Aufwand zu guten Ergebnissen zu kommen, sollte man in der Lage sein, aus einer Vielzahl von Realisierungsalternativen die jeweils beste auszuwählen. Dabei können die Beispiele dieses Abschnitts sowie die noch folgenden Anwendungen eine Hilfestellung geben.

9.3.3 Simulationsergebnisse

9.3.3.1 Ergebnisse

Die Modellvariante mit gleichverteilten Zufallswerten wurde kundenorientiert, zeitorientiert und ereignisorientiert sowie mit Excel, C und - hier nicht beschrieben - C++[14] implementiert. Da die Simulationsläufe aller Implementierungen - im Rahmen der stochastischen Streuung - übereinstimmende Ergebnisse geliefert haben, kann deshalb von einer Verifikation der Implementierungen und der Simulationsergebnisse ausgegangen werden.

---

14 Dazu müssen nur die beiden Zeilen geändert werden, in denen der Zufallsgenerator für die Zwischenankunftszeit und die Bediendauer aufgerufen wird. Da man weiterhin mit *Double*-Werten (1.0, 2.0 usw.) arbeiten kann, bleibt der Rest des Programms völlig unverändert.

Die Variante mit exponentialverteilten Größen wurde zwar nur einmal implementiert, nämlich ereignisorientiert mit C++; die Simulationsergebnisse stimmen jedoch mit den analytisch ermittelten Ergebnissen (siehe nächsten Abschnitt) überein.

Die Ergebnisse im Überblick:

Tabelle 9-5 Simulationsergebnisse für M/M/1-Modell

Größe	Gleichverteilung	Exponentialverteilung
Auslastung	83,3%	83,3%
mittlere Schlangenlänge	1,6 Personen	5,0 Personen
mittlere Aufenthaltsdauer	4,8 Min.	15,0 Min.

Die Ergebnisse für die Schlangenlänge und Aufenthaltsdauer bei Gleichverteilung wurden als Mittelwerte umfangreicher Simulationsläufe bestimmt; die Werte für Auslastung sowie die Daten für die Exponentialverteilung sind die analytisch berechneten Werte, die sehr gut durch die Simulationen angenähert wurden.

Es fällt sofort auf, daß die Auslastung nur von den Erwartungswerten, nicht aber der Verteilung der Zwischenankunftszeit und der Bediendauer abhängen, die beiden anderen Werte jedoch um mehr als den Faktor 3 differieren.

Für die weitere Analyse ist es sehr hilfreich, sich das Verhalten anhand aussagekräftiger Grafiken anschaulich zu machen. Dazu wurden die Trace-Dateien in das Tabellenkalkulations-Programm Excel eingelesen. Abgesehen von einer automatisch durchgeführten Umwandlung des Dezimalpunkts in ein Dezimalkomma mußten keinerlei Nacharbeiten vorgenommen werden, um die Daten verwenden zu können. Dies ist zugleich ein Beispiel dafür, daß auch bei mit einfachsten Mitteln realisierten Simulatoren nicht auf eine komfortable Auswertung verzichtet werden muß. Sofern häufiger Daten auf diese Art übernommen werden, können die wenigen Schritte in Excel zusätzlich durch Makros vereinfacht werden.

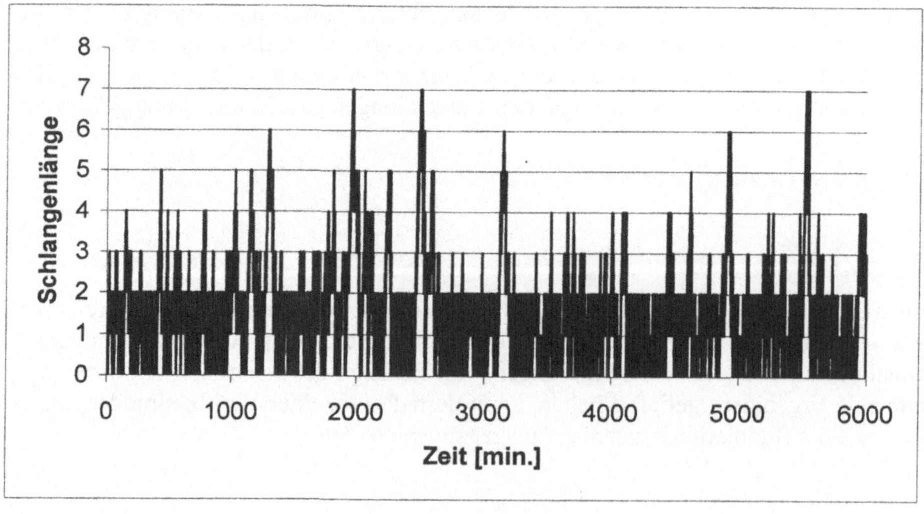

Bild 9-4 Schlangenlänge bei gleichverteilten Zufallsgrößen

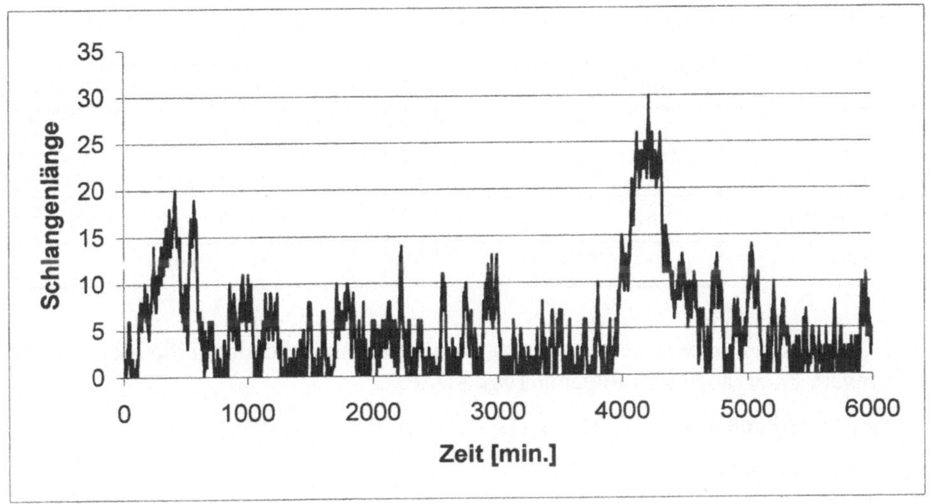

Bild 9-5 Schlangenlänge bei exponentialverteilten Zufallsgrößen

Für beide Modellvarianten wurde eine Simulation über 6.000 Minuten durchgeführt. Bild 9-4 und 9-5 zeigen jeweils die Länge der Warteschlange über die Zeit.

Es zeigt sich sehr deutlich, daß die Schlangenlänge bei gleichverteilten Eingangsgrößen meist zwischen 0 und 3 schwankt und nur in Ausnahmefällen bis zu 7 beträgt. Demgegenüber kommt es bei exponentialverteilten Größen immer wieder zu raschen Anstiegen der Schlangenlänge, die oft bis zu 10, z.T. bis hin zu 30 beträgt. Das Abarbeiten solcher Schlangen durch die Bedienperson ist dann nicht mehr in kurzer Zeit möglich. Als Extremfall, der jedoch bei mehreren Simulationsläufen in ähnlicher Form beobachtet werden konnte, ist der Bereich ab etwa 4.000 Minuten zu werten. Dort lag die Schlangenlänge über mehrere Stunden zwischen 10 und 25 Personen, was Wartezeiten für die Kunden von 30 - 60 Minuten entsprechen würde.

9.3.3.2 Statistische Validierung

Um die Ergebnisse der Simulation nicht nur statistisch auszuwerten, sondern auch mit den analytisch berechneten Werten vergleichen zu können, wird für die nachfolgende Untersuchung die in Kapitel 9.3.2.6 beschriebene Implementierung mit exponentialverteilten Zwischenankunfts- und Bedienzeiten verwendet.

Die Parameter besitzen folgende Werte:

Zwischenankunftszeit: $\alpha = 1/3$

Bediendauer: $\beta = 2/5$

Für die interessierenden Kenngrößen ergeben sich folgende theoretische Werte:

Auslastung des Bedienkanals: $\rho = \alpha/\beta = 5/6 = 83{,}3\%$

mittlere Schlangenlänge: $E(n) = \alpha / (\beta-\alpha) = 5$

mittlere Aufenthaltsdauer: $E(T) = 1 / (\beta-\alpha) = 15$ Min.

Zunächst wurde das System mit den angegebenen Exponentialverteilungen für einen Zeitraum von 10.000 Minuten simuliert. Durch diese lange Simulationszeit wird einerseits der Einfluß

Tabelle 9-6 Statistische Auswertung von 30 Simulationsläufen

	Kundenzahl	Auslastung	mittlere Länge	mittlere Dauer
Minimum	169	69,3%	2,3	7,1
Maximum	221	98,9%	15,7	43,9
95%-Konfidenzintervall	198,4 ± 4,9	82,7% ± 2,5%	4,8 ± 1,1	14,4 ± 3,1
theoretischer Wert	200	83,3%	5,0	15,0

von Einschwingvorgängen nahezu bedeutungslos, zum anderen wird dadurch die Monte-Carlo-Streuung verringert. Es ergaben sich folgende Ergebnisse:

Auslastung des Bedienkanals: 85,0%
mittlere Schlangenlänge: 5,0
mittlere Aufenthaltsdauer: 15,2 Min.

Die Werte entsprechen sehr gut den theoretisch ermittelten.

Da die Länge der Warteschlange relativ oft wieder auf Null zurückgeht, ist der Einfluß der Einschwingphase, die ja ebenfalls mit einer Länge von Null startet, auf das Gesamtergebnis eher gering. Somit können problemlos Simulationsläufe mit jeweils nur - der Realität entsprechenden - 600 Minuten Simulationsdauer durchgeführt und mit den theoretischen Werten verglichen werden. Es sind allerdings - aufgrund des Starts mit leerer Warteschlange - geringfügig niedrigere Werte als im theoretisch ermittelten, stationären Fall zu erwarten.

Zur Überprüfung wurden insgesamt 30 Simulationsläufe mit je 600 Minuten Dauer durchgeführt und mit ihren Ergebnissen in Tabelle 9-6 zusammengefaßt.

Die in der Tabelle aufgelisteten Minima und Maxima zeigen die erhebliche Streuung der stochastischen Simulation, wie sie insbesondere bei kurzen Läufen mit relativ wenigen Ereignissen auftritt. Die ermittelten Konfidenzintervalle umschließen die theoretischen Werte eindeutig und liegen mit ihren Mittelwerten nur geringfügig darunter. Durch den Einschwingvorgang ist ohnehin ein etwas geringerer Wert als im stationären Fall zu erwarten, welcher der analytischen Lösung zugrunde liegt. Damit kann die Simulation als validiert angesehen werden.

9.3.3.3 Inhaltliche Bewertung

Zunächst noch einige Anmerkungen zu den merklichen Unterschieden zwischen gleichverteilten und exponentialverteilten Zufallszahlen:

Da die Erwartungswerte für die Zwischenankunftszeit und die Bediendauer in beiden Fällen identisch waren, ergibt sich leicht ersichtlich auch dieselbe Auslastung des Bedienpersonals. Trotzdem sind die Unterschiede bezüglich der mittleren Schlangenlänge und Aufenthaltsdauer erheblich. Dies liegt daran, daß die Mehrzahl der Zufallszahlen bei der Exponentialverteilung kleiner als der Erwartungswert sind und im Mittel durch wenige weit darüberliegende ausgeglichen werden. Dies führt immer wieder kurzzeitig zu erheblichen Längen der Warteschlange, wenn zeitweise relativ lange Bedienzeiten und sehr kurze Zwischenankunftszeiten zusammentreffen. In der grafischen Darstellung läßt sich das daran erkennen, daß die Schlangenlänge immer wieder sprunghaft ansteigt, während dazwischen längere Abschnitte mit sehr geringer Belastung liegen.

Im Gegensatz zu den Ergebnissen mit gleichverteilten Ankunftszeiten hat die mittlere Aufenthaltsdauer bereits eine Größenordnung erreicht, bei der Kunden verärgert reagieren könnten.

Insbesondere in den immer wieder auftretenden Zeiten mit großem Andrang können die Wartezeiten für den Kunden das akzeptable Maß erheblich übersteigen. Dies legt das Einrichten einer zweiten Kasse nahe. Auf der anderen Seite ist die Auslastung des Bedienpersonals mit ca. 83% ein guter Wert, der bei zwei Kassen auf deutlich unter 50% absinken würde, was unter wirtschaftlichen Gesichtspunkten kaum vertretbar wäre. Die Folgerung für die ursprüngliche Aufgabenstellung könnte somit lauten, daß eine zweite Kasse eingerichtet und nur bei hohem Kundenandrang besetzt wird. Die genauen Auswirkungen bestimmter Regeln könnten dann wiederum über ein - allerdings etwas komplizierteres - Simulationsmodell untersucht werden.

Dies ist ein sehr gutes Beispiel dafür, daß bereits einfache Systeme sehr stark auf relativ kleine Änderungen der Bedingungen reagieren können. In den meisten Fällen sind analytische Lösungen nicht mehr möglich, und die Übertragbarkeit der Ergebnisse von scheinbar ähnlichen Konstellationen, mit z.B. gleichen Erwartungswerten der Zufallsgrößen, ist sehr kritisch zu beurteilen. Trotz des stochastischen Fehlers dürften die Simulation von exakt passenden Modellen in der Regel erheblich genauere Ergebnisse liefern als eine analytische Lösung, die nur durch grobe Vereinfachung oder direkte Abweichung von der Realität bestimmt werden kann.

10 Elektronische Digitalschaltungen

10.1 Einführung

Auch wenn die Simulation elektronischer Digitalschaltungen (im folgenden kurz *Digitalsimulation* genannt) - anders als z.B. die Simulation von Warteschlangenmodellen - auf den Kreis der Elektronikspezialisten beschränkt bleibt, stellt sie dennoch aus mehreren Gründen ein sehr interessantes Anwendungsbeispiel dar.

Es gibt kaum einen anderen Bereich, in dem Simulation so intensiv angewendet wird, wie bei der Entwicklung digitaler Schaltungen. Dies gilt insbesondere für alle Arten von integrierten Schaltungen, bei denen die Simulation heute absolut unverzichtbar ist. Zudem beschränkt sich die Anwendung nicht nur auf einige wenige Großunternehmen; im Gegenteil benutzen oft gerade kleinere Ingenieurbüros die Entwicklungswerkzeuge, die z.T. ab wenigen tausend DM zu haben sind.

Zudem gehört die Digitalsimulation aufgrund ihrer langen Tradition zu den am besten strukturierten und kommerziell erschlossenen Simulationsanwendungen. Beispielsweise bieten eine ganze Reihe von Unternehmen untereinander kompatible Simulatoren an, die entweder auf dem Marktstandard Verilog oder der vom amerikanischen Verteidigungsministerium initiierten Simulationssprache VHDL basieren. Passend zu diesen Simulatoren ist eine Vielzahl von Bibliotheken mit Simulationsmodellen von weit über 100 Firmen - insbesondere ASIC-Anbietern - auf dem Markt.

Die Beschäftigung mit dieser Materie ist deshalb für jeden Elektroingenieur praktisch unabdingbar; für die übrigen Leser ist es eine interessante Musteranwendung für die ereignisorientierte Simulation. Sofern Fachausdrücke ohne Erklärung verwendet werden, sind sie für das Verständnis nicht notwendig, erhöhen aber für diejenigen, die mit dem Anwendungsgebiet vertraut sind, den Praxisbezug.

10.2 Theoretische Grundlagen

10.2.1 Digitaltechnik

Strom und Spannung sind grundsätzlich kontinuierliche Größen, so daß eigentlich eine kontinuierliche Simulation notwendig wäre anstelle einer auf Ereignissen basierenden. Mit der Digitaltechnik, die in den 60er Jahren ihren Siegeszug in der Elektronik antrat, ist es jedoch gelungen, ein Verhalten der elektronischen Schaltungen zu realisieren, bei dem analoge Effekte weitgehend vernachlässigt werden können:

- Es gibt im wesentlichen nur zwei eindeutig voneinander unterscheidbare Spannungszustände. Je nach Technologie, z.B. TTL oder CMOS, repräsentiert eine Spannung von unter einem Volt den logischen Zustand 0, eine Spannung von über 2 Volt den Zustand 1.
- Die Übergänge zwischen diesen beiden Zuständen erfolgen so schnell, daß sie für die meisten Betrachtungen als sprungartig angesehen werden können. Sie entsprechen also Ereignissen, die zu einem ganz bestimmten Zeitpunkt stattfinden.

Digitale Schaltungen bzw. ihre Bauelemente lassen sich deshalb weitgehend auf logische Funktionen reduzieren, bei denen die Werte der Ausgänge durch logische Verknüpfungen der Eingangswerte gebildet werden. Die wichtigsten Verknüpfungen sind die logischen Grundgatter, aus denen sich praktisch alle anderen komplizierteren Bausteine wie Flip-Flops usw. aufbauen lassen. Diese Gatter werden am einfachsten durch die aus der Aussagelogik bekannten Wahrheitstabellen beschrieben. Für die am häufigsten verwendeten Gatter, die auch im hier realisierten Simulator enthalten sind, nachfolgend die Symbole nach DIN 40 700 und die Wahrheitstabellen:

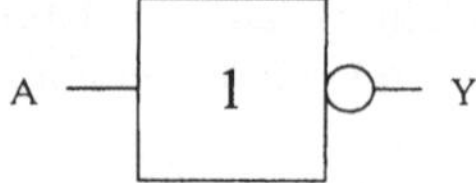

A	Y
0	1
1	0

Bild 10-1 Symbol und Wahrheitstabelle für den Inverter

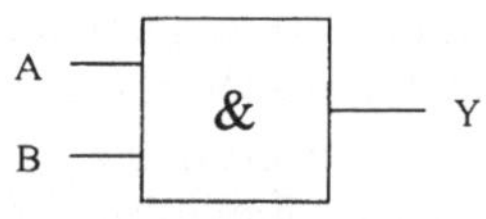

A	B	Y
0	0	0
0	1	0
1	0	0
1	1	1

Bild 10-2 Symbol und Wahrheitstabelle für das AND-Gatter (UND)

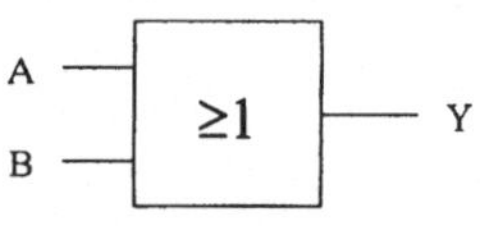

A	B	Y
0	0	0
0	1	1
1	0	1
1	1	1

Bild 10-3 Symbol und Wahrheitstabelle für das OR-Gatter (ODER)

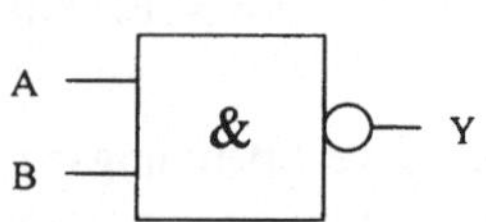

A	B	Y
0	0	1
0	1	1
1	0	1
1	1	0

Bild 10-4 Symbol und Wahrheitstabelle für das NAND-Gatter (NOT AND)

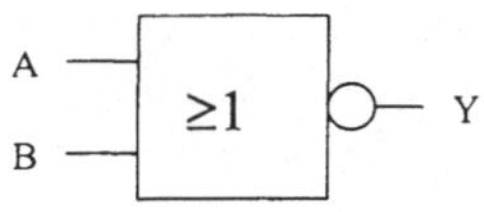

A	B	Y
0	0	1
0	1	0
1	0	0
1	1	0

Bild 10-5 Symbol und Wahrheitstabelle für das NOR-Gatter (NOT OR)

Obwohl digitale Bauteile sehr schnell sind, erfolgt die Änderung der Ausgangswerte als Reaktion auf Änderungen an den Eingängen mit einer gewissen Verzögerung, die bei einfachen Bauteilen wie den vorgestellten Gattern je nach Technologie in der Größenordnung von 0,1 - 10 ns liegt. Diese Verzögerung - auch als *Durchlaufzeit* oder *Delay* bezeichnet - kann im einfachsten Fall als reine Totzeit aufgefaßt werden, d.h., nach einer Änderung der Eingänge wird der daraus resultierenden Wert nach genau dieser Zeit am Ausgang sichtbar.

Die Durchlaufzeit hängt in der Realität von vielen Faktoren ab, z.B. der Exemplarstreuung, der Temperatur, der Versorgungsspannung und der angeschlossenen Ausgangslast. Neben einem typischen Wert werden deshalb meist zusätzlich minimale und maximale Zeiten angegeben, die in der Größenordnung von Faktor 2 unter- bzw. oberhalb des typischen Wertes liegen. Zusätzlich ist die Durchlaufzeit davon abhängig, ob das Ausgangssignal von 0 nach 1 oder umgekehrt wechselt. In der Simulation sind demnach bis zu sechs Verzögerungszeiten notwendig. Bei komplexeren Bauteilen als den hier verwendeten Gattern mit verschiedenen Ein- und Ausgängen (*Pins*) ergibt sich zudem eine Durchlaufzeit, die von den betroffenen Pins abhängt.

Bezüglich der oben beschriebenen möglichen Signalpegel noch einige Erweiterungen, die zwar in der Realität und bei kommerziellen Digitalsimulatoren von erheblicher Bedeutung sind, im realisierten Simulator jedoch zur Vereinfachung weggelassen wurden:

In vielen Schaltungen werden Leitungen, die auch als Netze bezeichnet werden, nicht nur von einem, sondern von mehreren Bausteinen mit ihren jeweiligen Ausgängen angesteuert. Sofern beide Ausgänge dieselbe Signalstärke besitzen, spricht man von einer Kollision, die einen Fehler darstellt. Treffen - was der normale Betrieb solcher Schaltungen ist - Signale unterschiedlicher Stärke aufeinander, bestimmt das stärkste den resultierenden Pegel. Befinden sich mehrere Treiber an einem Netz, müssen alle bis auf einen abgeschaltet werden, was der schwächsten Treibstärke (*Tristate*) entspricht. Als Stärke zwischen ein- und ausgeschaltet findet man oft noch die mittlere Stärke, die z.B. über Pull-Up- oder Pull-Down-Widerstände realisiert wird. Sie setzen ihren Pegel gegenüber abgeschalteten Treibern durch, stören aber nicht die eingeschalteten. Weitere Informationen zu diesem Thema werden im nachfolgenden Abschnitt behandelt.

10.2.2 Digitalsimulation

Wie bereits im theoretischen Teil dieses Buches ausführlich besprochen wurde, basiert jede Simulation auf einer vereinfachten Abbildung der Wirklichkeit. Ein Teil davon ist durch das Prinzip der Digitaltechnik vorgegeben und wurde bereits im letzten Abschnitt behandelt. Andere Modellvorstellungen sind spezifisch für die Simulation. In diesem Abschnitt werden die wichtigsten Grundlagen vorgestellt, die einer Digitalsimulation zugrunde liegen.

Es wurde bereits gesagt, daß neben den Signalpegeln 0 und 1 auch die Signalstärken zu berücksichtigen sind, von denen - sofern überhaupt modelliert - mindestens zwei unterschieden werden. Dies sind die volle Treiberstärke sowie der Zustand *Tristate*, der teilweise als zusätzlicher Signalpegel zwischen 0 und 1 geführt wird. Komplexere Simulatoren unterscheiden zusätzlich noch eine mittlere Stärke *resistive*, die z.B. Pull-Up- oder Pull-Down-Widerständen zugeordnet wird und sich u.a. bei gemischten Technologien findet, z.B. CMOS und NMOS. In einigen Simulatoren sind weitere Stärken zu finden.

Eine Besonderheit der Simulation ist der Signalpegel *unknown*, der immer dann verwendet wird, wenn der Simulator nicht eindeutig den Pegel 0 oder 1 zuordnen kann. Dieser Zustand tritt u.a. zum Einschaltzustand bei speichernden Elementen oder beim Aufeinandertreffen zweier gleich starker Signale mit unterschiedlichem Pegel auf einer Leitung auf. Analog zum Pegel kann auch die Signalstärke unbekannt sein. Dies ist z.B. der Fall, wenn nicht feststeht, ob ein Tristate-Gatter treibt oder nicht.

Aus der Kombination von Signalpegel und Signalstärke ergibt sich der für die Simulation relevante Signalzustand (*State*). Die einfachsten kommerziellen Simulatoren bilden vier unterschiedliche States ab: 0, 1, Z (*Tristate*) und X (*unknown*). Bei komplexeren Systemen lassen sich die unterschiedenen Signalpegel und Stärken beliebig kombinieren, so daß sich 12 States ergeben, wenn drei Pegel (0, 1, U) und vier Stärken (*strong*, *resistive*, *tristate*, *unknown*) kombiniert werden. Daneben gibt es auch Simulatoren mit 16, 24 oder sogar 48 States.

Die States können an zwei Stellen auftreten bzw. ihre Wirkung entfalten: an Netzen und an den Treibern dieser Netze, d.h. den Ausgängen von Bauteilen, die an diesen Netzen angeschlossen sind.

Der Signalpegel eines Ausgangs wird aufgrund logischer Verknüpfungen der Werte an den Eingängen des Bausteins sowie - bei speichernden Bausteinen - gegebenenfalls der internen Zustände bestimmt. Die Signalstärke ergibt sich meist durch die verwendete Technologie, z.B. CMOS, NMOS, Open-Collector usw.; bei Tristate-Treibern kann zusätzlich über einen Eingang der Zustand *Tristate* geschaltet werden.

Wird - was der Normalfall ist - ein Netz nur von einem Ausgang getrieben, entspricht der Zustand des Netzes genau dem des Treibers. Treffen an einem Netz dagegen mehrere Treiber aufeinander, wirkt das Netz praktisch wie ein zusätzliches Verknüpfungsgatter, dessen resultierender Zustand sich aus den Werten aller angeschlossenen Treiber berechnet. Dabei setzt sich das stärkste Signal mit seinem State durch. Treffen zwei gleich starke Signale mit unterschiedlichem Pegel aufeinander, entsteht ein undefinierter Pegel mit der Stärke dieser Treiber.

Komplexe Bauteile werden intern als Netzwerk aus Grundelementen aufgebaut, so daß sich eine hierarchische Struktur ergibt. Die Grundelemente, auch als *primitives* bezeichnet, stellen den Grundwortschatz des Simulators dar, ähnlich den Opcodes, die ein Prozessor versteht.

Neben dem eben beschriebenen funktionalen Zusammenhang ist der zeitliche ebenfalls von hoher Bedeutung. Da alle elektronischen Bauteile eine endliche Durchlaufzeit besitzen, muß diese für eine realistische Simulation modelliert werden. Wie im letzten Abschnitt beschrieben wurde, geht man vereinfachend davon aus, daß nach einer Änderung der Eingangswerte eines Bausteins zwar unmittelbar der resultierende Ausgangswert bestimmt wird, dieser Zustand aber erst nach einer im Modell festgelegten Durchlaufzeit am Ausgang und damit am angeschlossenen Netz wirksam wird. Es handelt sich dabei um einen geradezu klassischen Fall einer ereignisorientierten Simulation, da diese Zustandsänderungen, die zu einem zukünftigen Zeitpunkt stattfinden, idealerweise in einer Ereignisliste (*event queue*) zwischengespeichert werden, bevor sie vom Simulationssystem auf das Netz geschaltet werden.

Ohne nähere Einzelheiten zu beschreiben, sei an dieser Stelle kurz angemerkt, daß innerhalb der modernen integrierten Schaltungen die Laufzeiten auf den internen Leitungen inzwischen mindestens in derselben Größenordnung liegen wie die Durchlaufzeiten der Gatter. Um die Genauigkeit diesen Anforderungen anzupassen, wird deshalb das Netz nicht mehr als verzögerungsfrei angesehen, so daß an verschiedenen Stellen desselben Netzes zu einem Zeitpunkt unterschiedliche Pegel bzw. States auftreten können. Dies wird in der Simulation durch individuelle, automatisch berechnete Laufzeiten zwischen je zwei angeschlossenen Aus- und Eingängen (*pin to pin delay*) berücksichtigt.

In der Simulation werden bei kommerziellen Systemen grundsätzlich unterschiedliche Zeiten simuliert, je nachdem, ob der Treiber nach 0 oder nach 1 wechselt. Der Grund liegt in der physikalischen Realisierung der Bausteine, die unterschiedliche Widerstände zwischen dem Ausgang und den beiden Potentialen 0 und 1 der Versorgungsspannung bewirkt, und an der Schwellenspannung zwischen 0 und 1, die sich nicht genau in der Mitte der Versorgungsspannung befindet.

In der Regel enthalten Modelle von Bauteilen nicht nur einen Verzögerungswert für einen Signalwechsel, sondern drei. Der Grund liegt darin, daß Verzögerungszeiten starken Schwankungen unterworfen sind. Hier die wichtigsten Ursachen:

- Die Versorgungsspannung kann innerhalb eines erlaubten Bereichs schwanken (niedrige Spannung führt zu hohen Durchlaufzeiten).
- Die Temperatur kann in einem weiten Bereich schwanken (hohe Temperatur führt zu hohen Durchlaufzeiten).
- Jeder Fertigungsprozeß unterliegt gewissen Schwankungen, so daß es innerhalb bestimmter Grenzen schnellere und langsamere Exemplare gibt.
- Da bei modernen CMOS-Technologien die Verzögerungszeit hauptsächlich aus dem Umladen der Ausgangskapazität resultiert, hängt diese Zeit maßgeblich von der angeschlossenen Last, also der restlichen Schaltung sowie den Leitungslängen ab. Dieser Anteil an der Verzögerung wird bei guten Simulatoren heute meist über sogenannte *Timing-Calulatoren* berechnet und in die Simulation eingespeist.

Um diese Schwankungen in der Simulation berücksichtigen zu können, werden in der Regel jeweils für beide Signalwechsel neben dem typischen ein minimaler und ein maximaler Wert im Modell angegeben. Etwas ungenau werden die beiden letzten Werte gelegentlich auch als *Best-* bzw. *Worst-Case* bezeichnet.

Von selten vorkommenden Spezialsimulatoren (*Min-Max-Simulatoren*) abgesehen, wird in der Simulation jedoch immer nur einer der drei Werte verwendet. Der Benutzer muß sich vor der Simulation entscheiden, mit welcher Variante er simulieren will. Normalerweise wird zunächst mit typischen Werten gearbeitet. Ist die Schaltung auf diese Art weitgehend getestet, wird mit den beiden anderen Werten für die Verzögerungszeiten das Extremverhalten untersucht. Die Maximalzeiten dienen auch dazu, die Grenzfrequenz bei synchronen Schaltungen zu bestimmen bzw. zu testen.

Eine interessante Besonderheit bezüglich der Verwaltung der Ereignisliste ergibt sich aus einem Verhalten, das z.T. in der Simulation berücksichtigt wird:

Angenommen, der Eingang eines Inverters wechselt von 0 nach 1. Als Ergebnis dieses Ereignisses wird vom Inverter das Folgeereignis "Ausgang wechselt nach der Verzögerungszeit nach 0" in die Ereignisliste geschrieben. Wechselt der Eingang des Inverters innerhalb der Durchlaufzeit wieder zurück nach 0, bevor das Ereignis wirksam geworden ist, kann es unterschiedliche Methoden der Fortschreibung geben:

- Im einfachsten Fall verbleibt das Ereignis in der Ereignisliste und wird unverändert zur vorbestimmten Zeit wirksam. Gleichzeitig mit diesem befindet sich für denselben Ausgang ein zweites Ereignis in der Liste, das anschließend wieder den Wechsel zurück nach 1 bewirkt. Kurze Eingangsimpulse werden also wirksam, was z.B. im Simulator als Einstellung *propagate* vorgegeben wird.

- Je nach Technologie kann es dem realen Verhalten besser entsprechen, wenn solche kurzen Eingangsimpulse nicht am Ausgang wirksam werden (*swallow*). In diesem Fall muß das bereits in der Ereignisliste befindliche Ereignis wieder gelöscht bzw. durch das nachfolgende aufgrund des Endes des Eingangsimpulses überschrieben werden. Dies erfordert natürlich eine Erweiterung der Fähigkeiten der Ereignisliste gegenüber der bisherigen Realisierung.
- Als dritte Möglichkeit kann - gewissermaßen als Kombination aus den beiden schon genannten Varianten - die Unsicherheit modelliert werden, ob ein kurzer Impuls am Ausgang erscheint oder nicht. Im Ergebnis erscheint dann ein Ausgangsimpuls mit einem undefinierten Pegel. Für diese Variante muß das erste Ereignis nicht nur entfernt, sondern sogar modifiziert werden. Es behält dieselbe Zeit, repräsentiert aber einen Wechsel auf X statt auf 0.

Nachdem das Verhalten des Modells, d.h. der Bauteile und deren Verbindungen, beschrieben wurde, stellt sich die Frage, wie die Gesamtsimulation aussieht, d.h., welches die Eingangs-, Ausgangs- und Zustandsgrößen sind.

Eine elektronische Schaltung wird in Form einer Netzliste abgebildet, die aus Bausteinen mit ihren Pins und den Netzen zwischen ihnen besteht. Die Netze speichern die Information, welcher Zustand gerade auf ihnen besteht. Die Bausteine stellen Funktionen dar, mit denen ausgehend von den Zuständen an den Eingängen eines Bausteins der Zustand der Netze beeinflußt wird, die an seinen Ausgängen angeschlossen sind. Die Netzliste entspricht also dem Modell der Schaltung, die aktuellen Werte der Netze sind - je nach Betrachtung zusammen mit dem Inhalt der Ereignisliste - die Zustandsgrößen.

Einige Netze sind dadurch ausgezeichnet, daß sie in der Realität von außerhalb der Schaltung mit Signalen getrieben werden. Solche Netze sind Eingänge der Schaltung, zu denen ebenfalls bidirektionale Signale zählen, die abwechselnd Eingang und Ausgang sind. Ebenso wie die Eingänge einer realen Schaltung in einer konkreten Anwendung mit über den Zeitablauf wechselnden Zuständen von außen beschaltet werden, müssen auch die entsprechenden Netze dieser Eingänge solche Signalwechsel von außen erhalten. Diese sogenannten *Stimuli* werden meist in grafischer oder programmähnlicher Form vom Benutzer eingegeben und stellen Ereignisse dar, die in der Ereignisliste abgelegt werden. Zum entsprechenden Zeitpunkt wird dann das Netz auf den vorgegebenen Wert gesetzt.

Als Ergebnis der Simulation sind nicht nur die Werte der Ausgänge der Schaltung über den Zeitablauf anzusehen, sondern die Zustände aller - bei ICs eventuell in der Realität nicht einmal zugänglicher - Netze der Schaltung. Das Ergebnis wird in der Regel als sogenannte *Print-On-Change*-Liste ausgegeben. Dabei repräsentiert jede Zeile einen Zeitpunkt, zu dem mindestens eines der Signale seinen Zustand ändert. Als erste Spalte ist die Zeit angegeben; dahinter folgt für jedes Netz eine eigene Spalte. In kommerziellen Simulationssystemen stehen daneben Programme zur Verfügung, die diese Daten in grafischer Form als sogenannte *Taktdiagramme* anzeigen können.

Zum Abschluß der Betrachtungen der Digitalsimulation noch einige Informationen zur Initialisierung:

Grundsätzlich kann der Zustand jedes einzelnen Netzes für den Start der Simulation vorgegeben werden. Für alle Netze, für die keine solche Vorgabe erfolgt, wird ein einheitlicher Wert gewählt - normalerweise *unknown*. Dies gilt insbesondere für speichernde Elemente wie Flip-Flops, bei denen die Speicherinformation in einem internen Netz enthalten ist. Diese Vorgabe entspricht am ehesten der Realität, bei der nach dem Einschalten ein eindeutiger, im voraus nicht bekannter Zustand vorliegt. In besonderen Fällen wie Eingangsteilern, würde die reale Schaltung funktionieren, nicht jedoch die Simulation. Dies liegt daran, daß in der Realität der Zustand eines Flip-Flops zwischen 0 und dem invertierten Wert 1 hin- und herwechselt, während in der Simulation der Zustand zwischen *unknown* und dem Inversen davon - also ebenfalls *unknown* - schwankt. In diesen Fällen ist es unumgänglich, dem Flip-Flop einen beliebigen, definierten Wert zuzuweisen, um die Funktion sicherzustellen. Es ist zu beachten, daß die Schaltung sowohl mit 0 als auch mit 1 als Initialisierungszustand funktionieren muß.

In der Regel werden in einer Simulation nur den Eingängen einer Schaltung definierte Startwerte vorgegeben. Diese entsprechen den Zuständen der Stimuli zum Zeitpunkt t = 0. Zu klären ist aber, welchen Wert die Ausgänge der daran angeschlossenen Gatter einnehmen. Diese könnten bei t = 0 noch *unknown* sein und den aus den Eingangswerten errechneten Ausgangswert erst nach der Durchlaufzeit von den Eingängen zum jeweiligen Ausgang annehmen. Dieses Vorgehen, bei dem der eigentliche Initialisierungszustand der Gesamtschaltung gewissermaßen von den Eingängen aus die Schaltung durchläuft und erst nach dem Zeitpunkt 0 einen definierten Wert annimmt, ist unüblich. Statt dessen werden die Eingangszustände, die für t = 0 definiert sind, zu einem früheren Zeitpunkt - z.B. t = -10.000 - an die Schaltung angelegt, so daß sich zum Startzeitpunkt der eigentlichen Simulation überall ein davon abhängiger Initialisierungswert eingestellt hat. In Ausnahmefällen können sich aufgrund von Rückkopplungen Schwingungen ergeben, die über den Zeitpunkt t = 0 hinaus wirken. Dann wird die Simulation normalerweise nicht gestartet, und der Entwickler sollte eine geeignete Schaltungsänderung vornehmen.

10.3 Simulation

10.3.1 Modell

Nachfolgend zunächst die wichtigsten Vorgaben für die Simulation bzw. die Art der Modellbildung, die sich auf die im letzten Abschnitt besprochenen Variationsmöglichkeiten bezieht:

- Es wird zur Vereinfachung nur von zwei statt wie üblich mindestens vier Signalzuständen ausgegangen, nämlich 0 und 1.
- Die simulierten Bausteine sind Gatter mit maximal zwei Eingängen und genau einem Ausgang. Die Durchlaufzeit von beiden Eingängen zu Ausgang ist gleich groß und nicht von der Richtung des Signalwechsels abhängig. Da auch keine minimalen oder maximalen Zeiten modelliert werden, wird für die Verzögerungszeit eines Gatters lediglich ein einziger Wert benötigt.
- Es wird sichergestellt, daß jedes Netz von genau einem Ausgang getrieben wird. Damit treten keine Kollisionen auf, der sonst notwendige Zustand *unknown* kann entfallen und das Netz muß nicht als Verknüpfung der angeschlossenen Ausgänge modelliert werden.
- Alle Netze werden zunächst auf 0 initialisiert. Um einen Vorlauf für die Initialisierung der internen Netze in Abhängigkeit von den Startwerten der Eingänge zu erhalten, wird als Startzeitpunkt für die Stimuli ein beliebiger negativer Wert angegeben. Die abhängigen Signale wechseln als Folge davon gemäß ihrer Durchlaufzeiten. Ausgegeben werden die Signalzustände an den Netzen erst mit t = 0.
- Einmal in die Ereignisliste aufgenommene Ereignisse werden vor ihrem Eintreten nicht mehr gelöscht oder verändert. Somit können mehrere Wechsel für einen Ausgang gleichzeitig enthalten sein. Dadurch ist die Variante *propagate* beim Anlegen sehr kurzer Impulse realisiert worden.

- In der Implementierung wurden nur die wichtigsten Gatter mit maximal zwei Eingängen realisiert; die Besonderheiten von speichernden Elementen wie Flip-Flops usw. müssen damit nicht berücksichtigt werden.

Das Modell basiert auf einer grundsätzlich beliebigen Anzahl von Gattern, die in der Form G1, G2 usw. benannt sind. Die Verbindung zwischen ihnen wird durch Netze namens N1, N2 usw. hergestellt. Diese speichern die Information über ihren jeweils aktuellen Zustand und ändern diesen nur aufgrund eines Ereignisses am angeschlossenen Ausgang.

Als konkretes Schaltungsbeispiel, das simuliert werden soll, sei folgende Schaltung gegeben:

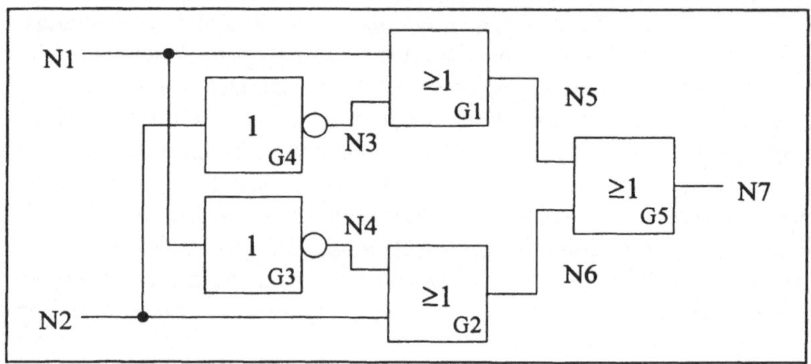

Bild 10-6 Stromlaufplan für Simulationsmodell

Es sind folgende Durchlaufzeiten für die verwendeten Gattertypen vorgegeben:

Tabelle 10-1 Durchlaufzeiten der verwendeten Gatter

Gattertyp	Durchlaufzeit
Inverter	6,5 ns
AND-Gatter	10,0 ns
OR-Gatter	12,5 ns

Die Simulationsstimuli an den Eingängen N1 und N2 der Schaltung sind durch das Taktdiagramm in Bild 10-7 gegeben.

Wie daraus erkennbar ist, werden der Reihe nach alle vier möglichen Wertekombinationen an die Eingänge angelegt. Damit kann die Wahrheitstabelle der Schaltung bestimmt werden. Zusätzlich enthält die Simulation zu den Zeitpunkten t = 200 ns und t = 400 ns Mehrkomponentenübergänge, die bei vielen derartigen Schaltungen zu kurzfristigen Signalwechseln, sogenannten *Spikes*, aufgrund der Laufzeiten führen.

10.3.2 Implementierung

Das Modell wird als ereignisorientierte Simulation in C++ implementiert. Es werden drei Klassen verwendet:

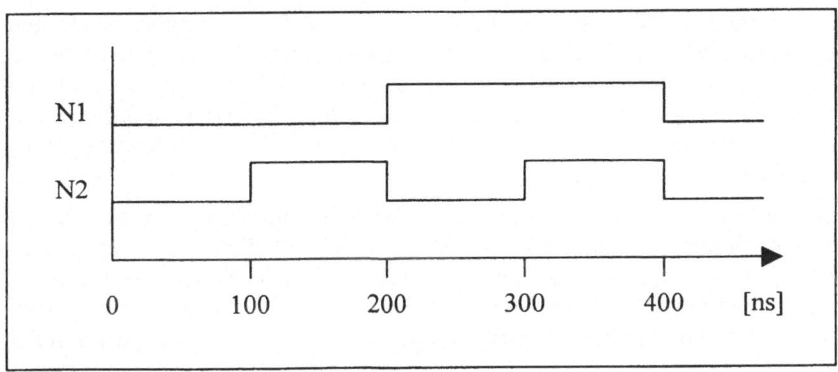

Bild 10-7 Taktdiagramm für Simulationsstimuli

Ereignisliste

Ereignis

Gatter

Die Realisierung der Klasse *Ereignisliste* entspricht exakt der in Abschnitt 6.3.2.2 vorgestellten Grundform, so daß keine weiteren Erläuterungen dazu notwendig sind.

Die Klasse *Ereignis* wurde für die konkrete Aufgabenstellung etwas modifiziert. Neben der Eintrittszeit müssen bei der Digitalsimulation das von einem Signalwechsel betroffene Netz bzw. dessen Nr. sowie der neue Pegel, der sich nach dem Wechsel einstellt, angegeben werden.

Die Klasse *Gatter* stellt die Spezialisierung der in Abschnitt 6.3.2.2 vorgestellten Simulationsobjekte dar. Ein Gatter besitzt folgende lokale Variablen:

typ	Integer-Wert, der angibt, um welche Gattertyp es sich handelt
delay	Verzögerungszeit des Gatters
output	Nr. des Netzes, an das der Ausgang angeschlossen ist
input1,2	Nr. des Netzes, an das Eingang 1 bzw. 2 angeschlossen ist

Da sich alle fünf modellierten Gatter im Programmcode lediglich durch eine einzige Zeile unterscheiden, ist die Definition einer eigenen Klasse für jeden Gattertyp überflüssig. Allen Gatter ist gemeinsam, daß sie genau eine Durchlaufzeit, einen Ausgang und - abgesehen vom Inverter - genau zwei Eingänge besitzen. Sofern in einer Simulation sehr unterschiedliche Bauteile verwendet werden, erscheint es sinnvoll, eine Vererbungshierarchie mit getrennten Klassen für alle Bauteile oder Gruppen von ihnen zu bilden.

Signalwechsel an einem Netz werden in dieser einfachen Realisierung allen vorhandenen Bauteilen mitgeteilt. Diese müssen jeweils selbst entscheiden, ob das Ereignis für sie relevant ist oder nicht. Bei größeren Schaltungen, die oft aus Tausenden von Bauteilen bestehen, ist dieses Verfahren viel zu ineffizient, da im Schnitt nur 1 - 10 Bauteile von einem Signalwechsel betroffen sind. Eine sinnvolle Lösung besteht darin, für jedes Netz vor bzw. zu Beginn der Simulation eine Liste aller Bauteile anzulegen, die mit mindestens einem Eingang daran angeschlossen sind. Diese Liste wird über die Nr. des Netzes angesprochen.

Es wurde an mehreren Stellen darauf hingewiesen, daß eine saubere Trennung zwischen Simulationssystem und Modell realisiert werden sollte. Gerade bei einem Simulator für eine Standardaufgabe wie die Digitalsimulation ist dies normalerweise unbedingt dadurch zu lösen, daß die Schaltung - in Form einer Netzliste - und die Stimuli von einer geeigneten Datei einzulesen sind. Da die entsprechenden Funktionen das Programm erheblich vergrößert hätten, ohne zum Verständnis der eigentlichen Simulation beizutragen, wurde hier eine Variante mit fester Kodierung im Programm gewählt. Pro Baustein der Schaltung ist in der Funktion *Initialisierung* genau eine Zeile vorgesehen, in der das Gatter mit seinem Typ, seiner Verzögerungszeit und seinen Anschlüssen definiert wird.

Analog dazu wurden die Stimuli in derselben Funktion ebenfalls mit einer Zeile pro Signalwechsel angegeben. Mit diesem Mechanismus wurde auch die Initialisierung realisiert. Zu diesem Zweck wurden die Anfangszustände der Eingänge einfach in Form entsprechender Signalwechsel zum Zeitpunkt t = -100 ns angelegt. Ein Pseudoereignis für das nicht verwendete Netz N0 dient dazu, den Anfangszustand zum Zeitpunkt t = 0 ns in der Ausgabe erscheinen zu lassen.

Weitere Details sind dem nachfolgenden Programmcode zu entnehmen:

```
// Datei: digital.cpp
// Simulation einer digitalen Schaltung

# include <stdio.h>

//***** Klassen-Deklarationen *****
class Ereignis
  {
    public:
      Ereignis (double z, int n, int w);

      double Zeit;
      int    Netz;
      int    Wert;
  };

class Ereignisliste
  {
    public:
      Ereignisliste ();

      void addiereEreignis (Ereignis e);
      Ereignis gibNaechstesEreignis (); // loescht zugleich Ereignis
      int istLeer ();

    private:
      Ereignis Liste[100];
      int Listenlaenge;
  };

class Gatter
  {
    public:
      Gatter ();
      Gatter (int t, double d, int o, int i1, int i2);

      void reagiereAufEreignis (Ereignis e);

    private:
      int    typ;
```

```
        double delay;
        int    output, input1, input2;
    };


//***** globale Variablen und Konstanten *****
//+++++ System-Variablen +++++
double Zeit;                  // aktuelle Simulationszeit
double max_Zeit;              // max. Simulationsdauer
Ereignisliste EventQueue;     // zentrale Ereignisliste

//+++++ Modell-Variablen und -Konstanten +++++
const max_Netz   = 100;
const max_Gatter = 100;

int    N[max_Netz+1];
int    Netzzahl = 0;
Gatter G[max_Gatter+1];
int    Gatterzahl = 0;

//+++++ Gatter-Typ-Konstanten +++++
const int INV  = 1;
const int AND  = 2;
const int OR   = 3;
const int NAND = 4;
const int NOR  = 5;


//***** Klassen-Implementierungen *****
//+++++ Klasse Ereignis +++++
Ereignis::Ereignis (double z = 0.0, int n = 0, int w = 0)
  {
    Zeit = z;
    Netz = n;
    Wert = w;
  }


//+++++ Klasse Ereignisliste +++++
Ereignisliste::Ereignisliste ()
  {
    Listenlaenge = 0;
  }

void Ereignisliste::addiereEreignis (Ereignis e)
  {
    Listenlaenge = Listenlaenge + 1;
    Liste[Listenlaenge] = e;
  }

Ereignis Ereignisliste::gibNaechstesEreignis ()
  {
    Ereignis e;
    double   min;
    int      i, pos_min;

    if (istLeer())
```

```
        return (Ereignis(0.0));
      else
        {
          // naechstes Ereignis suchen
          min = Liste[1].Zeit;
          pos_min = 1;
          for (i=2; i<=Listenlaenge; i=i+1)
            if (Liste[i].Zeit < min)
              {
                min = Liste[i].Zeit;
                pos_min = i;
              }
          e = Liste[pos_min];

          // Ereignis aus Liste entfernen
          Liste[pos_min] = Liste[Listenlaenge];
          Listenlaenge = Listenlaenge - 1;

          return (e);
        }
  }

int Ereignisliste::istLeer ()
  {
    return (Listenlaenge == 0);
  }


//+++++ Klasse Gatter +++++
Gatter::Gatter ()
  {
    typ    = 0;
    delay  = 0.0;
    output = 0;
    input1 = 0;
    input2 = 0;
  }

Gatter::Gatter (int t, double d, int o, int i1, int i2)
  {
    typ    = t;
    delay  = d;
    output = o;
    input1 = i1;
    input2 = i2;
  }

void Gatter::reagiereAufEreignis (Ereignis e)
  {
    int neu;

    if ((e.Netz > 0) && ((e.Netz == input1) || (e.Netz == input2)))
      {
        switch (typ)
          {
            case   INV: neu = ! N[input1]; break;
            case   AND: neu = N[input1] && N[input2]; break;
```

```
            case    OR: neu = N[input1] || N[input2]; break;
            case  NAND: neu = !(N[input1] && N[input2]); break;
            case   NOR: neu = !(N[input1] || N[input2]); break;
        }
      EventQueue.addiereEreignis(Ereignis(Zeit+delay,output,neu));
    }
  }


//***** Hauptprogramm *****
void Initialisierung ()
  { int i;

    // alle Netze auf 0 initialisieren
    for (i=0; i<=max_Netz; i=i+1)
      N[i] = 0;

    // Schaltung definieren
    G[1] = Gatter ( AND, 10.0, 5, 1, 3);
    G[2] = Gatter ( AND, 10.0, 6, 2, 4);
    G[3] = Gatter ( INV,  6.5, 4, 1, 0);
    G[4] = Gatter ( INV,  6.5, 3, 2, 0);
    G[5] = Gatter (  OR, 12.5, 7, 5, 6);
    Gatterzahl = 5;
    Netzzahl   = 7;

    // Initialisierung der Eingaenge
    EventQueue.addiereEreignis (Ereignis(-100, 1, 0));
    EventQueue.addiereEreignis (Ereignis(-100, 2, 0));

    // Input-Stimuli definieren
    EventQueue.addiereEreignis (Ereignis( 100, 2, 1));
    EventQueue.addiereEreignis (Ereignis( 200, 2, 0));
    EventQueue.addiereEreignis (Ereignis( 200, 1, 1));
    EventQueue.addiereEreignis (Ereignis( 300, 2, 1));
    EventQueue.addiereEreignis (Ereignis( 400, 1, 0));
    EventQueue.addiereEreignis (Ereignis( 400, 2, 0));

    // addiere Pseudoereignis fuer t=0
    EventQueue.addiereEreignis (Ereignis(0,0,1));

    max_Zeit = 500;

    // Tabellenkopf fuer Ergebnis-Ausgabe
    printf ("              N N N N N N N\n");
    printf ("     Zeit     1 2 3 4 5 6 7\n");
    printf ("---------     -------------\n");
  }


void main ()
  {
    Ereignis e;
    int i;

    Initialisierung();
```

```
    e = EventQueue.gibNaechstesEreignis();
    while ((e.Zeit <= max_Zeit) && !(EventQueue.istLeer()))
      {
        Zeit = e.Zeit;

        if (N[e.Netz] != e.Wert)
          { // Ereignis bewirkt einen Signalwechsel
            N[e.Netz] = e.Wert;
            if (Zeit >= 0)
              { // Status-Anzeige
                printf ("%9.1lf ", Zeit);
                for (i=1; i<=Netzzahl; i=i+1)
                  printf (" %d", N[i]);
                printf ("\n");
              }
          }

        // lasse Gatter darauf reagieren
        // (wg. Init. auch ohne Wechsel)
        for (i=1; i<=Gatterzahl; i=i+1)
          G[i].reagiereAufEreignis(e);

        e = EventQueue.gibNaechstesEreignis();
      }
  }
```

10.3.3 Simulationsergebnisse

Die Ausgabe des Programms sieht folgendermaßen aus:

```
                N N N N N N N
     Zeit       1 2 3 4 5 6 7
---------       -------------
      0.0       0 0 1 1 0 0 0
    100.0       0 1 1 1 0 0 0
    106.5       0 1 0 1 0 0 0
    110.0       0 1 0 1 0 1 0
    122.5       0 1 0 1 0 1 1
    200.0       0 0 0 1 0 1 1
    200.0       1 0 0 1 0 1 1
    206.5       1 0 1 1 0 1 1
    206.5       1 0 1 0 0 1 1
    210.0       1 0 1 0 0 0 1
    216.5       1 0 1 0 1 0 1
    222.5       1 0 1 0 1 0 0
    229.0       1 0 1 0 1 0 1
    300.0       1 1 1 0 1 0 1
    306.5       1 1 0 0 1 0 1
    316.5       1 1 0 0 0 0 1
    329.0       1 1 0 0 0 0 0
    400.0       0 1 0 0 0 0 0
    400.0       0 0 0 0 0 0 0
    406.5       0 0 0 1 0 0 0
    406.5       0 0 1 1 0 0 0
```

Innerhalb der Liste kann man relativ gut das Durchlaufen von Signalwechseln durch das Netzwerk verfolgen. Der Wechsel des Signals N2 zu t = 100 ns von 0 nach 1 zieht 6,5 ns später am Ausgang des dort angeschlossenen Inverters N3 einen Wechsel von 1 nach 0 nach sich. Auch die maximale Durchlaufzeit durch das gesamte Netzwerk kann direkt abgelesen werden. Die Wechsel an den Eingängen zu den Zeitpunkten t = 200 ns und t = 300 ns führen zu mehreren Wechseln der nachfolgenden Gatter, die erst nach insgesamt 29 ns abgeklungen sind.

Die Wechsel der zwei Eingänge wurden so vorgenommen, daß alle vier möglichen Eingangskombinationen vorkommen und zu den Zeiten t = 0, 100, 200 und 300 anliegen. Damit kann direkt die Wahrheitstabelle der Gesamtschaltung abgelesen werden, wobei die Werte am Ausgang N7 nach maximal 29 ns relevant sind:

Tabelle 10-2 Wahrheitstabelle der Modellschaltung

N1	N2	N7
0	0	0
0	1	1
1	0	1
1	1	0

Die Schaltung realisiert die Funktion eines EXOR-Gatters, das immer dann 1 am Ausgang liefert, wenn die beiden Eingänge ungleiche Werte aufweisen.

In diesem Zusammenhang sei noch ein interessantes Detail erwähnt, das aus dem Simulationsergebnis zu entnehmen ist:

Beim Übergang der Eingangswerte von 01 nach 10 ergibt sich wieder 1 als Ausgangswert. Aufgrund der speziellen Schaltung und der Laufzeiten zeigt sich jedoch bei t = 222,5 ns ein kurzfristiger Einbruch von 1 nach 0. Solche sogenannten *Spikes* können große Probleme verursachen und werden bei einer rein logisch orientierten Entwicklung einer Schaltung oft übersehen. Erst die Simulation mit den tatsächlichen Verzögerungszeiten der einzelnen Gatter macht solche Effekte deutlich.

11 Lagerhaltungssysteme

11.1 Einführung

In nahezu allen Wirtschaftsbereichen werden Lagerhaltungssysteme eingesetzt. Dies trifft nicht nur auf den Groß- und Einzelhandel zu, auch in industriellen Fertigungsprozessen werden in allen Stufen vom Wareneingang der Rohstoffe über das Lagern von Zwischenprodukten bis hin zum Auslieferungslager der Endprodukte Lagerhaltungssysteme eingesetzt.

Aufgrund der beträchtlichen Kosten, die Lagerhaltung grundsätzlich verursacht, wird ihre Optimierung von Betriebswirten und Ingenieuren seit jeher betrieben. Technisch ausgeklügelte Warenwirtschaftssysteme bis hin zum *Just-In-Time*-Ansatz zeigen die Bedeutung auf.

11.2 Theoretische Grundlagen

Ein Lagerhaltungssystem ist im allgemeinen dadurch gekennzeichnet, daß ein Lager als Zwischenspeicher für Güter dient. Der Abgang der Güter ergibt sich als Folge einer von außen vorgegebenen Nachfrage, z.B. durch externe Kunden oder einem Bedarf in der internen Fertigung. Der Zugang unterliegt in der Regel der eigenen Disposition, und seine optimale Gestaltung stellt eine entscheidende Leistung der Lagerplanung dar.

Nachfolgend die wichtigsten - vereinfacht dargestellten - Randbedingungen bzw. Prämissen:

- Ein Lager besitzt immer eine endliche Größe, die sich zudem normalerweise verschiedene Güter teilen. Die meisten Optimierungsmodelle gehen jedoch wegen der Problematik dieser Nichtlinearität von einer unendlichen Kapazität aus.
- Güter verursachen dadurch Kosten, daß sie sich im Lager befinden. Diese Kosten bestehen zum einen in den Kapitalkosten, da der Warenwert finanziert und damit verzinst werden muß. Zum anderen verursachen die Räumlichkeiten, Personal, Versicherungen usw. Lagerkosten, die über einen Schlüssel auf die einzelnen Güter umgelegt werden. Neben zeitbezogenen Sätzen wie DM/Stück oder DM/Kg - jeweils pro Tag oder Monat - werden auch Prozentsätze vom Güterwert verwendet.
- Um einen Zugang zu erreichen, muß eine Bestellung ausgelöst werden. Es wird angenommen, daß jede Bestellung unabhängig von ihrem Umfang bzw. Warenwert bestimmte Kosten verursacht (*bestellfixe Kosten*).
- Zwischen Bestellung und Zugang der Waren liegt eine endliche Lieferzeit, die oft zufälligen Schwankungen unterworfen ist.
- Sofern die Lagerabgänge nicht im voraus exakt feststehen, kann es passieren, daß eine ungeplant große Nachfrage nicht vollständig befriedigt wird, da der Lagerbestand aufgebraucht ist und wegen der Lieferzeit nicht sofort ersetzt werden kann. In den meisten Fällen werden dadurch sogenannte *Fehlmengenkosten* verursacht. Bei interner Verwendung können diese auf Produktionsausfällen beruhen, bei Handelsunternehmen auf entgangenem Gewinn, wenn die Kunden ihren Bedarf dann bei einem anderen Händler decken.

In der Regel stehen einer Bestellung und damit dem Zugang einer größeren Menge viele kleinere Abgänge aufgrund von Nachfragen gegenüber. Der Lagerbestand erreicht nach einem Zugang einen relativen Höchststand, der sich über die Zeit langsam verringert, bis er durch einen erneuten Zugang wieder schlagartig erhöht wird. Daraus resultiert die in folgendem Diagramm dargestellte charakteristische Sägezahnform des Bestands über der Zeit:

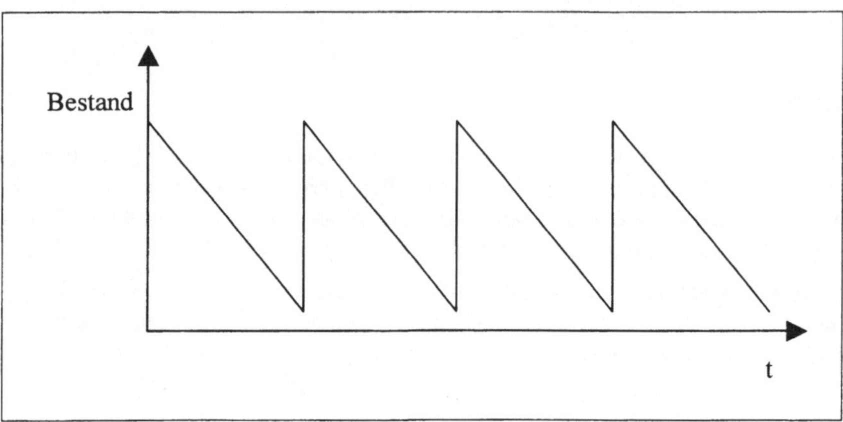

Bild 11-1 Lagerbestand über der Zeit

Da zwischen Bestellung und Lieferung Zeit vergeht, muß die Bestellung zeitlich so ausgelöst werden, daß die Lieferung spätestens dann eintrifft, wenn der Lagerbestand auf Null abgesunken ist. Zum Teil soll aber noch eine *eiserne Reserve* bestehen bleiben. Als Auslöser einer Bestellung fungiert meist ein *Mindestlagerbestand*, auch *Meldebestand* genannt, bei dessen Erreichen oder Unterschreiten eine Bestellung veranlaßt wird.

Die Abbildung zeigt den Fall, daß die Lagerabgänge gleichmäßig und exakt vorhersehbar über die Zeit erfolgen und die Lieferung eine genau definierte Zeitspanne benötigt. Für diesen idealisierten Fall gibt es das in der Betriebswirtschaftslehre verwendete Grundmodell der Lagerhaltung, für das eine optimale Bestellmenge analytisch bestimmt werden kann. Hier die wesentlichen Daten dazu (aus Wöhe 1986, S. 438 f.):

Folgende Daten werden als gegeben betrachtet, stellen also exogene Größen bzw. Modellparameter dar:

- B mengenmäßiger Jahresbedarf
- p Preis/Stück des bestellten Gutes
- K_f fixe Kosten je Bestellvorgang
- q wertmäßig prozentuale Lagerkosten pro Jahr inkl. Kapitalkosten

Die Optimierung soll über folgenden dispositiven Parameter erfolgen:

- m Bestellmenge pro Bestellung

Die endogene Größe, die sich direkt aus den genannten ergibt, ist:

- K Gesamtkosten für Beschaffung und Lagerung pro Jahr

Für sie gilt:

$$K = B \cdot p + K_f \cdot \frac{B}{m} + \frac{m \cdot p}{2} \cdot q$$

Der erste Summand gibt den Preis der bestellten Güter an. Der zweite entspricht den fixen Bestellkosten, die für die Anzahl der Bestellung (B/m) anfallen. Der letzte Teil der Summe beschreibt die Lagerkosten, wobei der Bruch den durchschnittlichen wertmäßigen Lagerbestand, also die Hälfte des Bestellwertes, repräsentiert. Dabei wird davon ausgegangen, daß das Lager bis zum Eintreffen einer Lieferung immer gerade Null geleert ist.

Das Minimum der Lagerkosten kann dadurch bestimmt werden, daß die Ableitung der Kosten nach m gleich Null gesetzt wird:

$$\frac{dK}{dm} = -K_f \cdot \frac{B}{m^2} + \frac{p}{2} \cdot q = 0$$

Daraus folgt für die optimale Bestellmenge:

$$m_{opt} = \sqrt{\frac{2 \cdot B \cdot K_f}{p \cdot q}}$$

Der praktische Nutzen dieser analytischen Lösung ist relativ gering. Dies ergibt sich aus den bei diesem Modell gemachten Annahmen, die viele in der Praxis wichtigen Aspekte unberücksichtigt lassen:

1. Die Beschaffungsplanung erfolgt für ein Jahr.
2. Der Jahresbedarf ist im voraus exakt bekannt.
3. Der Bedarf, d.h. der Lagerabgang, unterliegt keinerlei zeitlichen Schwankungen.
4. Die Beschaffung erfolgt in unendlich kurzer Zeit.
5. Eine neue Lieferung trifft genau dann ein, wenn das Lager vollständig geleert ist.
6. Es gibt keinen Schwund, z.B. durch Verderb oder Diebstahl.
7. Es gibt keine Mengenrabatte oder Mindermengenzuschläge.
8. Es gibt keine Teillieferungen.
9. Alle Kosten und Preise sind während des gesamten Planungszeitraums konstant.
10. Es gibt keine finanziellen oder kapazitätsmäßigen Restriktionen.

Als besonders kritisch in bezug auf die Realitätsnähe sind die Annahmen 2 - 5 anzusehen. Insbesondere im Handel ist der Bedarf, der sich durch die Summe der täglich neuen Kundenanforderungen ergibt, eine zufällige Größe. Ebenso erfolgt eine Lieferung erst nach einer endlichen, oft zufälligen Schwankungen unterliegenden Zeit.

Aber selbst einfache Nichtlinearitäten wie Rabatte o.ä. (7.), die in der Praxis die Regel sind, führen meist zu erheblichen Problemen bei der analytischen Lösung des Optimierungsproblems.

Für eine realitätsnahe Formulierung des Problems bietet sich deshalb der Einsatz der Simulation als Lösungsmethode an.

11.3 Simulation

11.3.1 Modell

Das in der Simulation verwendete Modell orientiert sich an dem in Abschnitt 11.2 beschriebenen Grundmodell, erweitert es jedoch in Richtung Praxisnähe:

- Es wird ein Zeitraum von einem Jahr in Tagesschritten (250 Arbeitstage/Jahr) betrachtet.
- Die Nachfrage erfolgt stochastisch, wobei verschiedene Verteilungen zur Auswahl stehen.
- Kann eine Nachfrage nicht bzw. nur unvollständig befriedigt werden, entstehen durch den entgangenen Gewinn Fehlmengenkosten, die in DM pro nicht ausgeliefertem Stück angegeben werden.
- Bestellfixe Kosten werden in DM/Bestellung vorgegeben.
- Die Lagerkosten werden vereinfacht in DM pro Stück und Tag angegeben. Dies ist für ein einziges Gut mit festem Preis und Kalkulationssatz gleichwertig zur prozentualen Angabe des Grundmodells.
- In der Simulation wird dem Lagerbestand am Beginn eines Tages die Summe aller Aufträge gegenübergestellt. Alle Aufträge werden soweit erfüllt, bis der Lagerbestand Null beträgt. Es werden also auch Teillieferungen zugelassen.
- Die Bestellung wird am Abend des Tages ausgelöst, an dem ein festgelegter Mindestbestand unterschritten wird. Es wird dann eine zuvor festgelegte Menge bestellt, die nicht vom aktuellen Lagerbestand abhängt.
- Die nächste Bestellung erfolgt erst wieder, wenn der Lagerbestand durch die Lieferung aufgefüllt wurde und erneut unter die kritische Marke gesunken ist. Es gibt also keine Nachbestellungen aufgrund höherer Nachfrage.
- Die Lieferung erfolgt am Morgen eines nachfolgenden Tages. Beträgt die Lieferdauer einen Tag, so erfolgt der Zugang am darauffolgenden Morgen; bei zwei Tagen Lieferzeit vergeht ein Arbeitstag, bis der Zugang im Lager erscheint. Bezüglich der Lieferdauer wurden zwei Modellvarianten implementiert:
  - Die Lieferung erfolgt deterministisch nach einer vorgegebenen Zahl von Tagen.
  - Für die Lieferung ist eine Spanne angegeben, in der die tatsächliche Dauer diskret gleichverteilt ist.
- Es sollen die Gesamtkosten minimiert werden, die sich aus Lagerkosten, Bestellkosten und Fehlmengenkosten zusammensetzen. Der Warenwert selbst kann bei der Betrachtung unberücksichtigt bleiben bzw. wird als Teil der Lagerkosten einbezogen.
- Zusätzlich soll die Summe der Fehlmengen absolut und relativ zu den Aufträgen, der sogenannte *Servicegrad*, berechnet werden.

Das Modell hebt die restriktiven Annahmen 2. - 5. und 8. des Grundmodells auf und erweitert es durch das Einbeziehen von Fehlmengen und deren Kosten.

11.3.2 Implementierung

11.3.2.1 Allgemeines

Der Simulator wurde mit dem Tabellenkalkulations-Programm Excel realisiert und ist ein gutes Beispiel dafür, daß auch mit einem solchen System eine gewisse Trennung zwischen Simulationssystem und Modell möglich ist. Zugleich wurde eine Tabelle so gestaltet, daß sie als Benutzeroberfläche fungieren kann. Der gesamte Simulator ist nach folgendem Schema in drei Tabellen realisiert:

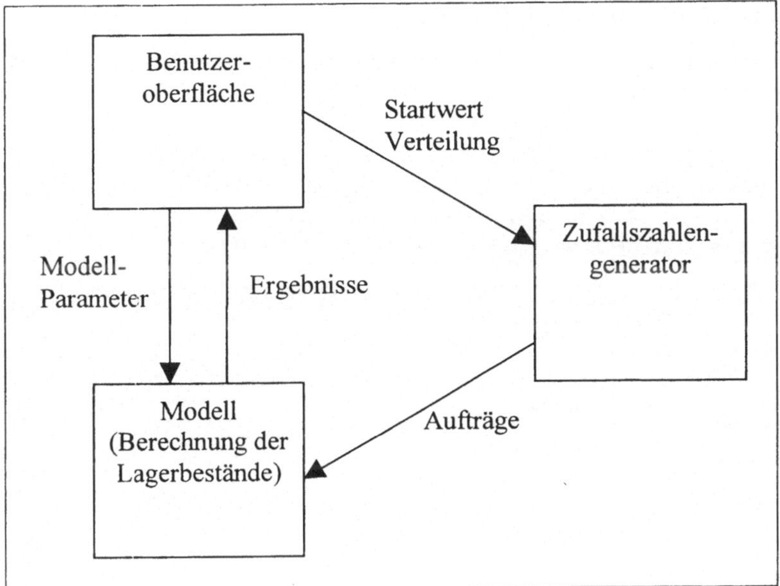

Bild 11-2 Komponenten des Simulators

Die Benutzeroberfläche dient einerseits dazu, Modellparameter und dispositive Variablen vorzugeben sowie den Zufallsgenerator zu steuern. Andererseits werden dort die Ergebnisse der Simulation in Form von Kennzahlen und einer grafischen Darstellung des Lagerbestandes über der Zeit angezeigt. Der Benutzer kann interaktiv die Vorgaben ändern und erhält unmittelbar darauf die neuen Ergebnisse.

Das Modell berechnet für jeden Arbeitstag eines Jahres die Zugänge, Abgänge, Bestände und Kosten. Gemäß der vorgegebenen Bestellpolitik werden die Bestellungen berechnet und nach einer gewissen Lieferzeit als Eingänge verbucht.

Der Zufallsgenerator berechnet für jeden Tag die eingehenden Aufträge. Es stehen verschiedene Verteilungen zur Verfügung, zwischen denen von der Benutzeroberfläche aus umgeschaltet werden kann.

Es werden zwei Modellvarianten implementiert:

- In der ersten Variante werden konstante Lieferzeiten angenommen, deren Wert vom Benutzer vorgegeben wird.
- In einer zweiten Version kann vom Benutzer ein Bereich für die Lieferzeiten definiert werden. Innerhalb des Modells wird dazu per Excel-internem Zufallszahlengenerator eine Dauer bestimmt, die ganzzahlig gleichverteilt zwischen den festgelegten Grenzen liegt.

Der Zufallsgenerator ist für beide Varianten identisch; die Benutzeroberfläche unterscheidet sich nur in einem zusätzlichen Feld für die obere Grenze der Lieferzeiten. Der wesentliche Unterschied steckt im Modell.

Im nächsten Abschnitt wird zunächst das Modell mit konstanten Lieferzeiten beschrieben. Im darauffolgenden Abschnitt werden dann für die Variante mit zufälligen Lieferzeiten nur noch die Unterschiede erläutert.

11.3.2.2 Modellvariante mit konstanten Lieferzeiten

Die Benutzeroberfläche, die bereits einen guten Eindruck vom dahinterstehenden Modell vermittelt, ist in folgendem Bild zu sehen:

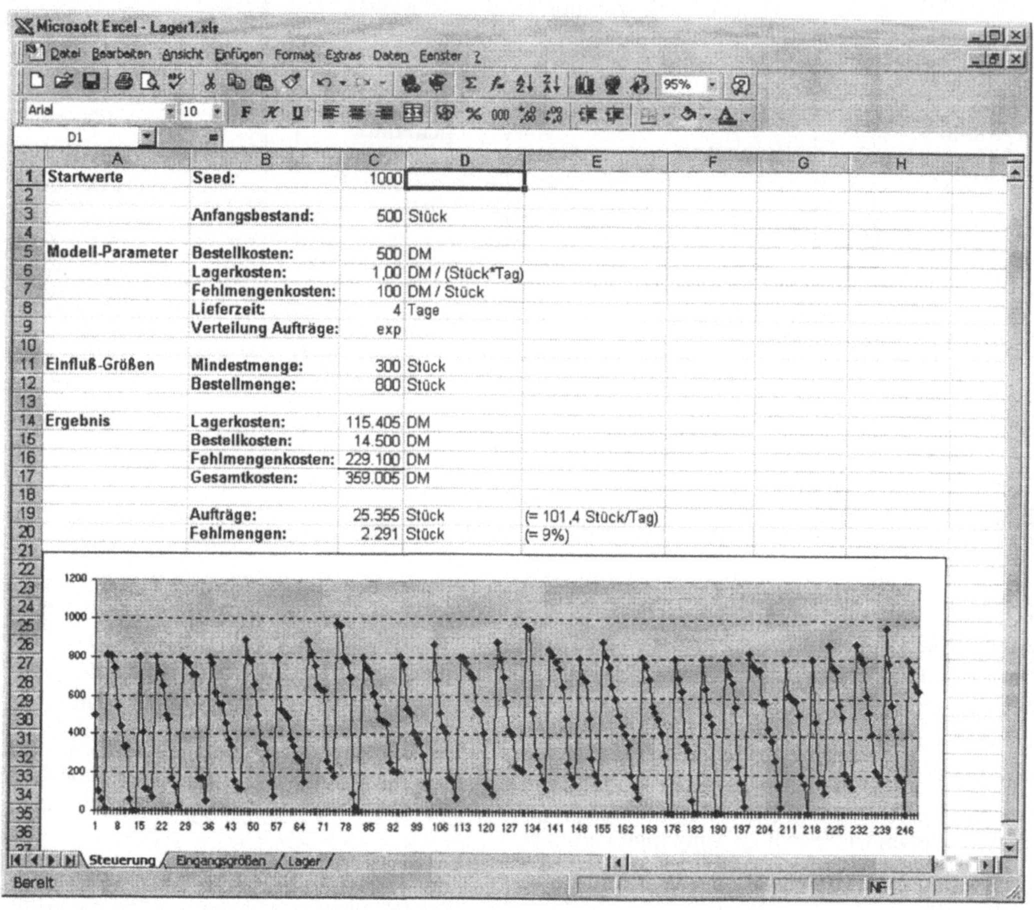

Bild 11-3 Benutzeroberfläche des Simulators (konstante Lieferzeiten)

In den oberen 12 Zeilen befinden sich die Parameter, die vom Benutzer festgelegt werden können. Die Bestellpolitik, die mit diesem Simulator optimiert werden soll, ist durch die Mindestmenge, deren Unterschreiten eine Bestellung auslöst, und die feste Bestellmenge gegeben.

Um die Parameter einfach in den übrigen Tabellen referenzieren zu können, wurden die entsprechenden Felder mit Namen versehen, die als Kürzel auf die Bedeutung hinweisen. Hier die Liste der Parameter, jeweils mit Tabellenfeld, gewähltem Kürzel und einer kurzen Erläuterung:

C1	Seed	Startwert des Zufallsgenerators
C3	AB	Anfangsbestand des Lagers am ersten simulierten Tag
C5	BK	fixe Kosten pro Bestellung
C6	LK	Lagerkosten in DM pro Stück und Tag

C7	G	Fehlmengenkosten in DM pro nicht ausgeliefertem Stück
C8	LZ	feste Lieferzeit in Tagen
C9	vert	Verteilung der zufälligen täglichen Auftragseingänge (vorgegeben als Zeichenkette, der im Zufallsgenerator ausgewertet wird)
C11	MM	Mindestmenge, deren Unterschreiten am Abend des betreffenden Tages eine Bestellung auslöst
C12	BM	Bestellmenge (für alle Bestellungen identisch)

Mit modernen Tabellenkalkulations-Programmen läßt sich die Benutzeroberfläche natürlich noch komfortabler gestalten. Z.B. können die zur Verfügung stehenden Verteilungen über ein sogenanntes Kombinationsfeld vom Benutzer aus einer Liste gewählt werden. Um die Ausführungen möglichst allgemeingültig und einfach zu halten, wurde jedoch darauf verzichtet.

Die Werte, die in der Rubrik *Ergebnis* stehen, ergeben sich einfach als Summe der entsprechenden Werte des Modells, das weiter unten besprochen wird. Von dort stammen auch die im Diagramm dargestellten täglichen Lagerbestände.

Die nächste Abbildung zeigt den Zufallsgenerator, in dem die Auftragseingänge für jeden Tag berechnet werden:

	A	B	C	D	E	F	G
1	Generator:	7	7				
2							
3	Parameter:		100			50	0,01
4						150	
5							
6		2	3			6	7
7	verwendet	Original	determ.	Basic	[0; 1)	gleichv.	EXP
8	397	167	100	40629000	0,02	51	397
9	40	30	100	1448390568	0,67	118	40
10	49	192	100	1320287874	0,61	112	49
11	1	6	100	2135692524	0,99	150	1
12	8	142	100	1984821001	0,92	143	8
13	64	113	100	1143333780	0,53	103	64
14	199	99	100	294743851	0,14	63	199
15	102	46	100	780489455	0,36	86	102

Bild 11-4 Berechnung der Auftragseingänge

Die Tabelle zeigt ab Zeile 8 mehrere alternative Zeitreihen, von denen eine in Spalte A abgebildet wird. Die Werte der Spalten E - G basieren auf dem multiplikativen Kongruenz-Generator in Spalte D, der mit den Werten a = 40.629 und m = 2.147.483.399 arbeitet. Da Excel mit einer ausreichend großen Stellenzahl rechnet, kann direkt die Definitionsformel verwendet werden. Welche Spalte gewählt wird (im Bild Spalte G), entscheidet sich aufgrund der Spaltennummer in der ersten Zeile, die vom Wert im Feld *vert* der Benutzeroberfläche gesteuert wird. Die Werte der Spalte A sind das eigentliche Ergebnis dieser Tabelle und werden im Modell verwendet. In den Zeilen 3 und 4 sind für einige Verteilungen Parameter angegeben: bei der Gleichverteilung die beiden Grenzen, bei der Exponentialverteilung der Parameter *Lambda*.

Das Modell einschließlich aller Berechnungen ist der folgenden Abbildung zu entnehmen:

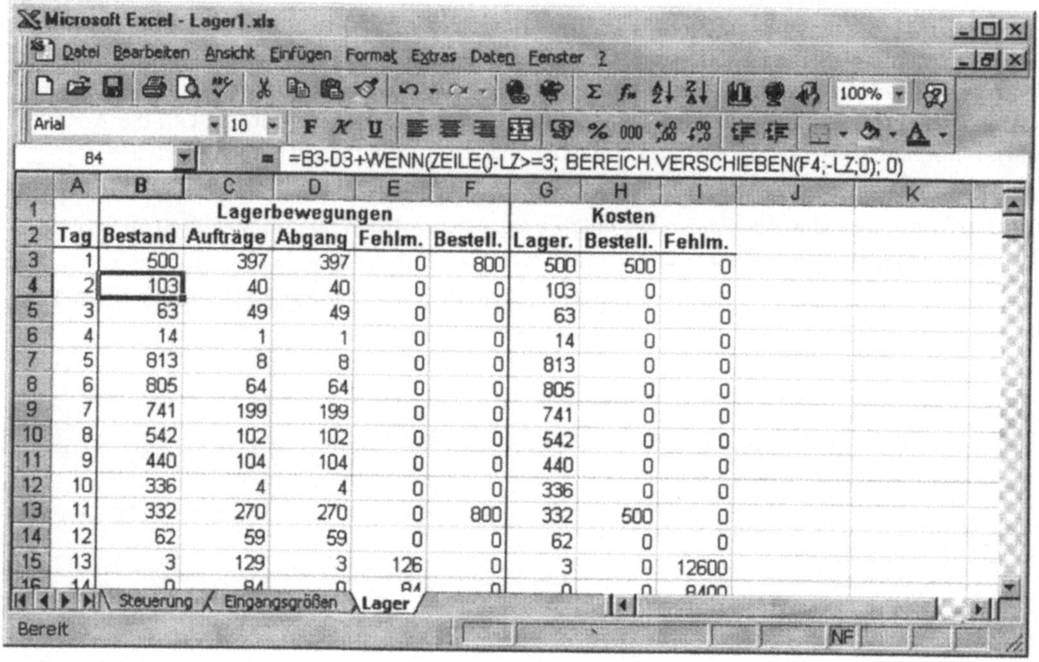

Microsoft Excel - Lager1.xls

B4 = =B3-D3+WENN(ZEILE()-LZ>=3; BEREICH.VERSCHIEBEN(F4;-LZ;0); 0)

	A	B	C	D	E	F	G	H	I
1		Lagerbewegungen					Kosten		
2	Tag	Bestand	Aufträge	Abgang	Fehlm.	Bestell.	Lager.	Bestell.	Fehlm.
3	1	500	397	397	0	800	500	500	0
4	2	103	40	40	0	0	103	0	0
5	3	63	49	49	0	0	63	0	0
6	4	14	1	1	0	0	14	0	0
7	5	813	8	8	0	0	813	0	0
8	6	805	64	64	0	0	805	0	0
9	7	741	199	199	0	0	741	0	0
10	8	542	102	102	0	0	542	0	0
11	9	440	104	104	0	0	440	0	0
12	10	336	4	4	0	0	336	0	0
13	11	332	270	270	0	800	332	500	0
14	12	62	59	59	0	0	62	0	0
15	13	3	129	3	126	0	3	0	12600
16	14	0	84	0	84	0	0	0	8400

Steuerung / Eingangsgrößen / Lager

Bereit

Bild 11-5 Modell der Lagerhaltung (konstante Lieferzeiten)

Nachfolgend die Formeln, wie sie innerhalb von Excel in Zeile 4 definiert sind:

B4 =B3-D3+WENN(ZEILE()-LZ>=3; BEREICH.VERSCHIEBEN(F4;-LZ;0); 0)

C4 =Eingangsgrößen!A9

D4 =MIN(C4;B4)

E4 =C4-D4

F4 =WENN(UND(B4>=MM; B4-D4<MM); BM; 0)

G4 =B4*LK

H4 =WENN(F4>0; BK; 0)

I4 =E4*G

Diese Formeln können in alle übrigen Zeilen dupliziert werden; lediglich für den Anfangsbestand gilt folgende Ausnahme:

B3 =AB

Die meisten Formeln sollten mit Grundkenntnissen der Tabellenkalkulation leicht nachvollziehbar sein, die Spalten B und F sind jedoch erklärungsbedürftig.

Mit der Funktion *BEREICH.VERSCHIEBEN* im Feld B4 wird ein Wert aus einem anderen Feld referenziert. Welches Feld dies ist, wird durch die Parameter bestimmt. Im konkreten Fall wird ausgehend vom Feld F4 der Wert des Feldes verwendet, das *LZ* Zeilen oberhalb und 0 Spalten rechts davon steht. Damit wird der Bestand zum Beginn eines Tages aus dem Anfangsbestand des Vortages, dem Abgang während des Vortages und dem Zugang durch die Bestellung von vor *LZ* Tagen berechnet. Die *WENN*-Bedingung stellt sicher, daß dabei im Anfangsbereich der Tabelle nicht auf Felder oberhalb des ersten Tages zugegriffen wird.

In F4 wird geprüft, ob der Lagerbestand durch die Abgänge dieses Tages unter die Mindestmenge *MM* abgesunken ist. Das ist dann der Fall, wenn der Bestand zu Beginn des Tages noch mindestens *MM* betragen hat und nach Abzug der Aufträge am Abend darunter liegt. Dadurch löst jedes Absinken unter den Mindestbestand genau einmal eine Bestellung aus.

11.3.2.3 Modellvariante mit zufälligen Lieferzeiten

Die Benutzeroberfläche unterscheidet sich von der letzten Variante nur durch die Angabe eines Bereichs statt eines festen Wertes für die Lieferzeit:

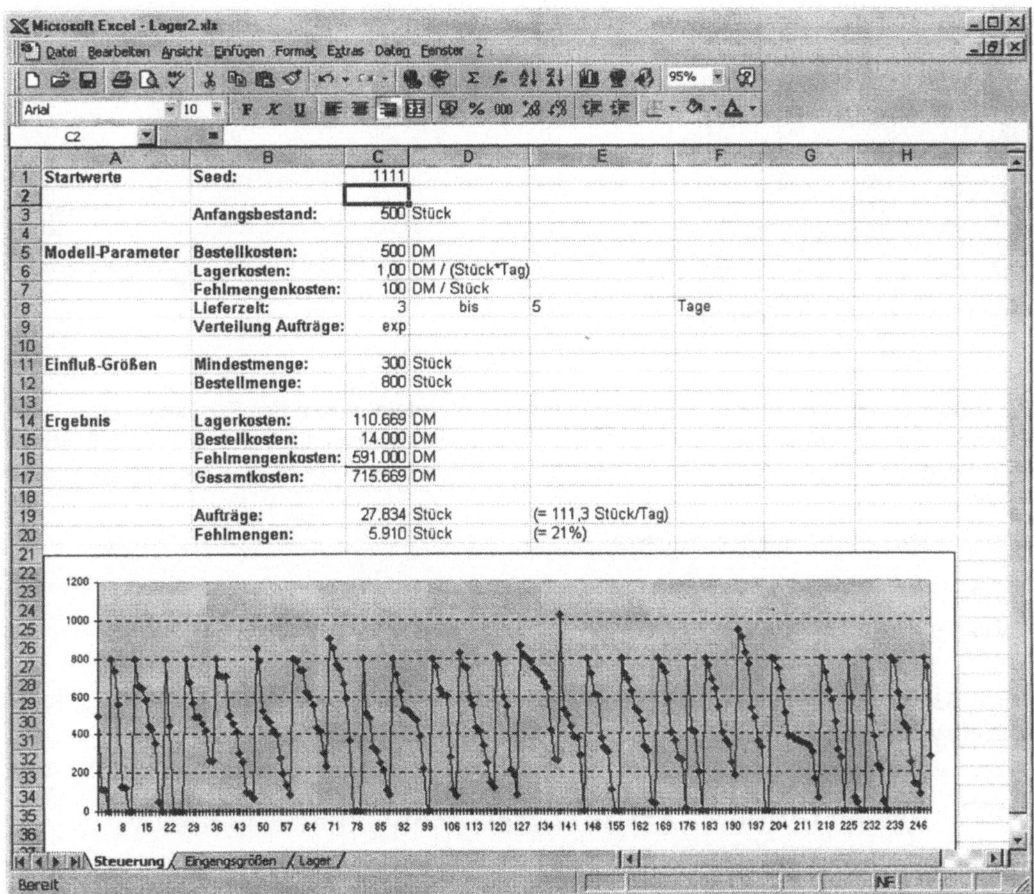

	A	B	C	D	E	F
1	Startwerte	Seed:	1111			
2						
3		Anfangsbestand:	500	Stück		
4						
5	Modell-Parameter	Bestellkosten:	500	DM		
6		Lagerkosten:	1,00	DM / (Stück*Tag)		
7		Fehlmengenkosten:	100	DM / Stück		
8		Lieferzeit:	3	bis	5	Tage
9		Verteilung Aufträge:	exp			
10						
11	Einfluß-Größen	Mindestmenge:	300	Stück		
12		Bestellmenge:	800	Stück		
13						
14	Ergebnis	Lagerkosten:	110.669	DM		
15		Bestellkosten:	14.000	DM		
16		Fehlmengenkosten:	591.000	DM		
17		Gesamtkosten:	715.669	DM		
18						
19		Aufträge:	27.834	Stück	(= 111,3 Stück/Tag)	
20		Fehlmengen:	5.910	Stück	(= 21%)	

Bild 11-6 Benutzeroberfläche des Simulators (zufällige Lieferzeiten)

Für die untere Grenze wurde der Name *LZ* aus der ersten Variante beibehalten, die obere Grenze (in Feld E8) erhielt den Namen *LZ_max*.

Die wesentlichen Änderungen ergeben sich für das Modell, dessen Tabelle nun so aussieht:

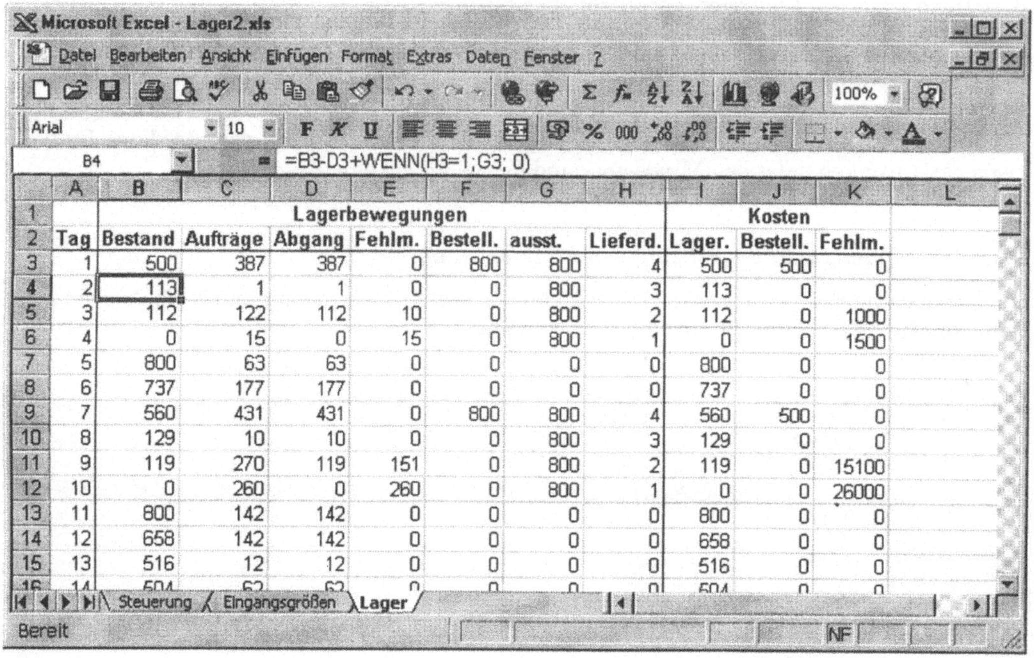

Microsoft Excel - Lager2.xls

B4 = =B3-D3+WENN(H3=1;G3; 0)

	A	B	C	D	E	F	G	H	I	J	K
1		Lagerbewegungen							Kosten		
2	Tag	Bestand	Aufträge	Abgang	Fehlm.	Bestell.	ausst.	Lieferd.	Lager.	Bestell.	Fehlm.
3	1	500	387	387	0	800	800	4	500	500	0
4	2	113	1	1	0	0	800	3	113	0	0
5	3	112	122	112	10	0	800	2	112	0	1000
6	4	0	15	0	15	0	800	1	0	0	1500
7	5	800	63	63	0	0	0	0	800	0	0
8	6	737	177	177	0	0	0	0	737	0	0
9	7	560	431	431	0	800	800	4	560	500	0
10	8	129	10	10	0	0	800	3	129	0	0
11	9	119	270	119	151	0	800	2	119	0	15100
12	10	0	260	0	260	0	800	1	0	0	26000
13	11	800	142	142	0	0	0	0	800	0	0
14	12	658	142	142	0	0	0	0	658	0	0
15	13	516	12	12	0	0	0	0	516	0	0
16	14	504	62	62	0	0	0	0	504	0	0

Steuerung / Eingangsgrößen / Lager

Bereit NF

Bild 11-7 Modell der Lagerhaltung (zufällige Lieferzeiten)

Die neu in den Spalten G und H hinzugekommenen Formeln dienen der Berechnung des Lieferdatums für eine vorgenommene Bestellung. Vernachlässigt man die Verschiebung der bisherigen Spalten G - I um zwei Spalten nach rechts, ergeben sich nur in drei Spalten neue Formeln:

B4 =B3-D3+WENN (H3=1; G3; 0)

G4 =WENN (F4>0; F4; WENN (H3=1; 0; G3))

H4 =WENN (F4>0; GANZZAHL(LZ+ZUFALLSZAHL()*(LZ_max-LZ+1));
MAX(H3-1;0))

Neben B3 müssen diesmal auch G3 und H3 von den nachfolgenden Zeilen abweichende Formeln erhalten:

G3 =WENN (F3>0; F3; 0)

H3 =WENN (F3>0; GANZZAHL(LZ+ZUFALLSZAHL()*(LZ_max-LZ+1)); 0)

Ähnlich wie für die Zwischenankunftszeit und die Bediendauer bei der Simulation der Warteschlange in Abschnitt 9.3.2.3 wird hier ebenfalls eine Hilfsspalte (H) für die verbleibende Dauer bis zum Eintreffen der bestellten Waren mitgeführt. Um nicht eine zweite Tabelle für die zusätzlich benötigte Zufallszahl definieren zu müssen, wurde dazu der interne Zufallsgenerator über die Funktion *ZUFALLSZAHL()* aufgerufen. Die Formel für B4 vereinfacht sich durch diese Hilfsgröße deutlich.

11.3.3 Simulationsergebnisse

Ohne eine konkrete quantitative Auswertung vorzunehmen, wird nachfolgend nur kurz die Wirkung unterschiedlicher Verteilungen verdeutlicht. Schon bei der Simulation von Warteschlangen in Kapitel 9 wurde gezeigt, daß exponentialverteilte Eingangsgrößen gegenüber gleichverteilten auch bei gleichem Erwartungswert zu einem unruhigeren Verlauf und damit zu einem ungünstigeren Gesamtverhalten führen können. Ähnliches ergibt sich beim Vergleich unterschiedlich verteilter Auftragseingänge mit ebenfalls gleichem Erwartungswert.

Bei gleichverteilten Aufträgen - zwischen 0 und 200 Stück/Tag - ergibt sich eine relativ gleichmäßige Struktur, die der in Bild 11-1 dargestellten Sägezahnform ähnelt:

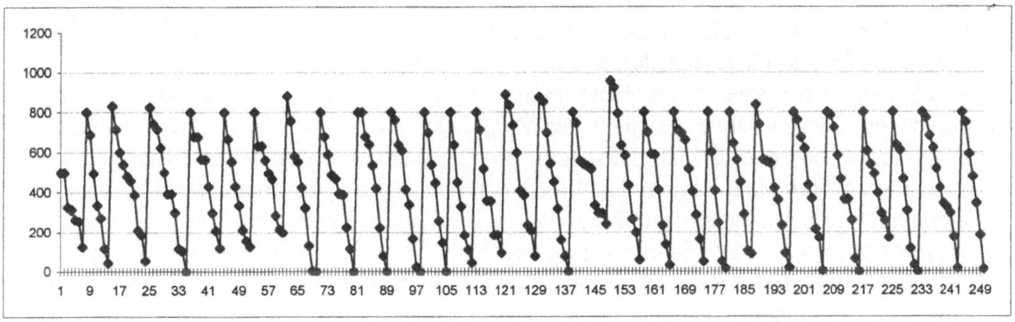

Bild 11-8 Entwicklung des Lagerbestandes bei gleichverteilten Auftragseingängen

Ganz anders präsentieren sich die Lagerbewegungen, wenn Auftragseingänge zugrunde gelegt werden, deren Höhe exponentialverteilt ist:

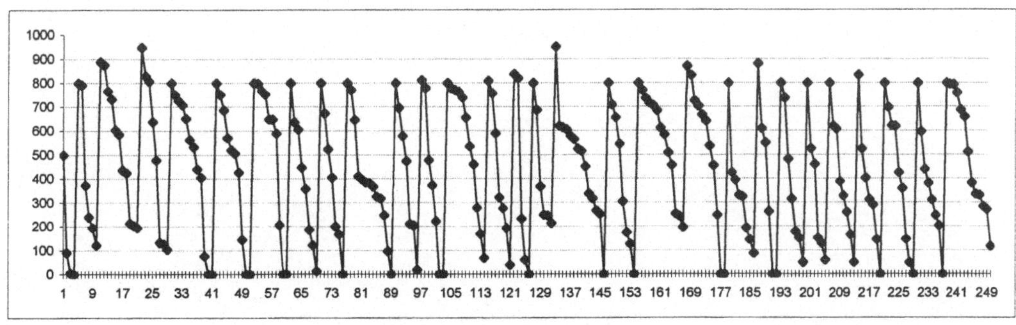

Bild 11-9 Entwicklung des Lagerbestandes bei exponentialverteilten Auftragseingängen

Es lassen sich deutlich Phasen erkennen, in denen nur sehr geringe Lagerabgänge stattfinden, während auf der anderen Seite häufiger sehr starke einzelne Lagerreduzierungen vorkommen, die dann in der Folge zu entsprechenden Fehlmengenkosten führen können. Sollen die Fehlmengen nicht zu groß werden, muß ein höherer Durchschnittsbestand in Kauf genommen werden.

Im Schnitt liegen die Gesamtkosten bei exponentialverteilten Auftragseingängen höher als bei gleichverteilten. Bei einigen Versuchen mit identischer Bestellpolitik für beide Varianten ergaben sich für die Exponentialverteilung Gesamtkosten, die etwa um ein Drittel höher als bei Gleichverteilung lagen. Bedingt wird dies durch einen etwas höheren Durchschnittsbestand, da die Ausreißer nach unten auf 0 begrenzt sind, sowie höhere Fehlmengenkosten. Der Grund dafür ist im wesentlichen die deutlich größere Streuung gegenüber der Gleichverteilung. Diese kann natürlich einerseits vom Anwender durch die Wahl der Grenzen beeinflußt werden, was beim Durchführen der Simulationen zu berücksichtigen ist. Andererseits liegt selbst die im Beispiel gewählte maximale Streuung der Gleichverteilung - mit 0 als unterer Grenze - zwangsläufig immer wesentlich niedriger als die einer Exponentialverteilung mit gleichem Erwartungswert.

Die Hauptaufgabe eines solchen Simulationsmodells besteht natürlich vor allem darin, die Bestellpolitik - hier konkret den durch die Mindestmenge gegebenen Bestellzeitpunkt sowie die Bestellmenge - für eine vorgegebene, meist empirisch ermittelte Verteilung der Auftragseingänge zu optimieren. Die Ergebnisse des Vergleichs unterschiedlich verteilter Auftragseingänge könnten jedoch auch Anlaß dafür sein, den dispositiven Rahmen mittelfristig zu erweitern. Z.B. könnten den Hauptabnehmern Preisnachlässe angeboten werden, wenn diese anstelle von unregelmäßigen Aufträgen feste regelmäßige Liefermenge beziehen. Die Wirkung solcher Vertragsgestaltungen auf die bisher exogen gegebene Verteilung der Aufträge und damit auf die Gesamtkosten kann ebenfalls durch eine Simulation abgeschätzt werden. Auf diese Art läßt sich einerseits der Nutzen solcher Maßnahmen für das Unternehmen, andererseits der Spielraum für die Preispolitik untersuchen.

12 Formel-Übersetzer

12.1 Einführung

Das Projekt dieses Kapitels unterscheidet sich deutlich von den vorangegangenen, da es sich nicht um eine Simulation handelt. Es wird statt dessen gezeigt, wie man mit relativ einfachen Mitteln eine Formel vom Benutzer einlesen und weiterverarbeiten kann.

Es handelt sich damit um einen Einstieg in das Gebiet der Simulationssprachen, deren Bedeutung für die Modelleingabe bereits in Abschnitt 6.2.5 ausführlich dargestellt wurde. Für eine umfangreichere Sprache können die abgedruckten Programmteile direkt übernommen und den Anforderungen entsprechend ergänzt werden. Die vorgestellte Vorgehensweise ist zwar - insbesondere für größere Sprachen - nicht so einfach wie die Verwendung von Compilerbau-Werkzeugen wie LEX und YACC, erlaubt aber einen einfachen Einstieg und ist für jedes System und jede Programmiersprache möglich. Die praktische Eignung zeigte sich bei einem größeren Projekt, bei dem schrittweise eine Simulationssprache entstand, deren Mächtigkeit durchaus mit Pascal vergleichbar ist (vgl. Heike/Sauerbier 1996).

12.2 Theoretische Grundlagen

12.2.1 Sprachdefinition

Ausgangspunkt der Überlegungen ist die Definition der vom Programm zu lesenden Sprache, die hier einer Formeldefinition entspricht. Um die Implementierung möglichst einfach und kurz zu halten werden als Elemente nur ganze Zahlen, eine Variable namens X, die vier Grundrechenarten und Klammern zugelassen. Die Sprache wird mit einer vereinfachten Backus-Naur-Form (BNF) beschrieben:

Ausdruck	:=	*Term* {("+" | "-") *Term*}
Term	:=	*Vorzeichenfaktor* {("*" | "/") *Vorzeichenfaktor*}
Vorzeichenfaktor	:=	["-"] *Faktor*
Faktor	:=	"x" | *Zahl* | "(" *Ausdruck* ")"
Zahl	:=	*Ziffer* {*Ziffer*}
Ziffer	:=	"0" | "1" | "2" | "3" | "4" | "5" | "6" | "7" | "8" | "9"

Diese Beschreibungsform enthält mehrere Metazeichen, die folgende Bedeutung besitzen:

"..."	Zeichen in Anführungszeichen werden exakt so in der Sprache geschrieben
|	damit werden Alternativen getrennt, von denen genau eine vorkommen muß
(...)	klammert eine Gruppe (z.B. von Alternativen) ein
[...]	der Teil in eckigen Klammern kann keinmal oder einmal vorkommen
{...}	der Teil in geschweiften Klammern kann keinmal, einmal oder mehrmals vorkommen

Die kursiv geschriebenen Wörter in der Definition entsprechen einem komplexeren Teil, der in einer eigenen Definitionszeile beschrieben wird. Auf diese Art wird zugleich die Priorität der

Operationen festgelegt. So befindet sich die Definition *Term* mit den Punktoperationen in einer tieferen Ebene als *Ausdruck* mit den Strichoperationen. Da tiefere Operationen zuerst abgearbeitet werden, wird damit automatisch die bekannte Prioritätsregel *Punktrechnung vor Strichrechnung* realisiert. Durch Hinzufügen von Klammern läßt sich dies anhand eines Beispiels wie folgt darstellen:

1 * 2 + 3 * 4 = (1 * 2) + (3 * 4)

Wichtig ist weiterhin die Tatsache, daß ein *Faktor* ein geklammerter *Ausdruck* sein kann, also ein Objekt einer höheren Ebene. Die Definition ist demnach - den bekannten Regeln der Mathematik entsprechend - rekursiv angelegt. Das bedingt, daß sowohl die Algorithmen als auch die Datenstrukturen rekursiv sein müssen.

Innerhalb einer Prioritätsebene wird von links nach rechts vorgegangen. Die Notwendigkeit wird an folgendem Ausdruck deutlich:

1 - 2 + 3 = (1 - 2) + 3 ≠ 1 - (2 + 3)

Der Operand "2" gehört in diesem Beispiel zum linken Operator ("-"), was als *links-assoziativ* bezeichnet wird. Damit kann ein Übersetzer einfach von links nach rechts vorgehen und für jeden Operanden sofort entscheiden, zu welchem Operator er gehört. Dies gilt nicht für die Potenz-Operation, die hier durch "^" dargestellt wird:

2^3^2 = 2^(3^2) ≠ (2^3)^2

Der Potenz-Operator ist also *rechts-assoziativ*, so daß ein Übersetzer über die Zugehörigkeit des Operanden zu einem Operator erst dann entscheiden kann, wenn er mindestens das darauf folgende Zeichen eingelesen hat. Dies erschwert die Realisierung des Übersetzers und dürfte auch ein Grund dafür sein, daß in vielen Programmiersprachen wie Pascal oder C keine direkte Potenz-Operation verfügbar ist und nur über einen Funktionsaufruf realisiert wird. Dieses Beispiel zeigt zudem, daß man bei der Definition einer Sprache schon ihre Realisierbarkeit im Auge haben muß. Im Zweifel sollte man sich deshalb an einem relativ einfach zu implementierenden Sprachkonzept wie dem von Pascal orientieren.

12.2.2 Aufbau des Übersetzers

In Abschnitt 6.3.4 wurden bereits einige Grundlagen zum Thema Übersetzerbau behandelt, die hier nicht noch einmal wiederholt werden. Die nachfolgenden Ausführungen beschränken sich auf die möglichst einfach gehaltene Realisierung der im letzten Abschnitt beschriebenen Sprache und abstrahieren dabei von komplexeren Dingen wie Verwaltung einer Symboltabelle, Typprüfungen usw.

Der Grundaufbau läßt sich grafisch so darstellen:

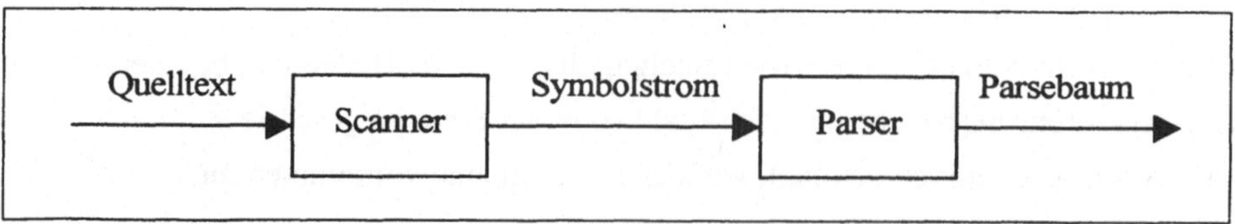

Bild 12-1 Aufbau des Formel-Übersetzers

Der Scanner hat die Aufgabe, aus dem aus einzelnen Zeichen bestehenden Quelltext einen Strom von Symbolen, sogenannten *Tokens*, zu erzeugen. Dabei übernimmt er unter anderem folgende Hauptaufgaben:

- Zusammenfassen mehrerer Zeichen zu einem Symbol. In dem vorgestellten Beispiel werden Zahlen aus einzelnen Ziffern zusammengesetzt. In normalen Programmiersprachen sind dies darüber hinaus Schlüsselwörtern, Namen von Bezeichnern und zusammengesetzte Symbole, z.B. das Zuweisungszeichen ":=" in Pascal.
- Ausblenden von Trennern wie Leerzeichen, Tabulatorsprüngen und Zeilenschaltungen.
- Überspringen von Kommentaren (hier nicht vorgesehen).

Das Ergebnis ist ein Strom von Symbolen, die vom Parser weiterverarbeitet werden können.

Der Parser hat vor allem die Aufgabe, den Quelltext auf korrekte Syntax zu überprüfen, wie sie in der BNF im letzten Abschnitt festgelegt wurde. Parallel dazu wird eine Darstellung erzeugt, die als *Parsebaum* oder *Syntaxbaum* bezeichnet wird.

Als Form der Realisierung wird ein sogenannter *prädiktiver Parser* verwendet, der für jede Zeile der BNF genau eine Funktion enthält. Ausgenommen davon sind die beiden letzten, also Zahlen und Ziffern, die bereits von Scanner bearbeitet und als fertige Symbole an den Parser weitergegeben werden.

Der Parsebaum repräsentiert den Quelltext in einer direkt weiterverarbeitbaren Form. Die Knoten des Baums entsprechen Operatoren, deren Operanden als Verweise auf Unterbäume angegeben sind. Die Blätter des Baums, d.h. die jeweils untersten Ebenen, werden durch Zahlen und Variablen gebildet. Hier ein Beispiel:

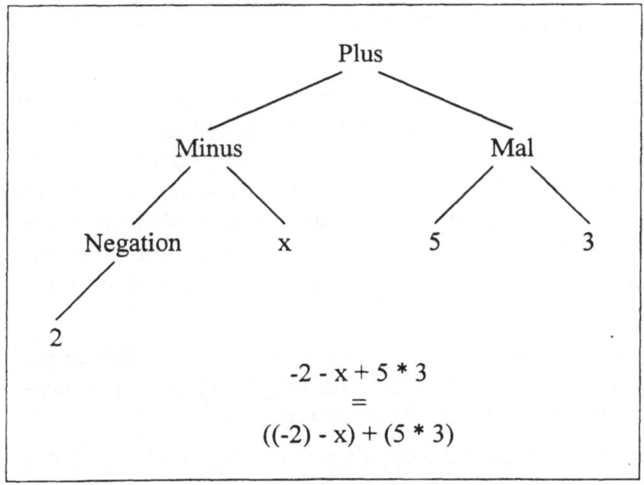

Bild 12-2 Beispiel eines Parsebaums

Im Normalfall wird der Parsebaum von nachfolgenden Teilen des Übersetzers, dem sogenannten *Backend*, weiterverarbeitet und in eine lineare Liste von Anweisungen für einen Prozessor oder eine virtuelle Maschine überführt. Dieser Vorgang ist relativ aufwendig und in den meisten Fällen plattformabhängig, was dem universellen Einsatz in einem Simulationssystem entgegensteht.

Statt dessen wird in diesem Kapitel eine Methode vorgestellt, die direkt auf der Baumstruktur aufsetzt. Der Baum wird dabei von der Wurzel ausgehend jeweils bis zum Erreichen eines Blatts durchlaufen. Anschließend wird wieder soweit nach oben gegangen, bis noch ein unbearbeiteter Teilbaum erscheint, der dann erneut bearbeitet wird. Dieses Verfahren wird *Depth-First* genannt und erlaubt das eindeutige Abarbeiten des gesamten Parsebaums.

Bei einer so einfachen Struktur wie der hier verwendeten Formelsprache kann die gesamte Abarbeitung - also das Ausführen des Programms - mit einer einzigen Funktion realisiert werden, die für jeden Operator sowie Zahl und Variable einen Zweig einer Mehrfachverzweigung enthält.

Dieses Grundprinzip kann auch bei komplexeren Sprachen eingesetzt werden. Dann ist jedoch - analog zum prädiktiven Parser - für jeden Befehl eine eigene Prozedur bzw. Funktion sinnvoll. Sofern eine Sprache Prozeduren und Funktionen enthält, muß der Baum durch entsprechende Zeiger für die Unterprogrammaufrufe ergänzt werden.

12.3 Implementierung

Die Implementierung besteht lediglich aus drei Klassen und einem kurzen Hauptprogramm zum Testen.

Die Objekte der Klasse *Parsebaum* enthalten

- die Angabe des Operators bzw. die Angabe, ob es sich um eine Zahl oder Variable handelt,
- Zeiger auf zwei Unterbäume, also weitere Objekte der Klasse *Parsebaum*, und
- einen Speicher für einen konstanten Zahlenwert für den Fall, daß es sich um ein Blatt vom Typ *Zahl* handelt.

Die vollständige Struktur stimmt mit der in Bild 12-2 dargestellten überein, wobei die Knoten den Objekten der Klasse *Parsebaum* entsprechen. An öffentlichen Methoden sind nur das Erzeugen des Objekts und das Ausführen des eingelesenen Programms notwendig. Letzteres entspricht hier einem Funktionsaufruf mit dem Wert der Variablen als Argument, der den Funktionswert gemäß der vom Benutzer eingegebenen Formel zurückgibt. Zusätzlich wurde eine Funktion implementiert, die den Parsebaum durch die Ausgabe der Formel mit einer dem Baum entsprechenden Klammerung darstellt und vor allem Testzwecken sowie dem besseren Verständnis der Arbeitsweise dient.

Auch für Sprachen mit Anweisungen usw. sieht die Struktur ähnlich aus. Sie muß aber in der Regel zusätzlich um Typangaben u.ä. und die Möglichkeit einer beliebigen Anzahl von Unterobjekten, z.B. für Prozeduraufrufe mit vielen Parametern, erweitert werden.

Der Scanner, von dem genau ein Objekt als Unterstruktur des Parsers erzeugt wird, erhält den Quelltext in Form eines Strings. Mit Hilfe eines Zeigers für die bisher erreichte Position im Quelltext arbeitet er die einzelnen Symbole schrittweise ab und übergibt das jeweils nächste beim Aufruf an den Parser. Um die Position eines möglichen Fehlers im Quelltext genau lokalisieren zu können, wird die Anfangsposition des letzten übergebenen Symbols abgespeichert. Da aber Symbole nur durch einen einzigen Integer-Wert repräsentiert werden, muß für Symbole vom Typ *Zahl* deren konkreter Wert für eine anschließende Abfrage des Parsers abgespeichert werden.

Die Grundstruktur des Scanners kann auch bei komplexeren Sprachen weitgehend beibehalten werden. Die zentrale Methode *gibNaechstesSymbol* ist dazu um die zusätzlich benötigten Symbole der Sprache zu erweitern. Zusätzlich sollte das Einlesen von Zahlen, Schlüsselwörtern und

Bezeichnern in eigene Unterprogramme ausgelagert werden. Für letztere ist zudem der Zugriff auf eine dann notwendige Symboltabelle erforderlich.

Der interessanteste Teil des Programms ist der Parser, der mit nur einer einzigen öffentlichen Funktion auskommt, die den String des Quelltextes einliest und einen Parsebaum zurückgibt. Den Kern des Parsers bilden die vier Funktionen *parse...*, mit denen jeweils genau eine Zeile der BNF realisiert wird. Die Fehlerbehandlung ist einerseits relativ komfortabel, da in der Funktion *meldeFehler* die Fehlerposition im Quelltext exakt markiert und die Art des Fehlers im Klartext angezeigt wird. Andererseits wird zur Vereinfachung die gesamte Ausführung des Programms mit *exit* beendet, was bei einem größeren System dem kompletten Ausstieg aus der Simulationsumgebung entsprechen würde.

Auch beim Parser liegt eine Struktur vor, die eine gute Grundlage für Erweiterungen bietet. Wird eine vorhandene Zeile der BNF ergänzt, z.B. die Zeile *Term* um die aus Pascal bekannte ganzzahlige Division mit *DIV*, so wird die dafür vorhandene Funktion entsprechend erweitert. Kommen zusätzliche Konstrukte hinzu, z.B. die Zuweisung oder der Aufruf von Standardfunktionen, sind dafür neue Funktionen der Form *parse...* zu implementieren. Ergänzt werden muß in der Regel auch eine Typprüfung, wenn unterschiedliche Typen wie z.B. INTEGER, FLOAT und BOOLEAN auftreten können, sowie gegebenenfalls eine implizite Typumwandlung von INTEGER nach FLOAT.

Das Hauptprogramm dient in diesem Beispiel vor allem dem Test. Es wird zunächst ein Quelltext als String von der Tastatur eingelesen und vom Parser in einen Parsebaum umgewandelt. Dieser wird dann auf dem Bildschirm mit hinzugefügten Klammern angezeigt, um das Vorgehen des Parsers besser nachvollziehen zu können. Bei späteren Erweiterungen, die auch Anweisungen umfassen, empfiehlt sich an dieser Stelle eher eine hierarchische Struktur, bei der die einzelnen Knoten in einer eigenen Zeile stehen und ihrer Ebene entsprechend eingerückt sind. Die eigentliche Ausführung des vom Benutzer eingegebenen Programms besteht im Berechnen von Funktionswerten und wird anhand einer Wertetabelle demonstriert.

Hier das vollständige Programm:

```
// Datei: formel.cpp
// Formel-Uebersetzer

# include <stdlib.h>
# include <stdio.h>


//***** Klassen-Deklarationen *****

typedef class Parsebaum *Baumzeiger;

class Parsebaum
  {
    public:
      Parsebaum (int op, Baumzeiger op1, Baumzeiger op2, int w);

      void  anzeigen ();
      float WertFuer (float x);

    private:
      int         Operator;
      Baumzeiger Operand1, Operand2;
      int         Wert;
  };
```

```
class Scanner
  {
    public:
      Scanner ();

      void init (char* s);
      int  gibNaechstesSymbol ();
      int  gibZahl ();
      int  SymbolPosition ();

    private:
      char* String;
      int   Position;
      int   PositionSymbol;
      int   Wert;
  };

class Parser
  {
    public:
      Baumzeiger parse (char* s);

    private:
      void leseNaechstesSymbol ();
      void meldeFehler (char* s);

      Baumzeiger parseAusdruck ();
      Baumzeiger parseTerm ();
      Baumzeiger parseVorzeichenfaktor ();
      Baumzeiger parseFaktor ();

      char*   Term;
      Scanner scanner;
      int     aktSymbol;
  };


//***** Token-Konstanten *****
const UNBEKANNT  = 0;
const PLUS       = 1;
const MINUS      = 2;
const MAL        = 3;
const GETEILT    = 4;
const KLAMMERAUF = 5;
const KLAMMERZU  = 6;
const VARIABLE   = 7;
const ZAHL       = 8;
const ENDE       = 9;

const NEGATION   = 10;


//***** Klassen-Implementierungen *****
//+++++ Klasse Parsebaum +++++
Parsebaum::Parsebaum (int op, Baumzeiger op1, Baumzeiger op2, int w)
```

```
// Konstruktor
  {
    Operator = op;
    Operand1 = op1;
    Operand2 = op2;
    Wert     = w;
  }


void Parsebaum::anzeigen ()
// gibt den Parsebaum als Term auf dem Bildschirm aus
  {
    switch (Operator)
      {
        case PLUS:      printf ("(");
                        (*Operand1).anzeigen ();
                        printf ("+");
                        (*Operand2).anzeigen ();
                        printf (")");
                        break;
        case MINUS:     printf ("(");
                        (*Operand1).anzeigen ();
                        printf ("-");
                        (*Operand2).anzeigen ();
                        printf (")");
                        break;
        case MAL:       printf ("(");
                        (*Operand1).anzeigen ();
                        printf ("*");
                        (*Operand2).anzeigen ();
                        printf (")");
                        break;
        case GETEILT:   printf ("(");
                        (*Operand1).anzeigen ();
                        printf ("/");
                        (*Operand2).anzeigen ();
                        printf (")");
                        break;
        case NEGATION:  printf ("-");
                        (*Operand1).anzeigen ();
                        break;
        case VARIABLE:  printf ("x");
                        break;
        case ZAHL:      printf ("%d", Wert);
      }
  }


float Parsebaum::WertFuer (float x)
// gibt den Wert des Ausdrucks fuer Variable = x zurueck
  {
    float nenner;

    switch (Operator)
      {
        case PLUS:      return ((*Operand1).WertFuer(x) +
                                (*Operand2).WertFuer(x));
```

```
        case MINUS:     return ((*Operand1).WertFuer(x) -
                                (*Operand2).WertFuer(x));
        case MAL:       return ((*Operand1).WertFuer(x) *
                                (*Operand2).WertFuer(x));
        case GETEILT:   nenner = (*Operand2).WertFuer(x);
                        if (nenner == 0.0)
                          {
                            printf ("Fehler: Division durch 0!");
                            exit (1);
                          }
                        return ((*Operand1).WertFuer(x) / nenner);
        case NEGATION:  return (-(*Operand1).WertFuer(x));
        case VARIABLE:  return (x);
        case ZAHL:      return (Wert);
      }
  }


//+++++ Klasse Scanner +++++
Scanner::Scanner ()
// Default-Konstruktor
  {
    String   = "";
    Position = 0;
  }


void Scanner::init (char* s)
// initialisiert den Scanner mit dem Input-String
  {
    String   = s;
    Position = 0;
  }


int Scanner::gibNaechstesSymbol ()
// scannt den Input-String und gibt das naechste Symbol zurueck
  {
    char aktChar;
    int  symbol;

    // naechstes Zeichen einlesen
    while ((aktChar = String[Position]) == ' ')
      Position = Position + 1;
    PositionSymbol = Position;

    if (String[Position] == 0)
      return (ENDE);

    Position = Position + 1;

    // Symbol auswerten
    if (aktChar == '+')
      {return (PLUS);}

    if (aktChar == '-')
      {return (MINUS);}
```

```
      if (aktChar == '*')
        {return (MAL);}

      if (aktChar == '/')
        {return (GETEILT);}

      if (aktChar == '(')
        {return (KLAMMERAUF);}

      if (aktChar == ')')
        {return (KLAMMERZU);}

      if ((aktChar == 'x') || (aktChar == 'X'))
        {return (VARIABLE);}

      if ((aktChar >= '0') && (aktChar <= '9'))
        {
          Wert = aktChar - '0';
          while ((String[Position] >= '0') &&
                 (String[Position] <= '9'))
            {
              Wert = Wert*10 + (String[Position] - '0');
              Position = Position + 1;
            }
          return (ZAHL);
        }

      return (UNBEKANNT);
    }


int Scanner::gibZahl ()
// gibt den letzten eingelesenen Zahlenwert zurueck
  {return (Wert);}


int Scanner::SymbolPosition ()
// gibt die Anfangsposition des letzten Symbols zurueck
  {return (PositionSymbol);}


//+++++ Klasse Parser +++++
void Parser::leseNaechstesSymbol ()
// ruft das naechste Symbol vom Scanner ab
  {aktSymbol = scanner.gibNaechstesSymbol ();}


void Parser::meldeFehler (char* s)
// meldet einen Fehler und bricht die Ausfuehrung ab
  {
    int i;

    printf ("%s\n", Term);
    for (i=0; i<scanner.SymbolPosition(); i=i+1)
      printf (" ");
    printf ("^\n\n");
```

```
    printf ("Fehler: %s\n", s);
    exit (1);
  }


Baumzeiger Parser::parse (char* s)
// startet den Parse-Lauf fuer die gesamte Formel
  {
    Baumzeiger baum;

    Term = s;
    scanner.init (s);

    leseNaechstesSymbol ();
    baum = parseAusdruck ();
    if (aktSymbol != ENDE)
      meldeFehler ("unerwartetes Zeichen");
    return (baum);
  }


Baumzeiger Parser::parseAusdruck ()
// liest einen Ausdruck ein
// Ausdruck := Term {("+"|"-") Term}
  {
    int op;
    Baumzeiger baum, op2;

    baum = parseTerm ();
    while ((aktSymbol == PLUS) | (aktSymbol == MINUS))
      {
        op = aktSymbol;
        leseNaechstesSymbol ();
        op2 = parseTerm ();
        baum = new Parsebaum (op, baum, op2, 0);
      }
    return (baum);
  }


Baumzeiger Parser::parseTerm ()
// liest einen Term ein
// Term := Vorzeichenfaktor {("*"|"/") Vorzeichenfaktor}
  {
    int op;
    Baumzeiger baum, op2;

    baum = parseVorzeichenfaktor ();
    while ((aktSymbol == MAL) | (aktSymbol == GETEILT))
      {
        op = aktSymbol;
        leseNaechstesSymbol ();
        op2 = parseVorzeichenfaktor ();
        baum = new Parsebaum (op, baum, op2, 0);
      }
    return (baum);
  }
```

```
Baumzeiger Parser::parseVorzeichenfaktor ()
// liest einen vorzeichenbehafteten Faktor ein
// Vorzeichenfaktor := ["-"] Faktor
  {
    int vorzeichen = 0;
    Baumzeiger baum;

    if (aktSymbol == MINUS)
      {
        vorzeichen = 1;
        leseNaechstesSymbol ();
      }
    baum = parseFaktor ();
    if (vorzeichen == 1)
      baum = new Parsebaum (NEGATION, baum, NULL, 0);
    return (baum);
  }


Baumzeiger Parser::parseFaktor ()
// liest einen Faktor ein
// Faktor := "x" | Zahl | "(" Ausdruck ")"
  {
    Baumzeiger baum;

    if (aktSymbol == VARIABLE)
      baum = new Parsebaum(VARIABLE, NULL, NULL, 0);
    else if (aktSymbol == ZAHL)
      baum = new Parsebaum(ZAHL, NULL, NULL, scanner.gibZahl());
    else if (aktSymbol == KLAMMERAUF)
      {
        leseNaechstesSymbol ();
        baum = parseAusdruck ();
        if (aktSymbol != KLAMMERZU)
          meldeFehler ("')' erwartet");
      }
    else if (aktSymbol == UNBEKANNT)
      meldeFehler ("unbekanntes Symbol");
    else if (aktSymbol == ENDE)
      meldeFehler ("unerwartetes Ende");
    else
      meldeFehler ("unerwartetes Symbol");

    leseNaechstesSymbol ();
    return (baum);
  }


//***** Hauptprogramm *****
void main ()
  {
    // Variablen-Definitionen
    char        Term[200];
    Parser      parser;
    Baumzeiger PBaum;
```

```
    float      x;

    //Term einlesen
    printf ("Term eingeben: ");
    scanf ("%[^\n]", Term);
    printf ("\n");

    // Term parsen und Ergebnis anzeigen
    PBaum = parser.parse (Term);
    (*PBaum).anzeigen();
    printf ("\n\n");

    // Wertetabelle fuer Term berechnen
    printf ("  x    f(x)\n");
    printf ("----  ------\n");
    for (x=0.0; x<=10.0; x=x+1)
      printf ("%4.1f  %6.1f\n", x, (*PBaum).WertFuer(x));

}
```

12.4 Ergebnisse

Um die Wirkung des Programm zu verdeutlichen, werden in diesem Abschnitt einige Ausgaben des Programms auf verschiedene Benutzereingaben beschrieben.

Die Eingabe der Formel

-2-x+5*3

erzeugt folgende Ausgabe:

```
((-2-x)+(5*3))
```

Dieses Ergebnis entspricht genau dem in Bild 12-2 dargestellten Parsebaum. Die äußere Klammer wurde hinzugefügt, um zur Vereinfachung des Programms keine Unterscheidung zwischen oberster und tieferliegenden Ebenen vornehmen zu müssen.

Als Wertetabelle wird ausgegeben:

```
   x     f(x)
----   ------
 0.0     13.0
 1.0     12.0
 2.0     11.0
 3.0     10.0
 4.0      9.0
 5.0      8.0
 6.0      7.0
 7.0      6.0
 8.0      5.0
 9.0      4.0
10.0      3.0
```

In einer erweiterten Realisierung könnten die Grenzen und die Schrittweite ebenfalls vom Benutzer eingegeben werden, so daß sich praktisch nutzbare Wertetabellen erstellen lassen.

Fehlerhafte Benutzereingaben werden vom Programm genau lokalisiert. Z.B. erzeugt die Eingabe

2*y+3

die Ausgabe

```
2*y+3
  ^
Fehler: unbekanntes Symbol
```

Dieser Fehler wird in der Funktion *parseFaktor* erzeugt, die vom Scanner das Symbol *UNBEKANNT* erhält.

Interessant ist die Reaktion, die auf die Eingabe

2+3 4

erfolgt:

```
2+3 4
    ^
Fehler: unerwartetes Zeichen
```

Der Parser hat den ersten Teil der Eingabe korrekt als 2+3 interpretiert und - da weder ein "+" noch ein "-" folgen - die Abarbeitung beendet. Damit muß auch der Quelltext zu Ende sein. Der Parser prüft deshalb, ob das Endes des Programms bzw. der Formel erreicht ist. Wenn nicht, wird das folgende Symbol als Fehler markiert.

Anhang

A.1 Statistische Grundlagen

Es wird im folgenden jeweils davon ausgegangen, daß ein Merkmal X untersucht werden soll und eine Menge von n Werten $x_1, x_2, \ldots, x_n$ vorliegt.

Eine wichtige Kenngröße ist der Durchschnitt einer Größe, der bei den meisten metrischen Merkmalen dem *arithmetischen Mittel* entspricht. Dieses ist wie folgt definiert:

$$\bar{x} = \frac{1}{n}\sum_{i=1}^{n} x_i \qquad (A.1)$$

Neben metrischen Merkmalen werden oft auch dichotome betrachtet, bei denen es nur zwei mögliche Ausprägungen gibt, z.B. Eigenschaft trifft zu bzw. trifft nicht zu. In diesem Fall wird anstelle des arithmetischen Mittels der *Anteilswert* verwendet:

$$p = \frac{1}{n}\sum_{i=1}^{n} x_i \qquad \text{mit} \qquad x_i = \begin{cases} 0 & \text{für A trifft nicht zu} \\ 1 & \text{für A trifft zu} \end{cases} \qquad (A.2)$$

Eine weitere wichtige Größe ist die Streuung der einzelnen metrischen Werte. Aufgrund verschiedener erwünschter statistischer Eigenschaften wird dafür vor allem die *Varianz* verwendet, die der mittleren quadratischen Abweichung der Einzelwerte vom Mittelwert entspricht:

$$s^2 = \frac{1}{n}\sum_{i=1}^{n} (x_i - \bar{x})^2 \qquad (A.3)$$

Der Nachteil dieser Formel besteht darin, daß der Mittelwert erst bekannt ist, wenn alle Werte vorhanden sind. Diese müssen deshalb alle für die anschließende Berechnung der Varianz gespeichert werden. Aus diesem Grund wird praktisch ausschließlich eine äquivalente Formel verwendet, die sich durch Umformung nach dem sogenannten Verschiebungssatz aus A.3 ergibt:

$$s^2 = \frac{1}{n}\sum_{i=1}^{n} (x_i^2) - \bar{x}^2 = \frac{1}{n}\sum_{i=1}^{n} (x_i^2) - \left(\frac{1}{n}\sum_{i=1}^{n} x_i\right)^2 \qquad (A.4)$$

Diese Form ist besonders für eine Implementierung in einem Programm gut geeignet. Wie die Schreibweise ganz rechts zeigt, werden zur Berechnung nämlich nur drei Variablen für n, Σx_i und Σx_i^2 benötigt. Zu beachten ist die Gefahr größerer Rundungsfehler bei Verwendung von A.4, da die Differenz zweier meist sehr großer Zahlen gebildet wird. In der Implementierung sollten aus diesem Grund Variablen mit maximaler Genauigkeit eingesetzt werden, in C also z.B. vom Typ *double* statt *float*. In der Literatur werden zudem auch alternative Formeln vorgeschlagen, die einen geringeren Fehler aufweisen (vgl. Siegert 1991, S. 166).

Der Nachteil der Varianz besteht darin, daß es sich um eine abstrakte Größe handelt, die nicht einmal in der Einheit der ursprünglichen Werte, sondern in deren Quadrat angegeben wird. Deshalb wird für die Analyse überwiegend die *Standardabweichung* betrachtet, die der positiven Wurzel der Varianz entspricht:

$$s = +\sqrt{s^2} \tag{A.5}$$

Die genannten Formeln gehen davon aus, daß alle interessierenden Werte in die Berechnung einbezogen wurden und stammen damit aus der deskriptiven Statistik. Bei Simulationen gibt es jedoch eine theoretisch unendlich große Zahl möglicher Ergebnisse, während sich jede Berechnung nur auf eine kleine Zahl von Werten stützt, also eine Stichprobe einer unendlich großen Grundgesamtheit. Gesucht sind der Mittelwert μ (My) und die Standardabweichung σ (Sigma) der Grundgesamtheit. Diese Größen sind nicht bekannt und sollen aus den Werten der Stichprobe geschätzt werden. Deshalb müssen Formeln angewandt werden, die aus der schließenden (induktiven) Statistik stammen.

Es gilt, daß der Erwartungswert des Mittelwertes $\bar{x}$ dem Mittelwert μ entspricht. Damit eignet sich $\bar{x}$ als *Schätzwert* (*Punktschätzer*) für μ, wobei das "Dach" auf dem μ die Schätzung bezeichnet:

$$\hat{\mu} = \bar{x} = \frac{1}{n}\sum_{i=1}^{n} x_i \tag{A.6}$$

Ähnliches gilt für den Erwartungswert Θ (Theta) des Anteilswertes:

$$\hat{\Theta} = p = \frac{1}{n}\sum_{i=1}^{n} x_i \qquad \text{mit} \quad x_i = \begin{cases} 0 & \text{für A trifft nicht zu} \\ 1 & \text{für A trifft zu} \end{cases} \tag{A.7}$$

Für die Varianz bzw. Standardabweichung muß eine gegenüber A.3 geänderte Formel verwendet werden, da s^2 kein erwartungstreuer, d.h. unverzerrter Punktschätzer für σ^2 ist. Es gilt vielmehr:

$$\hat{\sigma}^2 = \frac{1}{n-1}\sum_{i=1}^{n}(x_i - \bar{x})^2 \tag{A.8}$$

Wie schon die Formel A.3 besitzt auch A.8 den Nachteil einer relativ aufwendigen Umsetzung innerhalb eines Programms. Doch auch hier läßt sich mittels des Verschiebungssatzes eine geeignete Umformung finden:

$$\begin{aligned} \hat{\sigma}^2 &= \frac{1}{n-1}\sum_{i=1}^{n}(x_i - \bar{x})^2 \\ &= \frac{n}{n-1}\cdot\frac{1}{n}\sum_{i=1}^{n}(x_i - \bar{x})^2 \\ &= \frac{n}{n-1}\cdot s^2 \\ &= \frac{1}{n-1}\left[\sum_{i=1}^{n}(x_i^2) - \frac{1}{n}\cdot\left(\sum_{i=1}^{n} x_i\right)^2\right] \end{aligned} \tag{A.9}$$

Mit $\hat{\mu}$ steht zwar ein Schätzwert für den gesuchten Mittelwert μ zur Verfügung, es ist jedoch nicht erkennbar, wie vertrauenswürdig bzw. genau dieser ist. Hierfür wird im Rahmen einer *Intervallschätzung* ein sogenanntes *Konfidenzintervall* berechnet, das eine Aussage der folgenden Art erlaubt: "Mit einer Wahrscheinlichkeit von x% liegt der gesuchte Mittelwert μ zwischen einer unteren Grenze μ_u und einer oberen Grenze μ_o." Die mit x angegebene Größe wird als *Konfidenzniveau* bezeichnet und oft auch als 1-α geschrieben. Dabei ist α die *Irrtumswahrscheinlichkeit*, mit der sich der gesuchte Wert doch außerhalb des Konfidenzintervalls [μ_u; μ_o] befindet. Das Konfidenzniveau, das üblicherweise bei 90, 95 oder 99% liegt, wird vom Anwender vorgegeben. Zusammen mit den Werten x_i kann daraus das Konfidenzintervall berechnet werden. Dem liegen folgende Überlegungen zugrunde:

Der aufgrund der Stichprobe bestimmte Mittelwert $\overline{x}$ stellt eine Zufallsvariable dar, die um den Wert μ in Form einer *Student-Verteilung* (auch *t-Verteilung* genannt) streut. Für die Streuung des Mittelwertes gilt folgende Standardabweichung:

$$\hat{\sigma}_{\overline{X}} = \frac{s}{\sqrt{n-1}} \tag{A.10}$$

In der Literatur wird meist im Nenner n anstelle von n-1 angegeben. Dies ergibt sich dadurch, daß zuvor bei der Formel zur Schätzung der Varianz n-1 anstelle von n verwendet wurde (Formel A.8). Beide Formeln sind somit äquivalent, legen aber eine andere Definition für s zugrunde.

Aus dem Mittelwert, der Streuung und der Art der Verteilung kann das zweiseitige Konfidenzintervall nach folgender Formel berechnet werden:

$$\mu_{o,u} = \overline{x} \pm t_{n-1;1-\alpha/2} \cdot \hat{\sigma}_{\overline{X}} \tag{A.11}$$

Diese vereinfachte Schreibweise definiert die Grenzen des Intervalls symmetrisch um den Mittelwert $\overline{x}$. Der Wert $t_{n-a;1-\alpha/2}$ kann der Tabelle in Anhang A.2 entnommen werden.

Neben dem hier definierten üblichen zweiseitigen Konfidenzintervall kann mit derselben Formel alternativ auch ein einseitiges bestimmt werden. Dabei wird eine der beiden Grenzen durch $+\infty$ bzw. $-\infty$ ersetzt. Die verbleibende Grenze wird dann mit der vorgegebenen Wahrscheinlichkeit 1-α nicht unter- bzw. überschritten. Die t-Werte sind aus der entsprechenden Spalte für einseitige Intervalle zu entnehmen.

Sofern eine genügend große Zahl von Werten vorhanden ist - üblicherweise wird von n>30 ausgegangen -, kann die t-Verteilung durch die Standardnormalverteilung approximiert werden. Dies hat in der programmtechnischen Realisierung den Vorteil, daß anstelle einer großen Zahl möglicher t-Werte nur wenige, von n unabhängige z-Werte benötigt werden. Diese können direkt der folgenden Tabelle entnommen werden:

Tabelle A-1 z-Werte für das Berechnen von Konfidenzintervallen

	Konfidenzintervall	
	einseitig	zweiseitig
$\alpha = 0{,}01$	2,33	2,58
$\alpha = 0{,}05$	1,65	1,96
$\alpha = 0{,}1$	1,28	1,65

Für den Einsatz in einem Programm kann die Formel A.11 für das Konfidenzintervall durch einfaches Einsetzen so umgeformt werden, daß zum Berechnen nur noch die drei Variablen für n, Σx_i und Σx_i^2 benötigt werden:

$$\mu_{o,u} = \frac{1}{n} \cdot \sum_{i=1}^{n} x_i \pm z_{1-\alpha/2} \cdot \sqrt{\frac{1}{n-1} \cdot \left[\frac{1}{n} \cdot \sum_{i=1}^{n} (x_i^2) - \left(\frac{1}{n} \cdot \sum_{i=1}^{n} x_i \right)^2 \right]} \qquad (A.12)$$

Die absolute Genauigkeit wird in der Regel als die halbe Breite des Konfidenzintervalls betrachtet und entspricht damit dem zweiten Summanden der Formeln A.11 bzw. A.12. Um die Genauigkeit zu erhöhen, muß die Streuung des Mittelwertes verringert werden. Aus dessen Definitionsgleichung A.10 ergibt sich, daß diese etwa umgekehrt proportional zu $n^{1/2}$ ist. Für eine Verdoppelung der Genauigkeit muß also die vierfache Anzahl von Werten verwendet werden. Die Verbesserung der Genauigkeit des Simulationsergebnisses um eine Stelle bedingt demnach eine Verlängerung der Simulation um den Faktor 100.

In ähnlicher Weise läßt sich auch für den Anteilswert ein Konfidenzintervall bestimmen:

$$\Theta_{o,u} = p \pm z_{1-\alpha/2} \cdot \sqrt{\frac{p \cdot (p-1)}{n-1}} \qquad (A.13)$$

Diese Formel ist eine von mehreren möglichen in der Literatur verwendeten Approximationen (z.T. wird auch durch n statt durch n-1 geteilt), die nur verwendet werden sollte, wenn gilt: $n \cdot p \cdot (1-p) > 9$.

Soll der lineare Zusammenhang zweier Merkmale X und Y untersucht werden, läßt sich dieser durch den *Pearson'schen Korrelationskoeffizienten* r ausdrücken. Dazu wird zunächst die *Kovarianz* bestimmt:

$$s_{xy} = \frac{1}{n} \sum_{i=1}^{n} (x_i - \bar{x}) \cdot (y_i - \bar{y}) \qquad (A.14)$$

Wie schon bei der Varianz läßt sich - analog zur Formel A.4 - auch folgende äquivalente Form verwenden:

$$s_{xy} = \frac{1}{n} \sum_{i=1}^{n} (x_i \cdot y_i) - \bar{x} \cdot \bar{y} \qquad (A.15)$$

Der Pearson'schen Korrelationskoeffizienten r ergibt sich nach folgender Formel:

$$r = \frac{s_{xy}}{s_x \cdot s_y} \qquad (A.16)$$

Der Wert r ist auf den Wertebereich von -1 bis +1 normiert, wobei +1 einem exakten positiven, -1 einem negativen Zusammenhang entspricht. Werte nahe 0 lassen auf einen fehlenden linearen Zusammenhang schließen. Diese Einschränkung auf lineare Zusammenhänge ist wichtig, weil im Extremfall z.B. exakte quadratische Zusammenhänge zu r = 0 führen können und damit fälschlicherweise ein fehlender Zusammenhang suggeriert wird.

Es ist weiterhin wichtig festzuhalten, daß auf diese Art nur die Korrelation, nicht aber die Kausalität bestimmt wird. Z.B. könnte bei einem r nahe 1 die Größe X auf die Größe Y wirken oder umgekehrt. Ebenso ist es möglich, daß sich beide überhaupt nicht beeinflussen, sondern ihrerseits beide von einer unbekannten dritten Größe Z abhängen. Zudem besitzen sehr viele Größen eine positive Entwicklung über die Zeit (z.B. Aktienkurse, Bevölkerungszahlen, viele Zahlen zum technologischen Fortschritt usw.), so daß zwischen ihnen ein real nicht existierender Zusammenhang berechnet werden kann (sogenannte *Scheinkorrelation*).

A.2 Statistische Tabellen

Standardnormalverteilung

z	0,00	0,01	0,02	0,03	0,04	0,05	0,06	0,07	0,08	0,09
0,0	0,5000	0,5040	0,5080	0,5120	0,5160	0,5199	0,5239	0,5279	0,5319	0,5359
0,1	0,5398	0,5438	0,5478	0,5517	0,5557	0,5596	0,5636	0,5675	0,5714	0,5753
0,2	0,5793	0,5832	0,5871	0,5910	0,5948	0,5987	0,6026	0,6064	0,6103	0,6141
0,3	0,6179	0,6217	0,6255	0,6293	0,6331	0,6368	0,6406	0,6443	0,6480	0,6517
0,4	0,6554	0,6591	0,6628	0,6664	0,6700	0,6736	0,6772	0,6808	0,6844	0,6879
0,5	0,6915	0,6950	0,6985	0,7019	0,7054	0,7088	0,7123	0,7157	0,7190	0,7224
0,6	0,7257	0,7291	0,7324	0,7357	0,7389	0,7422	0,7454	0,7486	0,7517	0,7549
0,7	0,7580	0,7611	0,7642	0,7673	0,7704	0,7734	0,7764	0,7794	0,7823	0,7852
0,8	0,7881	0,7910	0,7939	0,7967	0,7995	0,8023	0,8051	0,8078	0,8106	0,8133
0,9	0,8159	0,8186	0,8212	0,8238	0,8264	0,8289	0,8315	0,8340	0,8365	0,8389
1,0	0,8413	0,8438	0,8461	0,8485	0,8508	0,8531	0,8554	0,8577	0,8599	0,8621
1,1	0,8643	0,8665	0,8686	0,8708	0,8729	0,8749	0,8770	0,8790	0,8810	0,8830
1,2	0,8849	0,8869	0,8888	0,8907	0,8925	0,8944	0,8962	0,8980	0,8997	0,9015
1,3	0,9032	0,9049	0,9066	0,9082	0,9099	0,9115	0,9131	0,9147	0,9162	0,9177
1,4	0,9192	0,9207	0,9222	0,9236	0,9251	0,9265	0,9279	0,9292	0,9306	0,9319
1,5	0,9332	0,9345	0,9357	0,9370	0,9382	0,9394	0,9406	0,9418	0,9429	0,9441
1,6	0,9452	0,9463	0,9474	0,9484	0,9495	0,9505	0,9515	0,9525	0,9535	0,9545
1,7	0,9554	0,9564	0,9573	0,9582	0,9591	0,9599	0,9608	0,9616	0,9625	0,9633
1,8	0,9641	0,9649	0,9656	0,9664	0,9671	0,9678	0,9686	0,9693	0,9699	0,9706
1,9	0,9713	0,9719	0,9726	0,9732	0,9738	0,9744	0,9750	0,9756	0,9761	0,9767
2,0	0,9772	0,9778	0,9783	0,9788	0,9793	0,9798	0,9803	0,9808	0,9812	0,9817
2,1	0,9821	0,9826	0,9830	0,9834	0,9838	0,9842	0,9846	0,9850	0,9854	0,9857
2,2	0,9861	0,9864	0,9868	0,9871	0,9875	0,9878	0,9881	0,9884	0,9887	0,9890
2,3	0,9893	0,9896	0,9898	0,9901	0,9904	0,9906	0,9909	0,9911	0,9913	0,9916
2,4	0,9918	0,9920	0,9922	0,9925	0,9927	0,9929	0,9931	0,9932	0,9934	0,9936
2,5	0,9938	0,9940	0,9941	0,9943	0,9945	0,9946	0,9948	0,9949	0,9951	0,9952
2,6	0,9953	0,9955	0,9956	0,9957	0,9959	0,9960	0,9961	0,9962	0,9963	0,9964
2,7	0,9965	0,9966	0,9967	0,9968	0,9969	0,9970	0,9971	0,9972	0,9973	0,9974
2,8	0,9974	0,9975	0,9976	0,9977	0,9977	0,9978	0,9979	0,9979	0,9980	0,9981
2,9	0,9981	0,9982	0,9982	0,9983	0,9984	0,9984	0,9985	0,9985	0,9986	0,9986
3,0	0,9987	0,9987	0,9987	0,9988	0,9988	0,9989	0,9989	0,9989	0,9990	0,9990
3,1	0,9990	0,9991	0,9991	0,9991	0,9992	0,9992	0,9992	0,9992	0,9993	0,9993
3,2	0,9993	0,9993	0,9994	0,9994	0,9994	0,9994	0,9994	0,9995	0,9995	0,9995
3,3	0,9995	0,9995	0,9995	0,9996	0,9996	0,9996	0,9996	0,9996	0,9996	0,9997
3,4	0,9997	0,9997	0,9997	0,9997	0,9997	0,9997	0,9997	0,9997	0,9997	0,9998
3,5	0,9998	0,9998	0,9998	0,9998	0,9998	0,9998	0,9998	0,9998	0,9998	0,9998
3,6	0,9998	0,9998	0,9999	0,9999	0,9999	0,9999	0,9999	0,9999	0,9999	0,9999
3,7	0,9999	0,9999	0,9999	0,9999	0,9999	0,9999	0,9999	0,9999	0,9999	0,9999
3,8	0,9999	0,9999	0,9999	0,9999	0,9999	0,9999	0,9999	0,9999	0,9999	0,9999
3,9	1,0000	1,0000	1,0000	1,0000	1,0000	1,0000	1,0000	1,0000	1,0000	1,0000

Student-Verteilung (t-Verteilung)

t-Werte für Schätz- und Testverfahren

	einseitig			zweiseitig		
n-1	a = 0,1	a = 0,05	a = 0,01	a = 0,1	a = 0,05	a = 0,01
1	3,078	6,314	31,821	6,314	12,706	63,656
2	1,886	2,920	6,965	2,920	4,303	9,925
3	1,638	2,353	4,541	2,353	3,182	5,841
4	1,533	2,132	3,747	2,132	2,776	4,604
5	1,476	2,015	3,365	2,015	2,571	4,032
6	1,440	1,943	3,143	1,943	2,447	3,707
7	1,415	1,895	2,998	1,895	2,365	3,499
8	1,397	1,860	2,896	1,860	2,306	3,355
9	1,383	1,833	2,821	1,833	2,262	3,250
10	1,372	1,812	2,764	1,812	2,228	3,169
11	1,363	1,796	2,718	1,796	2,201	3,106
12	1,356	1,782	2,681	1,782	2,179	3,055
13	1,350	1,771	2,650	1,771	2,160	3,012
14	1,345	1,761	2,624	1,761	2,145	2,977
15	1,341	1,753	2,602	1,753	2,131	2,947
16	1,337	1,746	2,583	1,746	2,120	2,921
17	1,333	1,740	2,567	1,740	2,110	2,898
18	1,330	1,734	2,552	1,734	2,101	2,878
19	1,328	1,729	2,539	1,729	2,093	2,861
20	1,325	1,725	2,528	1,725	2,086	2,845
21	1,323	1,721	2,518	1,721	2,080	2,831
22	1,321	1,717	2,508	1,717	2,074	2,819
23	1,319	1,714	2,500	1,714	2,069	2,807
24	1,318	1,711	2,492	1,711	2,064	2,797
25	1,316	1,708	2,485	1,708	2,060	2,787
26	1,315	1,706	2,479	1,706	2,056	2,779
27	1,314	1,703	2,473	1,703	2,052	2,771
28	1,313	1,701	2,467	1,701	2,048	2,763
29	1,311	1,699	2,462	1,699	2,045	2,756
30	1,310	1,697	2,457	1,697	2,042	2,750
40	1,303	1,684	2,423	1,684	2,021	2,704
50	1,299	1,676	2,403	1,676	2,009	2,678
60	1,296	1,671	2,390	1,671	2,000	2,660
70	1,294	1,667	2,381	1,667	1,994	2,648
80	1,292	1,664	2,374	1,664	1,990	2,639
90	1,291	1,662	2,368	1,662	1,987	2,632
100	1,290	1,660	2,364	1,660	1,984	2,626
200	1,286	1,653	2,345	1,653	1,972	2,601
∞	1,282	1,645	2,326	1,645	1,960	2,576

Literaturverzeichnis

Aho/Sethi/Ullman 1992
Aho, Alfred V. / Sethi, Ravi / Ullman, Jeffrey D.: Compilerbau; Bd. 1 + 2; 2. Aufl.; Addison-Wesley; Bonn u.a.; 1992

Balci 1988a
Balci, O. [Hrsg.]: Methodology and Validation; Proceedings of the Conference on Methodology and Validation, 6-9 April, Orlando; SCS Simulation Series, Vol. 19, #1; 1988

Balci 1988b
Balci, O.: Credibility Assessment of Simulation Results: The State of the Art; in: Balci 1988a, S. 19 - 25

Bandilla/Faulbaum 1997
Bandilla, Wolfgang / Faulbaum, Frank [Hrsg.]: SoftStat '97 - Advances in Statistical Software 6; Lucius & Lucius; Stuttgart; 1997

Bleul/Loviscach 1998
Bleul, Andreas / Loviscach, Jörn: Programmieren nach Plan - Software Engineering bändigt Entwicklungsprojekte; in: c't, Heft 19, S. 166 - 172, 1998

Booch 1994
Booch, Grady: Objektorientierte Analyse und Design - Mit praktischen Anwendungsbeispielen; Addison-Wesley; Bonn et al.; 1994

Bossel 1994
Bossel, Hartmut: Modellbildung und Simulation - Konzepte, Verfahren und Modelle zum Verhalten dynamischer Systeme; 2. Aufl.; Vieweg; Braunschweig / Wiesbaden; 1994

Bratley/Fox/Schrage 1983
Bratley, Paul / Fox, Bennett L. / Schrage, Linus E.: A Guide to Simulation; Springer; New York u.a.; 1983

Bronstein/Semendjajew 1987
Bronstein, Ilja N. / Semendjajew, K. A.: Taschenbuch der Mathematik; 23. Aufl.; Harri Deutsch; Thun / Frankfurt a. M.; 1987

Coad/Yourdon 1994a
Coad, Peter / Yourdon, Edward: Objektorientierte Analyse; Prentice Hall; New York u.a.; 1994

Coad/Yourdon 1994b
Coad, Peter / Yourdon, Edward: Objektorientiertes Design; Prentice Hall; New York u.a.; 1994

Davies/O'Keefe 1989
Davies, Ruth M. / O'Keefe, Robert M.: Simulation Modelling with Pascal; Prentice Hall; New York u.a.; 1989

Duden 1970
Duden Bd. 10 - Bedeutungswörterbuch; Bibliographisches Institut; Mannheim / Wien / Zürich; 1970

Fishman 1995
Fishman, George S.: Monte Carlo - Concepts, Algorithms, and Applications; Springer; New York u.a.; 1998

Gehring 1998
Gehring, Hermann: Operations Research - Simulation; Fernuniversität Hagen; 1998

Geihs 1995
Geihs, Kurt: Client/Server-Systeme - Grundlagen und Architekturen; Thomson's Aktuelle Tutorien, Bd. 6; Thomson; Bonn; 1995

Ghezzi/Jazayeri 1989
Ghezzi, Carlo / Jazayeri, Mehdi: Konzepte der Programmiersprachen - Begriffliche Grundlagen, Analyse und Bewertung; Oldenbourg; München / Wien; 1989

Grams 1992
Grams, Timm: Simulation - strukturiert und objektorientiert programmiert; BI Wissenschaftsverlag; Mannheim / Leipzig / Wien / Zürich; 1992

Grazia 1990
Grazia, Mario R.: Discrete Event Simulation - Methodologies and Formalisms; in: Simulation Digest, Vol. 21, No. 1, Summer, S. 3 - 13, 1990

Grützner 1997a
Grützner, Rolf [Hrsg.]: Modellierung und Simulation im Umweltbereich; Reihe: Fortschritte in der Simulationstechnik; Vieweg; Braunschweig / Wiesbaden; 1997

Grützner 1997b
Grützner, Rolf: Stand, Probleme und Aufgaben der Umweltsimulation; in: Grützner 1997a, S. 1 - 31

Hartung/Elpelt/Klösener 1993
Hartung, Joachim / Elpelt, Bärbel / Klösener, Karl-Heinz: Statistik - Lehr- und Handbuch der angewandten Statistik; 9. Aufl.; Oldenbourg; München / Wien; 1993

Hecheltjen 1980
Hecheltjen, Peter: Möglichkeiten einer Verbesserung der Prognose gesamtwirtschaftlicher Aggregate durch die Verknüpfung von Globalmodellen mit Individualmodellen; in: Schmidt/Schips 1980, S. 353 - 365

Heike et al. 1996
Heike, Hans-Dieter / Beckmann, Kai / Kaufmann, Achim / Ritz, Harald / Sauerbier, Thomas: A Comparison of a 4GL and an Object-oriented Approach in Micro Macro Simulation; in: Troitzsch et al. 1996, S. 3 - 32

Heike/Sauerbier 1997
Heike, Hans-Dieter / Sauerbier, Thomas: MISTRAL - a new object-based micro simulation language; in: Bandilla/Faulbaum 1997, S. 403 - 410

Hilberg/Piloty 1981
Hilberg, Wolfgang / Piloty, Robert: Grundlagen elektronischer Grundschaltungen; 2. Aufl.; Reihe: Grundlagen der Schaltungstechnik; Oldenbourg; München / Wien; 1981

Hill 1996
Hill, David R. C.: Object-Oriented Analysis and Simulation; Addison-Wesley; Harlow / Reading u.a.; 1996

Hoare 1973
Hoare, C. A. R.: Hints on Programming Language Design. Keynote address given at the ACM SIGACT/SIGPLAN Conference on Principles of Programming Languages; Boston; 1973

Hoover/Perry 1990
Hoover, Stewart V. / Perry, Ronald F.: Simulation - A Problem-Solving Approach; korrigierter Nachdruck der Ausgabe von 1989; Addison-Wesley; Reading u.a.; 1990

Jobst 1992
Jobst, Fritz: Compilerbau - von der Quelle zum professionellen Assemblertext; Hanser; München / Wien; 1992

Kaaz 1972
Kaaz, M. A.: Zur Formalisierung der Begriffe: System, Modell, Prozeß und Struktur; in: Angewandte Informatik, Heft 12, S. 537 - 544, 1972

Kemper/Eickler 1996
Kemper, Alfons / Eickler, André: Datenbanksysteme - Eine Einführung; Oldenbourg; München / Wien; 1996

Kistner 1989
Kistner, Klaus-Peter: Operations Research, Kurseinheit 13: Warteschlangentheorie; Fernuniversität Hagen; 1989

Kleijnen/Groenendaal 1992
Kleijnen, Jack / van Groenendaal, Willem: Simulation - A Statistical Perspective; Wiley; Chichester / New York u.a.; 1992

Klotzbücher 1996
Klotzbücher, Ralf: Objektorientierte Planspielentwicklung - Konzept für den Versicherungssektor; Schriftenreihe "Versicherung und Risikoforschung", Bd. 24; zugleich Dissertation; Gabler; Wiesbaden; 1996

Knöll/Slotos/Suk 1996
Knöll, Hans-Dieter / Slotos, Thomas / Suk, Wolfgang: Entwicklung und Qualitätssicherung von Anwendungssoftware; Spektrum; Heidelberg / Berlin / Oxford; 1996

Law/Kelton 1991
Law, Averill M. / Kelton, David: Simulation modelling and analysis; 2. Aufl.; McGraw-Hill; New York u.a.; 1991

Liebl 1995
Liebl, Franz: Simulation - Problemorientierte Einführung; 2. Aufl.; Oldenbourg; München / Wien; 1995

Lipke 1989
Lipke, Harald: Bäume sind berechenbar - Rekursiver Formel-Parser mit Baumstruktur; in: c't, Heft 12, S. 250 - 264, 1989

Mertens 1982
Mertens, Peter: Simulation; 2. Aufl.; Poeschel; Stuttgart; 1982

Meyer/Hansen 1985
Meyer, Manfred / Hansen, Klaus: Planungsverfahren des Operations-Research; 3. Aufl.; Vahlen; München; 1985

Möhring 1996
Möhring, Michael: Social Science Multilevel Simulation with MIMOSE; in: Troitzsch et al. 1996, S. 123 - 137

Morgan 1984
Morgan, Byron T.: Elements of simulation; Chapman an Hall; London / New York; 1984

Müller-Merbach 1985
Müller-Merbach, Heiner: Operations Research - Methoden und Modelle der Optimalplanung; 3. Aufl. (8. Nachdruck); Vahlen; München; 1985

Page 1983
Page, B.: Der Gültigkeitsnachweis von komplexen Simulationsmodellen; in: Angewandte Informatik, Heft 4, S. 149 - 157, 1983

Pidd 1992
Pidd, Michael: Computer Simulation in Management Science; 3. Aufl.; Wiley; Chichester / New York u.a.; 1992

QuickWorks 1995
QuickWorks User's Guide, Version 5.1; QuickLogic; Santa Clara; 1995

Reeves 1984
Reeves, C. M.: Complexity Analysis of Event Set Algorithms; in: The Computer Journal, Band 27, Nr. 1, S. 72 - 79, 1984

Rinne 1995
Rinne, Horst: Taschenbuch der Statistik; Harri Deutsch; Thun / Frankfurt a. M..; 1995

Ripley 1987
Ripley, Brian D.: Stochastic simulation; John Wiley & Sons; New York u.a.; 1987

Rönngren/Riboe/Ayani 1993
Rönngren, R. / Riboe, J. / Ayani, R.: Lazy Queue - A New Approach to Implementing the Pending-Event Set; in: International Journal on Computer Simulation, Nr. 3, 1993

Rubinstein 1981
Rubinstein, Reuven: Simulation and the Monte Carlo Methode; Wiley; New York u.a.; 1981

Rumbaugh et al. 1993
Rumbaugh, James / Blaha, Michael / Premerlani, Willam / Eddy, Frederick / Lorensen, William: Objektorientiertes Modellieren und Entwerfen; Hanser / Prentice-Hall; München / Wien / London; 1993

Sauerbier 1996
Sauerbier, Thomas: Konzeption und Realisierung eines objektorientierten Mikro-Makro-Simulators; Dissertation; Technische Hochschule Darmstadt; 1996

Schmidt 1980
Schmidt, Günther: Simulationstechnik; Oldenbourg; München / Wien; 1980

Schmidt/Schips 1980
Schmidt, Herbert / Schips, Bernd [Hrsg.]: Verknüpfung sozioökonomischer Modelle - Wissenschaftliches Analyse - und politisches Entscheidungsinstrument; Campus; Frankfurt a. M. / New York; 1980

Siegert 1991
Siegert, Hans-Jürgen: Simulation zeitdiskreter Systeme; Oldenbourg; München / Wien; 1991

Spaniol/Hoff 1995
Spaniol, Otto / Hoff, Simon: Ereignisorientierte Simulation - Konzepte und Systemrealisierung; Thomson's Aktuelle Tutorien, Bd. 7; Thomson; Bonn; 1995

Stadtler 1995
Stadtler, H.: Standardsoftware der Fertigungs- und Materialwirtschaft: Simulation; Skript zur Vorlesung SS 95; Technische Hochschule Darmstadt; 1995

Tempelmeier 1991
Tempelmeier, Horst: Simulation mit SIMAN - Ein praktischer Leitfaden zur Modellentwicklung und Programmierung; Physica; Heidelberg; 1991

Tietze/Schenk 1985
Tietze, Ulrich / Schenk, Christoph: Halbleiter-Schaltungstechnik; 7. Aufl.; Springer; Berlin / Heidelberg / New York / Tokyo; 1985

Titscher 1997
Titscher, Stefan: Professionelle Beratung - Was beide Seiten vorher wissen sollten; Ueberreuter; Wien; 1997

Troitzsch 1990
Troitzsch, Klaus G.: Modellbildung und Simulation in den Sozialwissenschaften; Westdeutscher Verlag; Opladen; 1990

Troitzsch et al. 1996
Troitzsch, Klaus G. / Mueller, Ulrich / Gilbert, G. Nigel / Doran, Jim E. [Hrsg.]: Social Science Microsimulation; Springer; Berlin u.a.; 1996

Vossen 1994
Vossen, Gottfried: Datenmodelle, Datenbanksprachen und Datenbank-Management-Systeme; 2. Aufl.; Addison-Wesley; Bonn u.a.; 1994

Wegner 1990
Wegner, Peter: Concepts and Paradigms of Object-Oriented Programming; in: OOPS Messager, Vol #1, August, S. 8 - 87, 1990

Wilhelm/Maurer 1992
Wilhelm, Reinhard / Maurer, Dieter: Übersetzerbau - Theorie, Konstruktion, Generierung; Springer; Berlin u.a.; 1992

Wirth 1986
Wirth, Niklaus: Compilerbau - Eine Einführung; 4. Aufl.; Teubner; Stuttgart; 1986

Witte 1989
Witte, Thomas: Simulation - Eine mächtige Methode zur Analyse und Verbesserung von betrieblichen Systemen; in: Die Betriebswirtschaft, Heft 4, S. 513 - 524, 1989

Wöhe 1986
Wöhe, Günter: Einführung in die allgemeine Betriebswirtschaftslehre; 16. Aufl.;Vahlen; München; 1986

Wortmann 1996
Wortmann, Dirk: Simulation spart Fehlinvestitionen; in: Frankfurter Allgemeine Zeitung, S. B 2, 17.9.1996

Yourdon 1978
Yourdon, Edward: Structured Walkthroughs; Yourdon Inc.; New York; 1978

Zeigler 1984
Zeigler, Bernard P.: Multifacetted Modelling and Discrete Event Simulation; Academic Press; London u.a.; 1998

Zerbe 1992
Zerbe, Klaus: Plaudertasche: ODBMS - Datenbank für Smalltalk/V; in: c't, Heft 7, S. 110-112, 1992

Zielinski 1978
Zielinski, Ryszard: Erzeugen von Zufallszahlen; Deutsch-Taschenbücher Nr. 27; Harri Deutsch; Thun / Frankfurt a. M.; 1978

Sachwortverzeichnis